中等职业学校信息技术规划教材

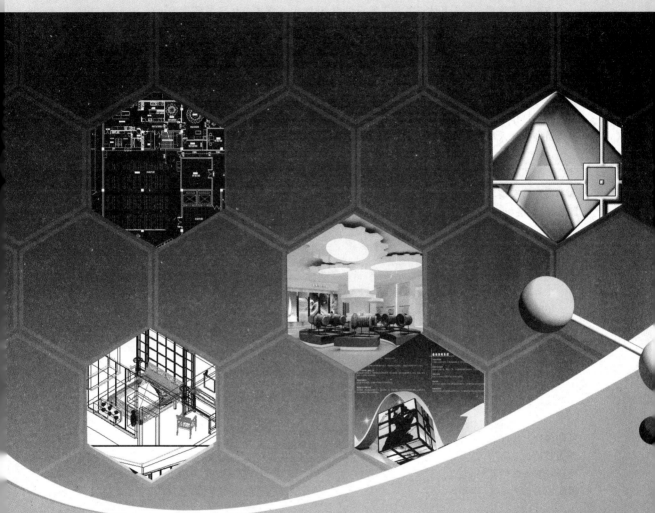

AutoCAD建筑制图

实用教程

丛书主编　杨云江

主编　刘善华　杨亚琴

副主编　张明珠　李　静

清华大学出版社

北　京

内 容 简 介

本书将建筑理论融入具体任务和实际操作中,让学生在完成具体任务的过程中学习和体会建筑制图的原理与方法,为学生创造一个良好的学习环境。同时,通过技能训练培养学生的实际应用能力。

本书主要内容包括 AutoCAD 基础知识、AutoCAD 基本操作,绘制二维图形对象,选择和修改二维图形,图层、块(符号),图案填充、注释、表格和标注,打印和发布图形,建筑平面图的绘制,建筑立面图的绘制,建筑剖面图的绘制,建筑详图的绘制。每章内容从"任务导入"入手,提出问题后引入知识点,每章后配有针对性的习题,可以加深读者对学习内容的理解和掌握。

本书可作为中等职业学校 CAD 建筑制图课程的教材,也可作为 CAD 培训教材,还可作为建筑工程技术人员和设计人员的参考用书。

图书在版编目(CIP)数据

AutoCAD 建筑制图实用教程/刘善华,杨亚琴主编. --北京:清华大学出版社,2013(2016.1 重印)
中等职业学校信息技术规划教材
ISBN 978-7-302-31250-5

Ⅰ. ①A… Ⅱ. ①刘… ②杨… Ⅲ. ①建筑制图-计算机辅助设计-AutoCAD 软件-中等专业学校-教材 Ⅳ. ①TU204

中国版本图书馆 CIP 数据核字(2013)第 001698 号

责任编辑:帅志清
封面设计:王建华
责任校对:袁　芳
责任印制:李红英

出版发行:清华大学出版社
网　　　址:http://www.tup.com.cn,http://www.wqbook.com
地　　　址:北京清华大学学研大厦 A 座　　　邮　编:100084
社 总 机:010-62770175　　　邮　购:010-62786544
投稿与读者服务:010-62776969,c-service@tup.tsinghua.edu.cn
质 量 反 馈:010-62772015,zhiliang@tup.tsinghua.edu.cn
课 件 下 载:http://www.tup.com.cn,010-62795764
印 装 者:北京鑫海金澳胶印有限公司
经　　销:全国新华书店
开　　本:185mm×260mm　　印　张:19.25　　字　数:464 千字
版　　次:2013 年 7 月第 1 版　　印　次:2016 年 1 月第 3 次印刷
印　　数:4001~5500
定　　价:36.00 元

产品编号:042496-01

中等职业学校信息技术规划教材

近几年来,党和国家在重视高等教育的同时,给予了职业教育更多的关注。2002 年和 2005 年国务院先后两次召开了全国职业教育工作会议,强调要坚持大力发展职业教育。2005 年下发的《国务院关于大力发展职业教育的决定》,更加明确了要把职业教育作为经济社会发展的重要基础和教育工作的战略重点。胡锦涛总书记、温家宝总理等党和国家领导人多次对加强职业教育工作做出重要指示。党中央、国务院关于职业教育工作的一系列重要指示、方针和政策,体现了国家对职业教育的高度重视,为职业教育指明了发展方向。

中等职业教育是职业教育的重要组成部分。由于中等职业学校着重于对学生技能的培养,学生的动手能力较强,因此其毕业生越来越受到各行各业的欢迎和关注,就业率连续几年都保持在 90% 以上,从而促使中等职业教育呈快速增长的趋势。近年来,中等职业学校的招生规模不断扩大,从 2007 年起,全国中等职业学校的年招生人数均在 800 万以上,在校生人数达 2000 多万。

教育部副部长鲁昕强调,中等职业教育不仅要继续扩大招生规模,而且要以提高质量为核心,加强改革创新,而教材改革是改革创新的重点之一。根据这一精神,我们依托贵州大学职业技术学院、贵州大学全国重点建设职教师资培养培训基地,组织了来自全国二十多个省(市、区)、近百所中等职业学校的一线骨干教师,经过精心组织、充分酝酿,并在广泛征求意见的基础上,编写了这套《中等职业学校信息技术规划教材》,以期为推动中等职业教育教材改革做出积极而有益的实践。

按照中等职业教育新的教学方法、教学模式及特点,我们在总结传统教材编写模式及特点的基础上,对"项目—任务驱动"的教材模式进行了拓展,以"项目+任务导入+知识点+任务实施+上机实训+课外练习"的模式作为本套丛书的主要编写模式,如《Flash CS4 动画制作教程》、《计算机应用基础教程》等教材都是采用这种编写模式。但也有针对以实用案例导入进行教学的"项目—案例导入"结构的拓展模式,即"项目+案例导入+知识点+案例分析与实施+上机实训+课外练习"的编写模式,如《电子商务实用教程》、《网络营销实用教程》等教材采用的就是这种编写模式。

每本教材最后所附的"英文缩略词汇",列出了教材中出现的英文缩写词汇的英文全文及中文含义,对于初学者以及中职学生理解教材的内容是十分有用的。

　　每本教材的主编、副主编及参编作者都是来自中等职业学校的一线骨干教师,他们长期从事相关课程的教学工作及教学经验的总结研究工作,具有丰富的中等职业教育教学经验和实践指导经验,本套丛书正是这些教师多年教学经验和心得体会的结晶。此外,本套丛书由多名专家、学者以及多所中等职业学校领导组成丛书编审委员会,负责对教材的目录、结构、内容和质量进行指导和审查,以确保教材的编写质量。

　　希望本套丛书的出版,能为中等职业教育尽微薄之力,更希望能给中等职业学校的教师和学生带来新的感受和帮助。

贵州大学名誉校长、博士生导师　　李祥

丛 书 编 委 会 名 誉 主 任

2010 年 3 月

前　言
FOREWORD

　　AutoCAD 是由美国 Autodesk 公司于 20 世纪 80 年代初为微机上应用 CAD 技术而开发的绘图程序软件包,经过不断的完善,现已经成为国际上广泛应用的绘图工具。AutoCAD 具有良好的用户界面,通过交互菜单或命令行方式便可以进行各种操作。它的多文档设计环境,让非计算机专业人员也能很快地学会使用。在不断实践的过程中更好地掌握它的各种应用和开发技巧,从而不断提高工作效率。

　　本书主要是面向中等职业学校学生的教材,以"任务驱动"教学模式进行编写。教材在理论上以"够用"为度,从具体任务入手,深入浅出地进行讲解,着重进行基本理论、基本技能的掌握和技术应用能力的培养。突出实用性和可操作性,是本书最显著的特色。

　　本书把建筑理论融入具体任务和实际操作中,让学生在完成具体任务的过程中学习和体会建筑制图的原理和方法,为学生创造一个良好的学习环境。同时,通过技能训练培养学生的实际应用能力。

　　本书共分为 11 章。

　　第 1 章　AutoCAD 基础知识;

　　第 2 章　AutoCAD 基本操作;

　　第 3 章　绘制二维图形对象;

　　第 4 章　选择和修改二维图形;

　　第 5 章　图层、块(符号);

　　第 6 章　图案填充、注释、表格和标注;

　　第 7 章　打印和发布图形;

　　第 8 章　建筑平面图的绘制;

　　第 9 章　建筑立面图的绘制;

　　第 10 章　建筑剖面图的绘制;

　　第 11 章　建筑详图的绘制。

　　本书由山东省济南市历城第二职业中等专业学校的刘善华、江西省城市高级技术学校的杨亚琴任主编,由江西省建筑工业学校的张明珠、重庆市城市建设技工学校的李静任副主编。贵州大学信息化管理中心的杨云江教授担任丛书主编,负责书稿的目录结构、书稿内容结构的规划与设计以及书稿的初审工作。

第 1～3 章主要由刘善华编写,参编的有韩伟伟、罗旭、刘萍和王玉静;第 4 章和第 5 章主要由杨亚琴编写,参编的有栾桂杰、刘武静、赵善武;第 6 章和第 7 章主要由张明珠编写,参编的有张秀梅、龙廷国、黄志远;第 8 章和第 9 章主要由李静编写,参编的有张同惠、孙宏军;第 10 章和第 11 章主要由杨亚琴编写,参编的有黄天凤、吕志梅、吴金尧。

由于编者的水平有限,书中难免有疏漏和不妥之处,恳请广大读者批评指正。

编 者

2012 年 9 月

目　录
CONTENTS

AutoCAD 基础知识

本章主要介绍了 AutoCAD 2007 的用途、安装方法以及操作界面各功能区域的作用，读者在学习创建模型之前，先学习一些经常使用的界面操作方法，对该软件的工作环境有一个初步的认识，为以后的学习打下基础。

本章主要内容

- 安装与卸载 AutoCAD 2007。
- 启动和关闭 AutoCAD 2007。
- 调整 AutoCAD 2007 的工作界面。

1.1 任务导入与问题的提出

任务导入

任务 1：安装与卸载 AutoCAD 2007

学习如何安装 AutoCAD 2007，如何卸载 AutoCAD 2007。

任务 2：启动与退出 AutoCAD 2007

学习如何启动 AutoCAD 2007，如何关闭 AutoCAD 2007。

任务 3：熟悉 AutoCAD 2007 的工作界面

熟悉 AutoCAD 2007 的工作界面，了解各功能区域的用途。

任务 4：如何设置绘图环境

创建一个绘图环境，以便让 CAD 工作界面仅显示用户所选择的工具栏、菜单和可固定窗口。

问题与思考

- 如何安装并激活 AutoCAD?
- 启动和关闭 AutoCAD 分别有哪几种方法?
- AutoCAD 2007 操作界面由哪几部分组成? 各有什么用途?
- 如何自定义工具栏?

1.2　知　识　点

1.2.1　什么是 AutoCAD 2007

　　AutoCAD 软件是美国 Autodesk 公司开发的产品，它将制图带入了个人计算机时代。CAD 是英语"Computer Aided Design"的缩写，意思是"计算机辅助设计"。AutoCAD 软件现已成为全球领先的、使用最为广泛的计算机绘图软件之一，用于二维机械制图、设计文档管理和基本三维制图。自从 1982 年 Autodesk 公司首次推出 AutoCAD 软件以来，就在不断地进行完善，陆续推出了多个版本，AutoCAD 2007 软件的性能得到了全面提升，使计算机辅助设计工作更加高效。

1.2.2　AutoCAD 2007 的主要功能

　　AutoCAD 2007 中文版提供了更加轻松的绘图环境，提高了工作效率。其功能主要有以下几方面。

- 采用新的 DWG 文件格式，但仍提供了足够的兼容性，可以另存为 2004、2000 和 R14 版本的 DWF 文件格式，或 R12 版本的 DXF 文件格式。
- 加强了 3D 方面的功能，更适合机械设计和建筑设计。
- Express 工具中关于层的菜单和 Chspace 命令已经被集成到程序中。
- CUI 允许从命令列表中拖放命令到工具面板中。
- 布局选项卡可被隐藏以节省一些空间，用户可从状态栏中访问或恢复它。
- 与旧版本相比，全新的 AutoCAD 2007 改善了许多功能，具体内容将在后面的章节中介绍。

1.2.3　AutoCAD 的应用领域

　　由于 AutoCAD 制图功能强大，应用面广，现已在机械、建筑、汽车、电子、航天、造船、地质、服装等多个领域得到了广泛应用，成为工程技术人员的必备工具之一。

1.3　任　务　实　施

任务 1.1 的实施：安装与卸载 AutoCAD 2007

1. 环境要求

　　安装 AutoCAD 2007 的计算机至少要满足以下的环境要求，才能有效地运行 AutoCAD 2007 软件。

- 处理器：Pentium Ⅲ 或 Pentium Ⅳ（建议使用 Pentium Ⅳ），或兼容处理器，800MHz 或更高主频。为满足三维操作，建议配置 3.0GHz 或更快的处理器。
- 操作系统：Windows XP Professional Service Pack 1 或 Windows XP Professional Service Pack 2 或 Windows 2000 Service Pack 3 或 Windows 2000 Service Pack 4（建议使用 Service Pack 4）。为满足三维操作建议使用 Windows XP Professional

Service Pack 2。

- 内存 RAM：512MB。三维操作建议提高到 2GB 或更大。
- 硬盘：建议 750MB 可用磁盘空间（用于安装）。三维操作建议 2GB（除去安装需要的 750MB）。
- 视频：1024×768VGA，真彩色。
- 显卡：为满足三维操作建议配置 128MB 或更大的显卡内存，如具有 OpenGL 功能的工作站类。
- Web 浏览器：Microsoft Internet Explorer 6.0（SPI 或更高版本）。

2. 安装 AutoCAD 的操作步骤

第 1 步：AutoCAD 2007 安装光盘共两张。将 AutoCAD 2007 光盘 1 放入计算机的 CD-ROM 驱动器，此时会自动打开 AutoCAD 2007 安装对话框，如图 1-1 所示。

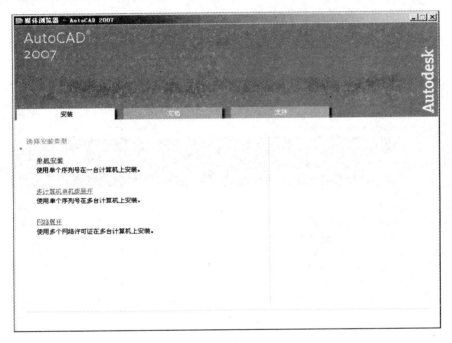

图　1-1

第 2 步：在对话框中单击"安装"按钮，打开安装向导对话框，单击"下一步"按钮。

第 3 步：选中要安装的产品名称，单击"下一步"按钮，打开许可协议对话框，选中"我接受"复选框，单击"下一步"按钮。

第 4 步：输入姓氏、名字、组织名称，单击"下一步"按钮。

第 5 步：此时会在对话框中显示"当前设置"，单击"下一步"按钮。

第 6 步：此时安装开始，并显示出安装进度，按照提示，放入 AutoCAD 2007 光盘 2 继续安装。安装完成后，显示安装完成对话框，单击"完成"按钮。

3. 注册和激活 AutoCAD 2007 的操作步骤

成功地安装了 AutoCAD 2007 之后，必须进行产品注册，然后才能长期使用此软件，否则 AutoCAD 2007 软件的使用期限将受限制。注册方法如下：

第 1 步：单击桌面上的 AutoCAD 2007 快捷图标 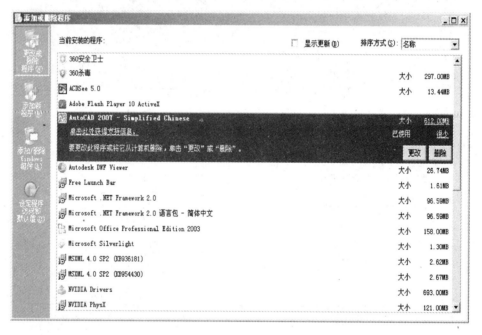，启动 AutoCAD 2007。由于是第一次启动该软件，会弹出产品激活对话框，选择"激活产品"单选项，单击"下一步"按钮。

第 2 步：在注册激活对话框中，选择"输入激活码"单选项，单击"下一步"按钮。

第 3 步：在输入激活对话框中，选择国家为"中国"，并在下面输入激活码，单击"下一步"按钮。

第 4 步：此时注册并激活了 AutoCAD 2007 软件，单击"完成"按钮。

4. AutoCAD 2007 的卸载

第 1 步：在桌面上单击左下角的"开始"按钮，在弹出的菜单中选择"控制面板"命令。

第 2 步：在打开的控制面板对话框中，双击"添加/删除程序"图标。

第 3 步：在打开的对话框中单击需要删除的程序名称"AutoCAD 2007"，单击"删除"按钮，如图 1-2 所示，即可删除 AutoCAD 2007。

图　1-2

任务 1.2 的实施：启动和退出 AutoCAD 2007

1. 启动 AutoCAD 2007

启动 AutoCAD 2007 中文版软件，可采用如下两种方法。

方法一：软件安装完成之后，系统自动在桌面上创建一个 AutoCAD 2007 中文版快捷图标 ，双击这个图标，即可启动 AutoCAD 2007 软件。

方法二：在桌面上单击左下角的"开始"按钮，在弹出的菜单中选择"所有程序/Autodesk/AutoCAD 2007"命令，即可启动 AutoCAD 2007 软件。

2. 退出 AutoCAD 2007

退出 AutoCAD 2007 中文版软件，可以采用如下三种方法。

方法一：在 AutoCAD 2007 菜单栏中选择"文件/退出"命令，即可退出该软件。

如果在退出之前没有将所绘制的图形保存，会弹出如图 1-3 所示的对话框，其中提供了三个按钮。

单击"是"按钮，首先保存对图形的修改，然后再退出 AutoCAD 2007。

单击"否"按钮，放弃自上一次存盘后对图形所作的修改，退出 AutoCAD 2007。

单击"取消"按钮，取消退出命令，返回 AutoCAD 2007 绘图环境。

图　1-3

方法二：在标题栏的左上角双击图标 ，可退出 AutoCAD 2007。

方法三：在标题栏的右上角单击"关闭"按钮，也可退出 AutoCAD 2007。

任务 1.3 的实施：熟悉 AutoCAD 2007 的工作界面

在学习使用 AutoCAD 2007 绘制图形之前，首先应当熟悉操作界面，了解各区域的用途。

1. 如何进入 AutoCAD 2007 的工作界面

第 1 步：双击桌面上 AutoCAD 2007 中文版快捷图标 ，启动 AutoCAD 软件。

第 2 步：此时系统首先要求用户选择工作空间，如图 1-4 所示。

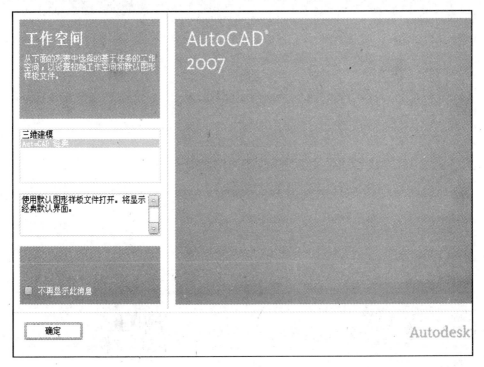

图　1-4

第 3 步：选择"AutoCAD 经典"工作空间名称，单击"确定"按钮。

第 4 步：显示"新功能专题研习"对话框，提示是否要查看新功能，选择"不，不再显示此消息"单选按钮，如图 1-5 所示，单击"确定"按钮。

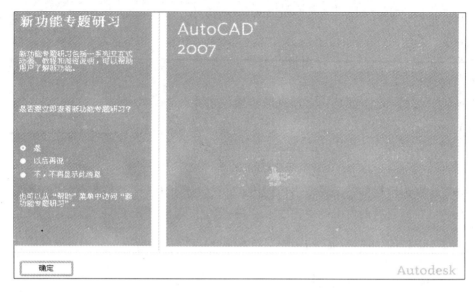

图 1-5

此时显示 AutoCAD 2007 操作界面，如图 1-6 所示。

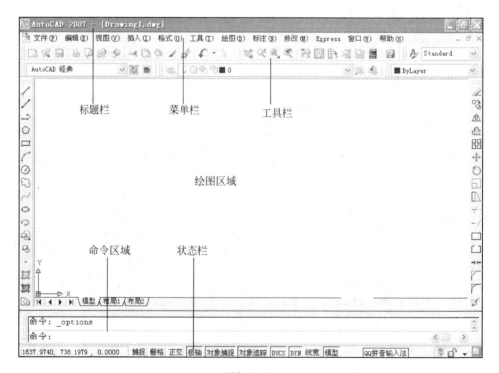

图 1-6

2. 认识标题栏

标题栏在界面的顶部,它显示了软件的名称 AutoCAD 2007 和图标。如果绘图区域最大化,标题栏中还会显示当前打开的图形文件名称。如果是当前新建的图形文件尚未保存,则显示"Drawing1.dwg"。

标题栏右侧是窗口最小化按钮、窗口还原按钮、窗口最大化按钮和关闭按钮。

3. 认识菜单栏

在标题栏的下面是菜单栏,单击任何一个菜单名称,都会弹出相应的下拉菜单,这是 AutoCAD 2007 主要功能选项,几乎包含了全部的功能命令。

单击菜单栏中的"文件"命令,会弹出一个菜单,单击菜单中的任意命令,即可执行该命令的操作。

命令名称右侧有省略号"…"的,表示选择该命令后,将弹出一个对话框。例如选择"文件/打开"命令,会打开一个对话框,从中可以选择需要打开的文件路径和名称。

如果命令有键盘快捷键,其右侧会显示快捷键提示。例如命令"文件/新建"右侧的快捷键提示文字"Ctrl+N",表示同时按下键盘上的 Ctrl 键和 N 键,将新建一个 AutoCAD 2007 图形文件。

如果命令右侧有右三角形"▶",则当鼠标指针移到该命令时,其右侧将出现一个子菜单,如图 1-7 所示。

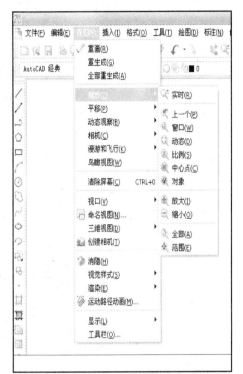

图　1-7

菜单上的命令还有一个特点,就是几乎每个命令的中文名称右侧都有一个带括号和下画线的字符。按 Alt 键的同时按该字符可以打开该命令的下拉菜单。在下拉菜单上的菜单项右侧通常也有带括号和下画线的命令字母。当菜单打开时,在键盘中按该字符键即可执行该命令。

当命令名称的左侧有"√"时,表示该命令处于启用状态。如果弹出的命令呈灰色,表示该命令在当前的状态下不能使用。

4. 认识工具栏

除了执行菜单命令进行各种操作,AutoCAD 提供的另一种执行命令的方式就是单击工具栏上的按钮。每个工具栏中都包含多个工具按钮,单击这些按钮就可以调用相应的 AutoCAD 命令。

AutoCAD 默认状态下显示六个固定式工具栏:标准工具栏、样式工具栏、图层工具栏、特性工具栏、绘图工具栏和修改工具栏。此外,还有一个浮动式工具栏:工作空间工具栏。

除了默认的工具栏,还有一些隐藏的工具按钮,用户可以选择显示或隐藏属性。

右击工具栏任意的空白处,会弹出快捷菜单,如图 1-8 所示。菜单中列出了所有工具栏

图 1-8

的名称,其中名称左侧有"√"符号的,表示已经显示在界面中,选择没有"√"符号的,可以将该工具栏显示出来。如果选择带"√"符号的,会取消"√"符号,即隐藏该工具栏。

单击浮动的工具栏的标题栏后,可以将其移动至任意位置,也可以将其放置在绘图窗口的边上成为固定的工具栏。当鼠标指针移至固定工具栏的最左侧或顶部自由的位置时,可以单击并拖曳固定工具栏,将其移到界面的任意位置。

5. 认识绘图区域

AutoCAD 界面中最大的空白区域就是绘图区域。

(1)在绘图区域中默认显示的是透视图,包括地平面栅格、十字光标和 UCS 坐标。

如果用户关闭一些工具栏;能够扩大绘图区域,绘图区域有纵向和横向的滚动按钮,拖曳按钮可以观察窗口中的不同区域。

(2)如果工作只需要绘制二维图形,而不需要进行三维模型编辑,可以在工作空间工具栏上,单击下三角形按钮,在弹出的下拉列表中选择"AutoCAD 经典",如图 1-9 所示。

(3)此时转换了操作界面,如图 1-6 所示,这是"AutoCAD 经典"操作界面,显示的是绘制二维图形时使用最频繁的工具按钮和面板。

(4)在绘图区域的下方有"模型"和"布局"标签,用户可以通过单击标签来切换绘图区域中的模型空间和图纸空间。模型和布局是两种截然不同的绘图空间环境,但都可以从中创建图形对象。通常,由几何对象组成的模型是在称为"模型空间"的三维空间中创建的。特定视图的最终布局和此模型的注释是在称为"图纸空间"的二维空间中创建的。

(5)当单击"模型"标签时,绘图区域处于模型绘图的环境,即模型空间,可以查看并编辑模型空间对象,十字光标在整个绘图区域都处于激活状态,可以按 1:1 的比例绘制模型。

模型空间可以有多个视图,可以从不同的角度观察图形。总之,模型空间是创建设计对象的,是用来画图的。

(6)单击"布局 1"标签时,绘图区域处于图纸的绘图环境,即图纸空间,可以放置一个或者多个视口,如图 1-10 所示。

图 1-9

图纸空间主要是用于安排图纸的布局和打印输出。可以设置多个布局选项卡,也就是说同一个图形可以使用不同的布局来输出,每一个布局就是一个输出图纸的设置,在不同的图纸上创建不同的图形、布局视口、标注、注释和一个标题栏等。

在"布局"选项卡中,每个布局视口包含一个视图,该视图按用户指定的比例和方向显示模型。用户可以指定在布局视口中显示任意图层,隐藏其他的图层。

6. 认识命令区域

在绘图区域的下方是命令区域,它是用户与 AutoCAD 进行对话的窗口,通过命令区域

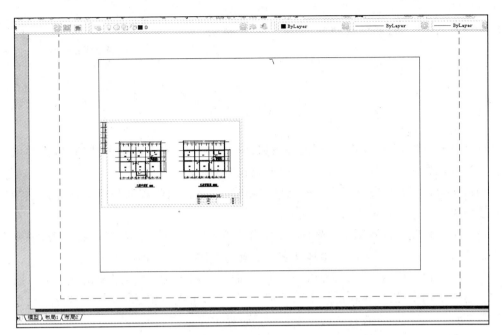

图　1-10

发出绘图命令，与菜单和工具栏按钮的功能相同。在绘图时，无论是选择菜单命令，还是使用工具按钮，或者是在命令区域中输入命令，命令区域中都会有提示信息，如出错信息、命令选项及其提示等。

命令区域由两部分组成：命令行和命令历史记录栏，如图 1-11 所示。

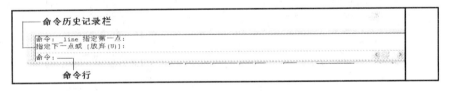

图　1-11

命令历史记录栏显示的是启动 AutoCAD 之后执行过的全部命令以及提示信息，其中包括垂直滚动条，可以上下滚动查看历史记录。

命令区域的底部行称为命令行。命令行用于显示用户正在执行的命令并提供命令执行情况。可以使用键盘在命令行中输入完整的命令名，也可以是缩写，称为命令别名，然后按 Enter 键或 Space 键，即可执行命令。

提示：命令历史记录栏的行数可以调节，将鼠标指针移至窗口上边框处时，按住鼠标左键上下拖曳即可改变行数。

7. 认识状态栏

状态栏在 AutoCAD 界面的最底部，左侧数值显示的是当前十字光标所处的三维坐标值，中间是绘图辅助工具按钮，包括捕捉、栅格、正交、极轴、对象捕捉、对象追踪、DUCS、DYN、线宽和模型，如图 1-12 所示。

单击任意一个绘图辅助工具按钮，即可将它们切换成打开或关闭状态。按钮凹陷时，是

十字光标三维坐标值　　　　辅助工具　　　　　　通信中心
　　　　　　　　　　　　　　　　　　　　　　工具栏窗口位置未锁定
　　　　　　　　　　　　　　　　　　　　　　状态栏菜单
　　　　　　　　　　　　　　　　　　　　　　清除屏幕

图　　1-12

打开状态,表示启动了该项操作,凸起的按钮是关闭状态。右击凸起的按钮时,会弹出一个菜单。选择设置命令,可打开该辅助工具的设置对话框以修改选项。

通信中心按钮:是用户与最新的软件更新、产品支持通告和其他服务的直接连接。单击该按钮可以打开对话框进行网络通信设置。

单击工具栏窗口位置锁定按钮时,会弹出菜单,如图 1-13 所示,选中哪一项,则哪个项目的位置被锁定,用户将无法自由移动它的位置。再次选择这个项目时,则取消锁定。

单击状态栏菜单按钮时,会弹出一个菜单,如图 1-14 所示,带"√"号的项目表示已经显示在状态栏中,如果需要在状态栏中取消某一项按钮,可以取消选中该项。选择"状态托盘设置",会打开对话框,设置右侧的三个按钮是否显示在状态栏中。

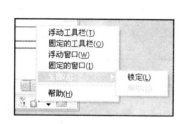

图　　1-13　　　　　　　　　　　　　　　　　　图　　1-14

清除屏幕按钮:位于状态栏的最右侧。单击清除屏幕按钮,可以扩展图形显示区域,屏幕上仅显示菜单栏、状态栏和命令区域。再次单击清除屏幕按钮,即可恢复原设置。

8. 图纸集管理器和工具选项板

以默认方式启动 AutoCAD 2007,会弹出图纸集管理器和工具选项板,其中的工具可以方便操作,但在不用时可以暂时关闭。需要时选择"工具/图纸集管理器"或"工具/工具选项板"命令即可打开。

(1)图纸集管理器如图 1-15 所示,用于组织、显示和管理图纸集。图纸集中的每张图纸都与图形(DWG)文件中的一个布局相对应。

(2)工具选项板如图 1-16 所示,右击工具选项板的蓝色标题栏,会弹出菜单,选择需要的类型。

(3)一般情况下面板是浮动的,没有锁定在界面的右侧,单击面板上的显示按钮,该按钮转换为自动隐藏按钮,此时特性窗格面板中的参数栏就隐藏起来,只保留蓝色标题栏。

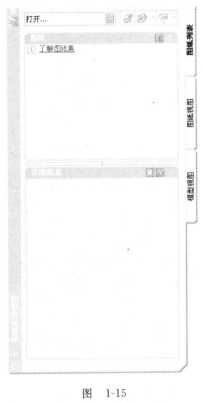

图　1-15　　　　　　　　　　　　　　　图　1-16

（4）当鼠标指针移至蓝色标题栏位置时，会再次显示面板中的参数，鼠标指针移出面板时，参数面板会自动隐藏。

（5）单击蓝色标题条可将其拖曳到任意位置。将其拖曳至左侧或右侧，即可锁定到绘图区域的两侧。

（6）单击选项板上的 ▧ 按钮，关闭选项板。

任务 1.4 的实施：设置绘图环境

在绘制图形之前，需要进行一些准备工作，使界面符合自己的工作习惯，并确定绘图单位。

1. 自定义工具栏的操作步骤

AutoCAD 2007 除了用菜单命令完成绘图工作外，还可用工具按钮执行这些命令。这些工具按钮都分门别类地放置在专门工具栏中，绘图时有许多常用的工具按钮分别被放在了不同的工具栏中。如界面中打开过多的工具栏将会缩小绘图区域的尺寸，影响对图形的观察，因此应该将常用的工具按钮合并在一个工具栏中，删除或隐藏不常用的工具栏按钮。下面介绍具体操作方法。

第 1 步：选择"视图/工具栏"菜单命令，此时打开"自定义用户界面"对话框，在该对话框中单击左上角的"自定义"标签，如图 1-17 所示。

第 2 步：在"所有 CUI 文件中的自定义"窗格中右击"工具栏"，在弹出的菜单中选择"新建/工具栏"命令，如图 1-18 所示。

图　1-17

图　1-18

　　第 3 步：此时在"工具栏"树的底部将会出现一个新的工具栏,右侧会显示出该"工具栏"的特性窗格,输入名称为"我的工具栏",如图 1-19 所示。

　　第 4 步：在对话框的"命令列表"窗格中,单击一个命令名称并拖曳到上面窗格"我的工具栏"名称下面的位置,如图 1-20 所示。

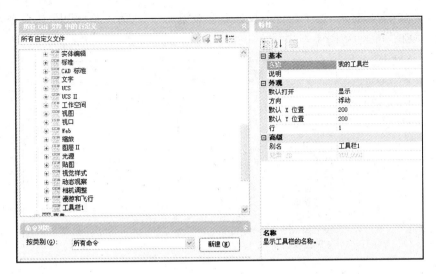

图　1-19

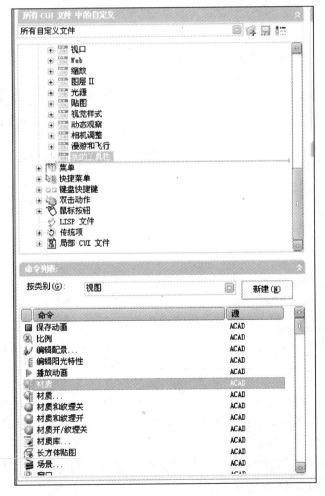

图　1-20

第 5 步：松开鼠标后，这个命令的按钮就会被添加到"我的工具栏"中，该命令名称显示在"我的工具栏"树下，如图 1-21 所示。

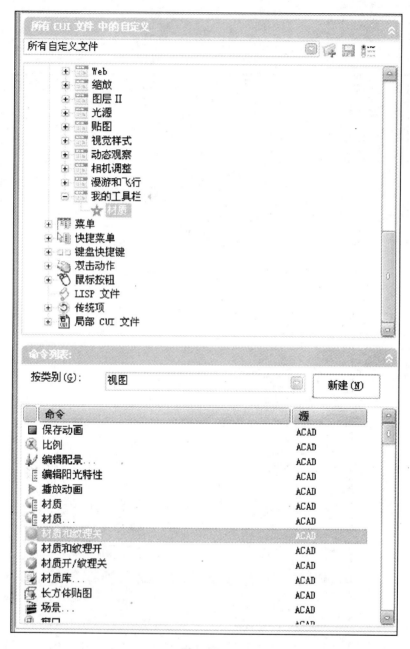

图　1-21

第 6 步：用同样方法，将"命令列表"窗格中其他所需的命令也拖曳到"我的工具栏"树中，如图 1-22 所示。

第 7 步：在"所有 CUI 文件中的自定义"窗格中，单击"我的工具栏"选项，右侧会显示出"我的工具栏"的预览效果，如图 1-23 所示。

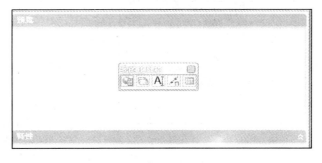

图　1-22　　　　　　　　　　　　　　　　　图　1-23

第 8 步：在"预览"窗格下面是"特性"窗格，单击"方向"选项，右侧显示出"我的工具栏"
的位置，默认为"浮动"，单击其右侧的下三角形按钮，在下拉列表中可以选择其他位置，如
图 1-24 所示。

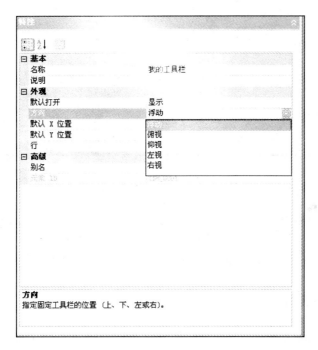

图　1-24

第 9 步：新工具栏的位置设置完成，单击"确定"按钮，关闭"自定义用户界面"对话框，
此时在操作界面中就会显示出"我的工具栏"，如图 1-25 所示。

第 10 步：选择"视图/工具栏"命令，再次打开"自定义用户界面"对话框，在列表中右击
"我的工具栏"中的"复制"，在弹出的菜单中选择"删除"命令，如图 1-26 所示。

第 11 步：此时在列表的子树中即可删除"复制"命令，在右侧的工具栏预览窗口中，"复
制"按钮也被取消了，如图 1-27 所示。

第 12 步：右击"我的工具栏"名称，在弹出的菜单中选择"删除"命令，如图 1-28 所示，即
可将这个工具栏整体删除，单击对话框中的"应用"按钮，确定工具栏的修改结果。单击"确
定"按钮，关闭对话框。

图　1-25　　　　　　　　　　　　图　1-26

图　1-27

2. 设置背景颜色的操作步骤

绘图窗口中模型选项卡默认背景颜色是黑色,而布局选项卡
中背景是白色,用户可以根据需要设置为任意一种颜色,下面介
绍具体操作步骤。

第1步:选择"工具/选项"菜单命令,在打开的"选项"对话框
中,单击"显示"标签,在其下面的"窗口元素"选项组中单击"颜
色"按钮,如图1-29所示。

图　1-28

第2步:此时打开"图形窗口颜色"对话框,在"背景"列表框
中显示的是各种视图窗口的名称,单击"三维透视投影"选项,在"界面元素"列表框中选择
"背景地面原点"命令,单击"颜色"选项栏右侧的 按钮,在下拉列表中选择白色,此时会看
到预览窗口中的地面显示为白色,如图1-30所示。

第3步:单击"应用并关闭"按钮,在"选项"对话框中单击"确定"按钮,完成颜色设置。

第4步:这时屏幕上的三维透视视口中背景将显示为白色。

3. 保存和重置界面设置

AutoCAD 2007 提供了许多的菜单、工具栏和可固定窗口,用户在工作时不一定会用到
所有的工具,不同的工作,需要设置不同的工作空间,将最常用的工具显示在界面上。例如,
在绘制二维图形时,将二维绘图、修改等工具栏显示在界面上,隐藏不常用的工具,并将这种

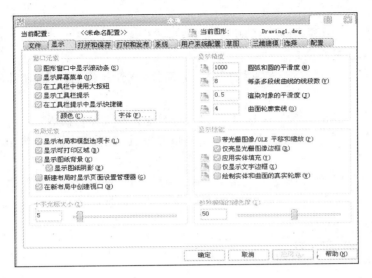

图 1-29

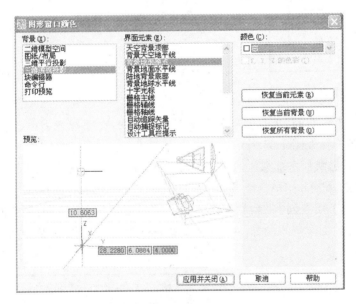

图 1-30

设置保存为一个工作空间名称。用同样方法将三维工作常用的工具保存为另一个工作空间名称。当进行二维绘图工作时,可以调用二维工作空间,创建三维模型时再调用三维工作空间,根据需要在工作空间之间进行切换。所以说工作空间就是菜单、工具栏和可固定窗口的集合。

本任务是练习使用工作空间来创建一个绘图环境,以便让界面仅显示所选择的工具栏、菜单和可固定窗口的窗口。

第 1 步:双击 AutoCAD 2007 中文版快捷图标 ,启动该软件。

第 2 步:在打开的"界面工作空间"工具栏中显示出当前的工作空间名称为"AutoCAD

经典"。

第 3 步：右击工具栏，在弹出的快捷菜单中，选中多个工具栏名称，选中后该工具栏以浮动的模式显示在界面上。

第 4 步：单击并按住浮动工具栏顶端的标题栏，移到界面的边缘，使其固定在合适的位置。

第 5 步：选择"工具/特性"菜单命令，视图中显示出特性窗口面板。

第 6 步：在"工作空间"工具栏中单击下三角形按钮，在列表中选择"将当前工作空间另存为"，如图 1-31 所示。

第 7 步：弹出"保存工作空间"对话框，输入新的工作空间名称"二维绘图"，单击"保存"按钮，如图 1-32 所示。

图　1-31

图　1-32

第 8 步：在"工作空间"工具栏中单击下三角形按钮，在下拉列表中会看到增加了工作空间名称"二维绘图"，如图 1-33 所示。

第 9 步：如果想恢复系统默认的界面布局，可以在"工作空间"工具栏中单击按钮 ，或在其下拉列表中选择"AutoCAD 经典"。

第 10 步：在"工作空间"工具栏中单击按钮 ，或选择"窗口/工作空间/工作空间设置"菜单命令，弹出"工作空间设置"对话框，如图 1-34 所示，根据需要修改工作空间的显示、菜单顺序和保存设置。

图　1-33

图　1-34

第 11 步：在"工作空间"工具栏中单击下三角形按钮,在下拉列表中选择"自定义",会弹出"自定义用户界面"对话框,从中调整图形环境使其满足用户的需求。

习　　题

一、填空题

(1) 1982 年美国_____公司首次推出 AutoCAD 软件。

(2) 命令区域由_____和_____两部分组成。

二、选择题

(1) AutoCAD 软件的退出命令是(　　　)。

    A. pline　　　　　　B. spline　　　　　　C. ellipse　　　　　　D. quit

(2) 默认状态下,绘图区域的下方有(　　　)个布局选项卡。

    A. 1　　　　　　B. 2　　　　　　C. 3　　　　　　D. 4

三、判断题

(1) 对象捕捉按钮属于辅助工具,在状态栏中间位置。(　　　)

(2) AutoCAD 主要是绘制二维工程图纸的软件。(　　　)

四、问答题

(1) 怎样显示、隐藏工具栏? 如何创建新的工具栏?

(2) 模型选项卡与布局选项卡的区别是什么?

AutoCAD 基本操作

本章主要介绍了 AutoCAD 2007 基本操作知识，这是在绘制图形之前必须掌握的内容。包括新建、打开、保存和加载图形，关闭图形文件和退出 AutoCAD，缩放视图，命令的基本调用方法，坐标系统和辅助工具等。只有掌握了这些知识，才能正确查看图形，快速绘制出准确的图形。

本章主要内容

- 图形文件管理。
- 控制二维视图显示。
- 命令的基本调用方法。
- 鼠标的使用。
- 坐标系统。
- 辅助工具。

2.1 任务导入与问题的提出

任务导入

任务 1：进行图形文件管理

如何新建图形文件？如何保存图形文件？如何关闭图形文件和退出 AutoCAD？如何打开图形文件？如何局部加载图形文件的另一个图层？如何设置绘图界限？如何在模型空间创建多个视口？如何在布局空间创建多个视口？如何删除和创建布局？

任务 2：控制二维视图显示

如何平移视图？如何缩放视图？如何保存和恢复视图？

任务 3：启用对象捕捉绘制图形

使用"对象捕捉"和"捕捉自"命令绘制图 2-1 所示图形。

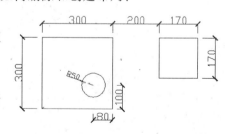

图 2-1

问题与思考

- 命令的调用有哪几种方法？
- 什么是世界坐标系统(WCS)？什么是用户坐标系统(UCS)？
- 如何创建其他坐标系统？
- 启用格栅和捕捉功能有何作用？
- 如何启用对象捕捉和对象追踪功能？

2.2 知 识 点

2.2.1 命令的基本调用方法

AutoCAD 进行的每一个操作都是在执行一个命令,命令指示 AutoCAD 进行何种操作。

1. 输入命令

在 AutoCAD 中输入命令的方式有多种,可以选择菜单命令,在命令行中输入命令,使用快捷键,单击工具栏中的命令按钮,还可以在屏幕上右击并从弹出的快捷菜单中选择所需命令。

无论使用哪一种方式,在命令行中都会显示出命令提示信息。

尽管 AutoCAD 的操作界面是中文界面,在命令行中输入的命令必须是英文,并且不分大小写,如：命令"open"和"OPEN"功能相同。许多的常用命令都有简写形式,例如缩放命令 zoom,可以缩写为 Z。在命令行中输入命令的全名或缩写后,按 Enter 键或 Space 键都可以启动命令。

2. 退出命令

有些命令在完成之后,会自动返回到无命令状态,等待用户输入下一条命令,但执行某些命令时,必须执行退出操作,才能返回到无命令状态。例如单击平移按钮以后,如果不按 Esc 键,用户就必须一直进行平移操作。

退出操作的方法有两种。

方法一：当用户希望结束当前命令的操作时,按 Enter 键或 Esc 键。

方法二：右击鼠标,在弹出的快捷菜单中选择"取消"或"确定"命令,有时快捷菜单会显示"退出"。

3. 重复执行命令

重复执行上一个命令有以下四种方法。

方法一：在命令行中,没有输入任何命令的情况下,按 Enter 键或按 Space 键,可以执行前面刚执行的命令。

方法二：在绘图区域中右击,在弹出的快捷菜单中选择"重复"命令,即可重复执行上一个命令,并且在"重复"的右侧显示出上一个命令的名称,如图 2-2 所示。

方法三：在命令区域中右击,在弹出的快捷菜单中选择"最近使用的命令",此时右侧会显示最近执行的命令,用户可以任选其一,如图 2-3 所示。

方法四：要多次重复执行同一条命令,可以在命令行中输入"multiple",按 Space 键,此时提示信息“输入要重复的命令名”，输入命令之后，会显示命令提示，根据提示操作完成之后，还会再一次执行这条命令，直到按 Esc 键。因为“multiple”只重复命令名，所以每次都必须指定所有的参数。

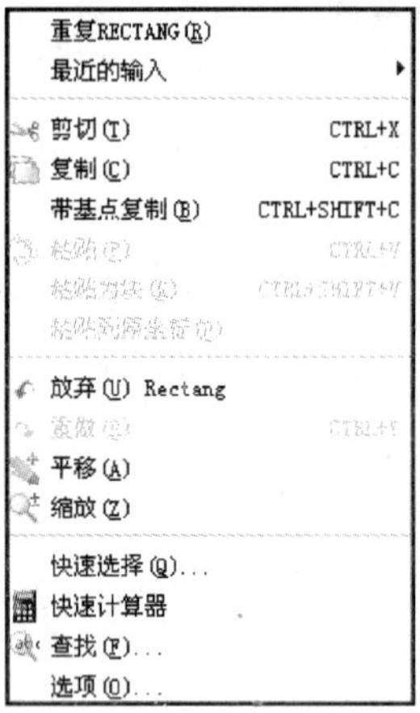

图 2-2

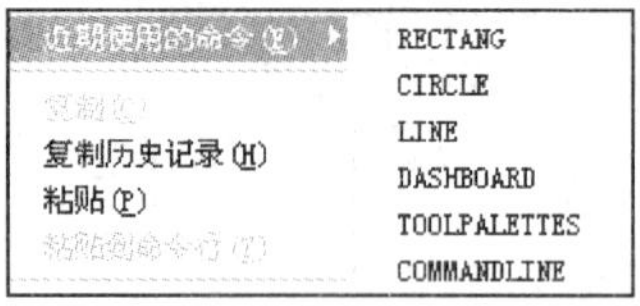

图 2-3

2.2.2 鼠标的使用

1. 鼠标键的操作

在双键鼠标时，左键是拾取键，用于指定位置，指定编辑对象，选择菜单项、对话框按钮和字段。

右击的位置不同，有不同的用处，包括结束正在进行的命令，显示快捷菜单，显示对象捕捉菜单，显示工具栏对话框。

选择“工具/选项”菜单命令，弹出“选项”对话框，单击“用户系统配置”选项卡，单击“自定义右键单击”按钮，弹出“自定义右键单击”对话框，可以修改单击鼠标右键时显示的内容。

2. 鼠标滑轮的操作

滑轮鼠标的两个按键之间有一个小滑轮。转动滑轮可以对图形进行缩放和平移，而无须使用任何命令。默认情况下，缩放比例设为 10%；每次转动滑轮都将按 10%的增量改变缩放级别。

可以使用滑轮操作的命令有以下几个。

放大或缩小：向前转动滑轮，放大视图；向后转动滑轮，缩小视图。

缩放到图形范围：双击滑轮按钮，将图形最大化后全部显示在视图中。

平移(操纵杆)：按住滑轮时，十字光标变为平移图标团，移动鼠标时可以平移视图。

2.2.3 坐标系统

AutoCAD 中有两个坐标系统：一个称为世界坐标系统(WCS)的固定坐标系统和一个称为用户坐标系统(UCS)的可移动坐标系统。

1. 世界坐标系统(WCS)

世界坐标系统(World Coordinate System，WCS)，包括 X 轴和 Y 轴，在三维空间中还有

Z 轴。在世界坐标系统(WCS)中,X 轴是水平的,Y 轴是垂直的,Z 轴垂直于 XY 组成的平面。

三维空间的坐标系统图标。WCS 是 AutoCAD 的默认坐标系统,其坐标原点和坐标轴方向都不会改变。

世界坐标系统的原点是图形左下角 X 轴和 Y 轴的交点(0,0),在其原点位置有一个方框标记,表明当前使用的是世界坐标系统。默认情况下,世界坐标系统的原点位于窗口左下角,如图 2-4 所示。

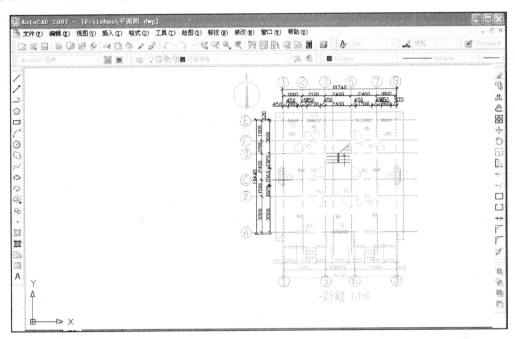

图　2-4

一个点的位置表示方法是(x,y)或(x,y,z)。x、y、z 的数值是相对于原点的距离。

2. 用户坐标系统(UCS)

为了方便用户绘制图形,AutoCAD 允许用户根据需要改变坐标系的原点和方向,这时世界坐标系统就变成了用户坐标系统(User Coordinate System,UCS)。

实际上所有的坐标输入都使用当前 UCS。移动 UCS 可以更加方便地处理图形的特定部分。旋转 UCS 可以帮助用户在三维或旋转视图中指定点。

定义新的 UCS 原点的方法如下:

(1) 选择"工具/新建 UCS/原点"菜单命令。

(2) 此时命令行中显示提示信息:"指定新原点",如图 2-5 所示。

```
命令:
命令: _ucs
当前 UCS 名称: *世界*
指定 UCS 的原点或 [面(F)/命名(NA)/对象(OB)/上一个(P)/视图(V)/世界(W)/X/Y/Z/Z 轴(ZA)] <世界>: _o
指定新原点 <0,0,0>:
```

图　2-5

（3）输入新的坐标值，或在视图中单击，即可重新定义原点位置。此时坐标系统如图 2-6 所示，在原点位置的方块消失。

（4）选择"工具/新建 UCS/世界"菜单命令，此时恢复世界坐标系统。

图　2-6

3. 创建其他坐标系统

在命令行中输入"UCS"，按 Space 键，提示信息，输入"n"，表示新建坐标系，按 Space 键，在提示信息中提供了多种定义新坐标系统的方法：原点，Z 轴（ZA），三点（3），对象（OB），面（F），视图（V）和 X/Y/Z 等信息，这些信息的含义解释如下。

原点：选择原点时，命令行提示"指定新原点<0,0,0>"，此时输入坐标值，可以相对于当前 UCS 的原点指定新原点。

Z 轴：选择 Z 轴选项后，命令行显示提示信息"指定新原点<0,0,0>"，输入新原点的坐标值之后，命令行显示提示信息"在正 Z 轴范围上指定点<0.0000,0.0000,0.0000>"，也就是要求用户指定 Z 轴上一个点的坐标位置，输入一个 Z 轴点坐标值，原点位置和 Z 轴点之间产生了一条直线，该直线的方向就是新的 Z 轴方向，此时 XY 平面会垂直于新的 Z 轴。

三维的世界坐标系统的位置，在设置了新的 Z 轴位置之后，XY 平面由于垂直于新的 Z 轴，因此产生了倾斜。

三点：该选项可以通过指定新三维空间中的任意三个点位置，来确定新的 UCS。第一点指定新 UCS 的原点；第二点指定新 X 轴正方向；第三点定义 Y 轴的正方向。

对象：选择对象之后，命令行显示提示信息"选择对齐 UCS 的对象"，在视图中选择对象，系统会根据选定的三维对象重新定义新的坐标系。新建 UCS 的拉伸方向（Z 轴正方向）与选定对象的拉伸方向相同。此选项可以应用的对象包括：圆弧、圆、标注、直线、点、二维多短线、实体、宽线、三维面、文字、块参照、属性定义。此选项不能用于以下对象：三维实体、三维多段线、三维网格、视口、多线、面域、样条曲线、椭圆、射线、构造线、引线和多行文字。

面：将 UCS 与实体对象的选定面对齐。要选择一个面，可在此面的边界内或面的边上单击，被选中的面将高亮显示，UCS 的 X 轴将与找到的第一个面上的最近的边对齐。

视图：将垂直于观察方向（平行于屏幕）的平面设置为 XY 平面，建立新的坐标系。UCS 原点保持不变。通常在当前视图中进行文字注释时使用"视图"选项，这样文字才能平行于观察屏幕。

X/Y/Z：选择 X、Y 或 Z 时，系统将 UCS 绕指定轴旋转指定的角度，从而创建新的 UCS。在命令行提示中可以输入正的或负的旋转角度值。例如输入"\X"，命令行显示提示信息"指定绕 X 轴的旋转角度<90>"，按 Space 键，确认旋转角度值为 90°。

4. 设置坐标系统样式

选择"视图/显示/UCS 图标/特性"菜单命令，打开"UCS 图标"对话框，设置 UCS 图标的样式、大小和颜色，如图 2-7 所示。

此时视图中显示的坐标系统就会使用新的设置。

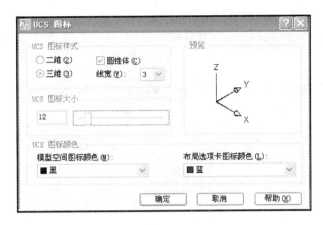

图　2-7

2.2.4　辅助工具

在 AutoCAD 中绘制图形时,用户除了可以使用坐标系统来精确设置点的位置,还可以直接使用鼠标在视图中单击确定点的位置。使用鼠标定位虽然方便,但是精度不高,绘制的图形也不精确。因此,AutoCAD 提供了捕捉、栅格等辅助功能,辅助鼠标精确绘图。

1. 启用栅格和捕捉

栅格是点的矩阵,遍布于整个图形界限内,是一种标定位置的小点,可以作为参考图标。使用栅格类似于在图形下放置一张坐标纸。利用栅格可以对齐对象并直观显示对象之间的距离。如果放大或缩小图形,可能需要调整栅格间距,使其更适合新的放大比例。

捕捉模式用于限制十字光标移动的距离,使其按照用户定义的间距移动。当捕捉模式启用时,光标似乎附着或捕捉到不可见的栅格。捕捉模式可以精确地定位点。

在视图中显示栅格和启用捕捉的方法有三种。

方法一:在 AutoCAD 界面的底部状态栏中,单击"栅格"按钮和"捕捉"按钮。

方法二:按键盘中的快捷键 F7,可以显示或隐藏栅格。按快捷键 F9,可以启用或关闭栅格。

方法三:选择"工具/草图设置"菜单命令,在打开的"草图设置"对话框中的"捕捉和栅格"选项卡上,选中"启用栅格"和"启用捕捉"复选框,如图 2-8 所示,在对话框中可设置栅格间距和捕捉间距。

当栅格和捕捉功能都启用时,移动十字光标,十字光标会自动捕捉并移至最近距离的栅格点上,每个栅格点都像有磁性一样,将十字光标吸附在栅格点上。此时就可以从该点位置绘制图形了,如图 2-9 所示,图中多边形的端点位置都与栅格点位置重合。

2. 对象捕捉

什么是对象? 对象是 AutoCAD 的基本元素,一般分为图形对象和非图形对象两种。图形对象是指直线、圆弧和多边形等二维图形,非图形对象是指文字样式和标注样式,也称为命名对象。不同的对象有不同的名称,命名对象有助于更有效地编辑图形。

在绘图过程中,用户经常需要根据对象上的一个点来绘制图形,例如直线上的中点、端点和交点等。此时就需要启用对象捕捉工具,将十字光标强制性地准确定位在对象特定点的位置上。例如,需要将两条直线的交点位置作为起点再绘制一条直线时,如果仅靠视觉是很难准确无误地选择交点位置的,使用对象捕捉时,就可以将十字光标准确地定位在交点上。

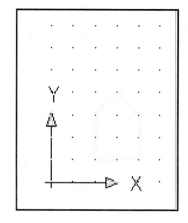

图 2-8   图 2-9

对象捕捉与栅格捕捉不同,对象捕捉是捕捉视图中对象表面上的点,而栅格捕捉是捕捉栅格点。

(1) 在状态栏中,右击"对象捕捉"按钮,在弹出的快捷菜单中选择"设置",此时打开"草图设置"对话框,在"对象捕捉"选项卡上,选中"启用对象捕捉"复选框,如图 2-10 所示。默认情况下状态栏"对象捕捉"按钮是被按下的,该功能处于启动状态。

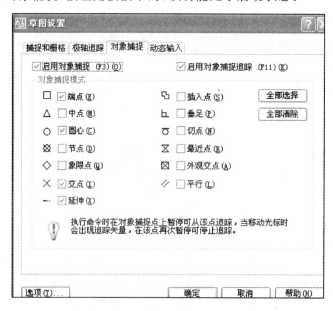

图 2-10

（2）默认情况下，选中的项目是启用的捕捉模式，左侧的图标是捕捉点的标识。取消选中端点、交点、圆心和延伸等项目，选中中心点。单击"确定"按钮，启用对象捕捉。

（3）执行一个绘图命令，例如单击直线按钮 ，当十字光标移到对象上的对象捕捉位置时，将显示捕捉标记和提示，如图 2-11 所示，不仅显示了中点的标记，还显示了标记的名称为"中点"。此功能称为自动捕捉。

（4）右击工具栏的空白位置，在弹出的快捷菜单中选择"对象捕捉"，此时视图中显示出对象捕捉工具栏，如图 2-12 所示。

图　2-11

单击工具栏中的捕捉到端点按钮 ，将十字光标移至对象位置时，显示出端点捕捉标记。

图　2-12

（5）在状态栏中再次单击"对象捕捉"按钮，关闭该功能。

提示：使用对象捕捉工具栏选择捕捉方式，称为临时对象捕捉方式。对象捕捉工具栏中的按钮单击一次，只能使用一次。例如单击捕捉到端点，在视图中捕捉到一个端点，此时捕捉的模式使用"草图设置"对话框中已选的项目设置，下一次还需要捕捉端点时，必须再次单击捕捉到端点按钮 。

当鼠标指针移至对象捕捉工具栏中的按钮时，会显示这个按钮的名称，各按钮功能如下。

临时追踪点：它属于对象捕捉追踪按钮，必须在对象捕捉按钮启用时使用。单击该按钮后，捕捉并单击一个点，移动鼠标指针，捕捉点上会显示出水平或垂直虚线，此时可捕捉虚线上的任意点。

捕捉自：它属于对象捕捉追踪按钮，必须在对象捕捉按钮启用时使用，用于创建临时参照点的偏移点。单击该按钮，捕捉并单击一个点作为基点，然后输入这个基点的偏移位置相对坐标值，或直接输入距离值，即可在该位置创建一个点。捕捉自按钮会用于确定与已知点偏移一定距离的点。通常，需要确定的点 B 与已知点 A 之间的位置关系可以用一个相对坐标来描述时，就可以使用捕捉自按钮，以点 A 作为基点，并输入相对于该点的坐标值作为偏移值来确定 B 点位置。

捕捉到端点：捕捉到圆弧、椭圆弧、直线、多线、多段线线段、样条曲线、面域或射线最近的端点，或捕捉宽线、实体或三维面域的最近角点。

捕捉到中点：捕捉到圆弧、椭圆、椭圆弧、直线、多线、一段线线段、面域、实体、样条曲线或参照线的中点。

捕捉到交点：捕捉到圆弧、圆、椭圆、椭圆弧、直线、多线、多段线、射线、面域、样条曲线或参照线的交点。

捕捉到外观交点：捕捉到不在同一平面但是在当前视图中可能看起来相交的两个对象的外观交点。

捕捉到延长线：当鼠标指针经过对象的端点时，显示临时延长线或圆弧，以便用户在延长线或圆弧上指定点。

◎ 捕捉到圆心：捕捉到圆弧、圆、椭圆或椭圆弧的圆心。

◈ 捕捉到象限点：捕捉到圆弧、圆、椭圆或椭圆弧的象限点。

◌ 捕捉到切点：捕捉到圆弧、圆、椭圆、椭圆弧或样条曲线的切点。当正在绘制的对象需要捕捉多个垂足时，将自动打开"递延垂足"捕捉模式。例如，可以用"递延切点"来绘制与两条弧、两条多段线弧或两个圆相切的直线。

⊥ 捕捉到垂足：捕捉圆弧、圆、椭圆、椭圆弧、直线、多线、多段线、射线、面域、实体、样条曲线或参照线的垂足。当正在绘制的对象需要捕捉多个垂足时，将自动打开"递延垂足"捕捉模式。可以用直线、圆弧、圆、多段线、射线、参照线、多线或三线实体的边作为绘制垂直线的基础对象。可以用"递延垂足"在这些对象之间绘制垂直线。

∥ 捕捉到平行线：无论何时提示用户指定矢量的第二个点时，都要绘制与另一个对象平行的矢量。指定矢量的第一个点后，如果将鼠标指针移动到另一个对象的直线段上，即可获得第二个点。如果创建的对象的路径与这条直线段平行，将显示一条对齐路径，可用它创建平行对象。

⊟ 捕捉到插入点：捕捉到属性、块、形或文字的插入点。

⚬ 捕捉到节点：捕捉到点对象、标注定义点或标注文字起点。

⚲ 捕捉到最近点：捕捉到圆弧、圆、椭圆、椭圆弧、直线、多线、点、多段线、射线、样条曲线或参照线的最近点。

⚴ 无捕捉：单击该按钮，不启用对象捕捉功能。

⚯ 对象捕捉设置：单击该按钮，打开"草图设置"对话框。

3. 对象追踪

启用对象捕捉时只能捕捉对象上的点。AutoCAD 还提供了对象追踪捕捉工具，捕捉对象以外空间的一个点，可以沿指定方向（称为对齐路径）按指定角度或与其他对象的指定关系捕捉一个点。捕捉工具栏中的临时追踪点按钮 ⚬ 和捕捉自按钮 ⚯ 是对象追踪的按钮。当单击其中一个时，只应用于对水平线或垂足线进行捕捉。

（1）单击状态栏中的"对象捕捉"和"对象追踪"按钮，启用这两项功能。

（2）执行一个绘图命令，例如单击直线按钮 ／，将十字光标移动到一个对象捕捉点处作为临时获取点，但此时不要单击它，当显示出捕捉点标识之后，暂时停顿片刻即可获取该点，已获取的点将显示一个小加号"＋"，一次最多可以获取七个追踪点。获取点之后，当移动十字光标时，将显示相对于获取点的水平、垂直或极轴对齐的路径虚线。

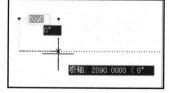

如图 2-13 所示，在获取了一个端点和一个中点之后，显示出中点的水平虚线和端点的垂虚线，此时单击，即可在这个虚线相交的位置确定一个点的位置。

图 2-13

2.3　任　务　实　施

任务 2.1 的实施：进行图形文件管理

1. 新建图形文件的操作步骤

通常在绘制一张新图之前,首先要设置新图的绘图环境和图形文件,这就是绘图前的准备工作。

第 1 步：选择"文件/新建"菜单命令。

提示：也可以单击工具栏中的新建按钮 ,或者在界面底部命令行中输入"new",并按 Enter 键或 Space 键。

第 2 步：此时打开"选择样板"对话框,单击"文件类型"右侧的按钮 ,在弹出的下拉列表中有三个选项,如图 2-14 所示。

图　2-14

图形样板：默认的选择类型,文件扩展名为.dwt。选择此文件类型时,对话框列表中显示出 AutoCAD 已经定义好的样板文件,每个样板文件都分别包含了不同类型图形所需的基本设置。

图形：图形文件扩展名为.dwg 是 AutoCAD 默认图形文件的保存格式。

标准：标准文件扩展名为.dws。为维护图形文件的一致性,可以创建标准文件来定义常用属性,例如将命名对象设置为常用的特性,如图层特性、标注样式、线型和文字样式等,将其保存为一个标准文件。然后将标准文件同一个或多个图形文件关联起来,定期检查该图形,以确保它符合标准。为了增强一致性,用户可以创建、应用和核查图形中的标准。因为标准文件类型可使其他人容易对图形作出解释,在合作环境下标准文件是特别有用的。

第 3 步：单击一个图形样板文件名称,在对话框右侧的预览窗口中就可以看到该文件的设置效果,如图 2-15 所示。

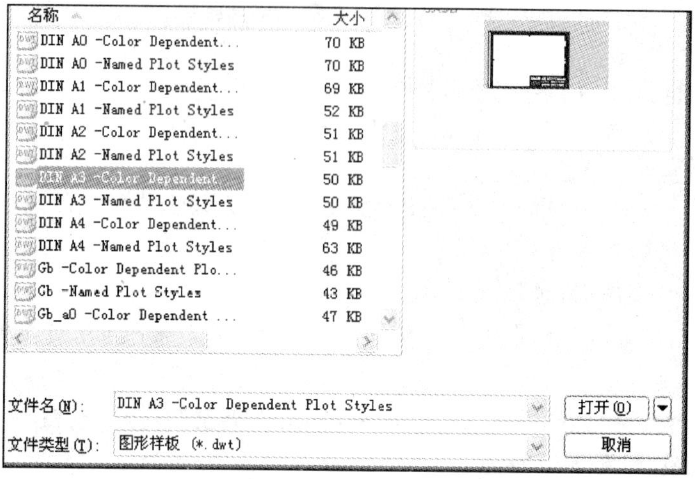

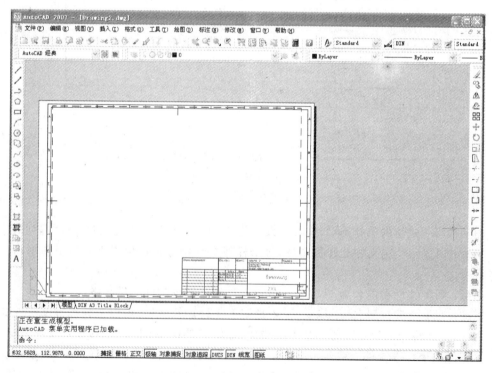

图 2-15

第 4 步:选择一个 DWT 格式的图形样板文件,单击"打开"按钮,此时就新建了一个图形文件,文件名称为 Drawing1.dwg,如图 2-16 所示,这个新建图形文件使用的是所选图形样板(*.dwg)中所定义的设置,包括布局选项卡上已经绘制好的标题栏。

图 2-16

第 5 步:单击工具栏中的新建按钮 ,打开"选择样板"对话框,单击"打开"按钮右侧的按钮 ,在弹出的快捷菜单中选择"无样板打开—公制",如图 2-17 所示,此时创建了一个新的图形文件,这个新建文件没有使用任何图形样板设置。

　　提示：在启动 AutoCAD 软件之后,即可打开一个文件名称为 Drawing1.dwg 的图形文件,以后新创建的文件名称依次为 Drawing2.dwg、Drawing3.dwg 等。

图　2-17

　　无样板打开—英制：新建文件以英寸为单位。默认图形边界(栅格界限)为 12 英寸×9 英寸,相当于选择了 acad.dwt 模板新建的文件。

　　无样板打开—公制：新建文件以毫米为单位,以公制度量衡系统创建新图形。默认图形边界(栅格界限)为 429mm×297mm。国内用户一般应采用公制,相当于选择 acadiso.dwt 模板新建的文件。

2. 保存图形的操作步骤

　　在文件编辑完成或中途退出 AutoCAD 软件时,需要将当前编辑的图形保存起来。为了防止在绘图过程中,由于突然事故(如关机和断电等)而造成文件丢失,也应当经常存盘。

　　第 1 步：选择"文件/保存"菜单命令。

　　提示：也可以单击工具栏中的保存按钮 ⊞ ,或者在命令行中输入"save",并按 Enter 键。

　　第 2 步：如果当前图形为新建,则在"图形另存为"对话框中,输入图形文件的名称,并选择保存路径和文件类型,单击"保存"按钮,如图 2-18 所示。

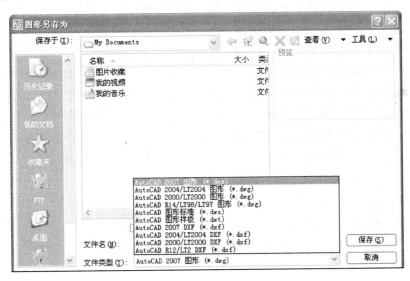

图　2-18

　　提示：如果需要将当前已命名保存的图形文件保存为另外一个名称的文件,可以选择"文件/另存为"菜单命令,此时会打开"另存为"对话框,输入新的文件名称,单击"保存"按钮即可。

　　如果需要在 AutoCAD 2007 之前的版本软件中打开当前的图形文件,应该将当前的图形文件保存为相应的早期版本格式,这样才不会丢失数据。

3. 关闭图形文件和退出 AutoCAD 程序

　　AutoCAD 提供了两个菜单命令：关闭和退出。这是两个不同功能的命令,不能混淆。

AutoCAD 界面可以打开多个图形文件,如图 2-19 所示,将其中的暂时不编辑的文件最小化显示,将其他打开的文件绘图窗口最大化显示或自定义大小。单击某绘图窗口的标题栏,可激活该窗口,开始对其进行编辑。

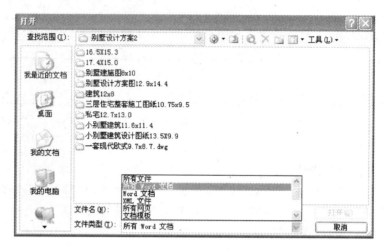

图　2-19

关闭命令只关闭当前激活的绘图窗口,只是结束对当前编辑的图形文件的操作,继续运行 AutoCAD 软件,编辑其他打开的图形文件。退出命令是退出 AutoCAD 程序,结束所有 AutoCAD 操作。

(1) 选择"文件/关闭"菜单命令。

提示:也可以在命令行中输入"close",并按 Enter 键。或者单击绘图窗口中的按钮 ▣ 。

(2) 如果自上次保存图形后没有进行过修改,则退出程序。如果已修改图形,退出当前系统时将打开"保存"对话框,询问用户是要保存修改还是要放弃修改。

单击对话框中的"是"按钮,或按 Y 键,保存文件,并关闭该文件。

单击对话框中的"否"按钮,或按 N 键,则不保存文件,关闭该文件。

单击对话框中的"取消"按钮,即取消关闭命令操作。

(3) 选择"文件/退出"菜单命令,退出 AutoCAD 程序。

提示:也可以在命令行中输入"quit",并按 Enter 键。如果在退出 AutoCAD 程序之前图形文件进行了修改,同样打开上述对话框,询问是否保存修改。

4. 打开图形文件

第 1 步:选择"文件/打开"菜单命令。

提示:也可以单击工具栏中的打开按钮 ▣ ,或者在命令行中输入"open",并按 Enter 键。

第 2 步:此时弹出"打开"对话框,单击"文件类型"右侧的按钮 ▼ ,在弹出的下拉列表中有多个选项,如图 2-20 所示,可看到 AutoCAD 2007 中文版不仅能打开它本身格式的图形文件(dwg、dwt、dws),而且还能直接读取 DXF 文件。

提示:DXF(图形交换格式)文件是文本或二进制文件,其中包含可由其他 CAD 程序读取的图形信息。保存为 DXF 文件后,其他使用能识别 DXF 文件的 CAD 程序的用户就可以共享该图形文件了。

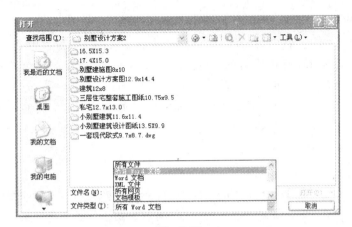

图　2-20

第 3 步：单击"打开"按钮右侧的按钮 ，在弹出的快捷菜单中有四个选项，如图 2-21 所示。

选择不同的打开方式所打开的文件属性不同。

选择"打开"时，绘图窗口中将显示该文件的全部内容。

选择"以只读方式打开"时，打开后的图形文件不能被修改。

选择"局部打开"时，可以打开文件中的某个图形。

第 4 步：在"选择文件"对话框中选择一个文件，单击"打开"按钮右侧的按钮，在弹出的快捷菜单中选择"局部打开"，此时打开"局部打开"对话框。

图　2-21

第 5 步：在对话框右侧要"加载几何图形的图层"列表框中选中需要打开的图层，在对话框左侧"加载几何图形的视图"列表框中，选择打开图形文件时所在的视窗。单击"打开"按钮。此时打开的图形文件只显示所选择图层上的图形和实体，没有选择的图层上的实体不显示，因此也无法对它们进行任何操作。

第 6 步：如果选择"以只读方式局部打开"时，同样会弹出"局部打开"对话框，此时可以按所选择的图层部分打开图形文件，但打开之后不能对其进行修改。

提示：在大型工程项目中，使用"局部打开"，可以只打开自己所需要的内容，加快文件的加载速度，而且也减少绘图窗口中显示的图形数量。

使用"局部打开"时，只能打开一个图形文件，如果想一次打开多个文件，该命令无效。

5. 局部加载图形文件的另一个图层

当局部打开文件之后，在需要时可以继续打开该文件的其他图层，进行编辑操作。

第 1 步：单击工具栏中的打开按钮 ，在打开的对话框中选择一个图形文件 1.dwg，单击"打开"按钮右侧的按钮 ，在弹出的快捷菜单中选择"局部打开"。

在打开的对话框中选中"0"图层。

第 2 步：单击"打开"按钮，此时视图中局部打开了一个图形文件。

第 3 步：单击图层工具栏右侧的按钮 ，在下拉列表中会显示所有图层名称，但没有加载的图层是空的，其图形并没有显示在视图中。

第 4 步：选择"文件/局部加载"菜单命令，打开对话框，显示的是当前正在编辑的局部。

打开文件中的所有图层名称,选中其他图层。

第 5 步:单击"确定"按钮,选择的图层被加载并显示在绘图窗口中。

提示:只有局部打开的图形文件,才能使用"局部加载"命令。而加载的图层只能是当前局部打开文件中的图层,不能加载其他文件的图层。

局部加载对话框的视图列表,显示的是所选图形文件中所有可用的模型空间视图。当选择视图名称时,仅加载选定视图中的几何图形。默认视图为" * 范围 * ",表示只能选择从一个视图加载几何图形。

6. 设置绘图界限

新创建一个图形文件,在绘图之前,都要设置绘图界限。设置绘图界限,也就是设置绘图区域,标明用户的工作区域和图纸的边界,让用户只在定义好的区域内绘制图形。

第 1 步:选择"格式/图形界限"菜单命令。

提示:也可以在命令行中输入"limits",并按 Enter 键。

第 2 步:此时出现提示信息,如图 2-22 所示,提示用户设置图形界限左下角点的位置,并提示默认值为<0.0000,0.0000>,按 Enter 键,接受其默认值。

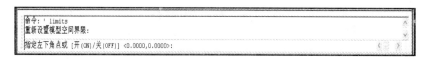

图　2-22

第 3 步:在左下角的位置确定之后命令行中又出现了新的提示信息,提示用户设置右上角点的位置,如图 2-23 所示。

图　2-23

第 4 步:在命令行中输入新的坐标值"1000,800",按 Enter 键,即可确定绘图界限的右上角位置。

第 5 步:在状态栏中单击"栅格"按钮,启用该功能,视图中显示出栅格点矩阵,栅格点的范围就是图形的界限。

如果没有输入新的坐标值,按 Enter 键,即接受默认值<420.0000,297.0000>。

提示:在命令行中还有提示信息"[开(ON)/关(OFF)]",如果在其后输入"ON",则打开界限检查;输入"OFF",则关闭界限检查。当界限检查打开时,将无法在界线以外创建图形。

7. 模型空间创建多个视口

在第 1 章中已经学习了操作界面,在绘图区域中有两个工作空间,通过选择模型选项卡或布局选项卡切换。通常在绘图时,无论是二维还是三维图形都是在模型空间中进行绘制的,它不必考虑绘图空间的大小,只要在这个空间中绘制正确的图形。当绘图和设计工作完成之后,再进入布局空间内,在布局空间内用户不需要对图形进行任何修改,只是进行布局调整,将模型空间中的图形按照不同的比例搭配,并加以文字注释,构成一个完整的图形并最终输出。

模型空间和布局空间中,允许使用多个视口,在模型空间中显示了三个视口。

视口是用来显示用户模型的不同区域。使用模型空间,可以将绘图区域拆分成一个或多个相邻的矩形视口,称为模型空间视图。在大型或复杂的图形中,显示不同的视口可以缩短在单一视口中缩放或平移的时间。例如使用一个视口显示图形的整体形态,而另一个视口放大一个区域进行编辑。在模型空间中创建多视口,目的是为了方便观察和绘制图形。

在模型空间上创建的视口会充满整个绘图区域并且相互之间不重叠。在一个视口中作出修改后,其他视口也会立即更新。

在布局空间中创建多视口,目的是便于进行图纸的合理布局,用户可以对任何一个视口进行复制、移动等操作,以便从不同的角度观察同一个三维实体对象。

第 1 步:在状态栏中单击"模型"标签,即可进入模型空间。

第 2 步:选择"视图/视口/三个视口"菜单命令,此时命令行中显示了提示信息,如图 2-24 所示,提示用户指定新视口的排列顺序。

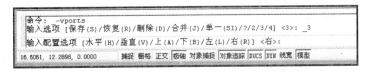

图　2-24

第 3 步:在命令行中输入"1",按 Enter 键,此时产生三个视口,如图 2-25 所示。

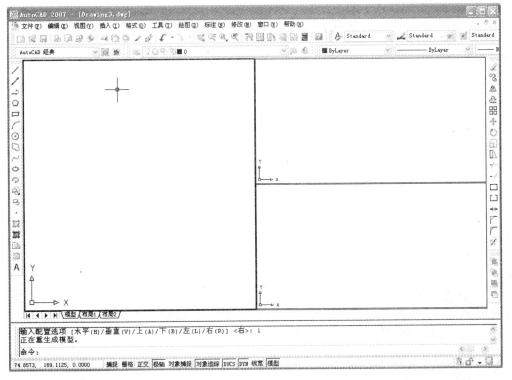

图　2-25

第 4 步：单击某个视口，该视口被激活，即可在此视口中绘制图形，被激活的视口显示粗边框。单击另一个视口，则该视口被激活，上一个视口则取消激活状态。

第 5 步：选择"视图/视口/合并"菜单命令，此时命令行中显示提示信息"选择主视口"，如图 2-26 所示。

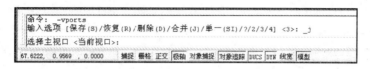

图   2-26

第 6 步：单击右上角的视口作为主视口，此时命令行中显示提示信息"选择要合并的视口"，如图 2-27 所示。

图   2-27

第 7 步：单击与主视口相邻的右下角视口，此时右下角视口与右上角视口合并为一个视口，如图 2-28 所示。

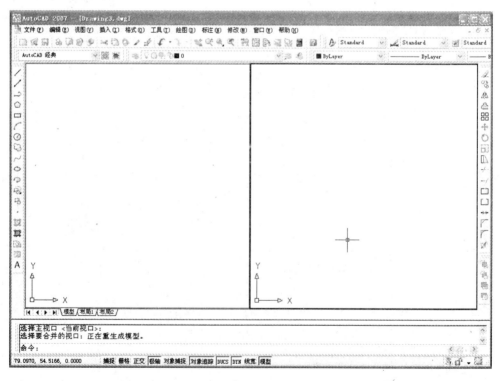

图   2-28

8. 删除和创建布局

绘图窗口中的模型空间只能有一个,但布局作为图纸空间环境,它模拟图纸页面,提供直观的打印设置,可以创建多个布局,每个布局包含不同的打印比例、图纸尺寸和视图数量。

打开新的图形文件时,默认情况下提供了一个模型选项卡和两个布局选项卡"布局 1"和"布局 2"。

(1) 右击"布局 2"选项卡,在弹出的菜单中选择"新建布局",此时即可创建一个新的布局,名称为"布局 3"。

(2) 单击"布局 2"选项卡,进入操作状态;右击"布局 2"选项卡,在弹出的菜单中选择"删除",此时即可删除该布局。

任务 2.2 的实施：控制二维视图显示

1. 平移视图

在绘制图形时,当需要观察的部分没有显示在视口中间的位置,这时就要使用平移工具移动视口,以便观察和绘制图形的其他部分。

(1) 单击实时平移按钮 ,十字光标变成了手形图标,此时在绘图窗口按住鼠标左键并拖曳鼠标,视口中的图形即可跟随移动,松开鼠标,接 Enter 键,即可退出平移操作。

(2) 在命令行中输入"pan",按 Enter 键,此时十字光标变成了手形图标,命令行显示提示信息,如图 2-29 所示。此时在绘图窗口按住鼠标左键并拖曳鼠标即可移动视口。pan 命令不改变图形中对象的位置或放大比例,只改变视口。按 Enter 键,退出平移操作。

```
命令: pan
按 Esc 或 Enter 键退出, 或单击右键显示快捷菜单。
```

图　2-29

提示：在命令行中输入"p",可以代替平移的全称命令"pan"。

(3) 除了实时平移操作,还可以定点平移,选择"视图/平移/定点"菜单命令,此时命令行会显示提示信息。

(4) 在视图任意位置单击,即可指定基点位置,此时命令行会显示提示信息,指定第二点。

(5) 在视图中另一个位置单击,此时选择的基点随即平移至第二点的新位置。

(6) 用户也可以使用绘图区域中的滑块上下或左右移动视口。

2. 缩放视图

在绘图区域中,用户会经常放大显示一个视图,以便于仔细查看图中的细节,有时还需要将视口缩小以观察图形的总体布局。这种缩放是针对视口的操作,改变的是视口的显示比例,而不是图形的大小。

(1) 在命令行中输入"zoom",按 Enter 键,命令行显示提示信息,如图 2-30 所示。

提示：在命令行中输入"z",可以代替缩放的全称命令"zoom"。

(2) 提示的第一行说明文字表示可以通过指定窗口的角点位置或输入比例因子,来确定缩放的尺寸。

```
命令：zoom
指定窗口的角点，输入比例因子 (nX 或 nXP)，或者

[全部(A)/中心(C)/动态(D)/范围(E)/上一个(P)/比例(S)/窗口(W)/对象(O)] <实时>：
```

图　2-30

在视口中点选确定一个角点的位置，此时命令行显示出提示信息"指定对象点"，在视口中移动鼠标指针，可以拖曳出一个方框，这个方框就是放大区域，单击鼠标，视口中该区域放大显示，并占满视口。

（3）在命令行中输入"zoom"，按 Enter 键。在命令行输入"10x"，按 Enter 键，此时视口中的图形显示放大至 10 倍。

提示：输入的数值是缩放的比例值，X 代表根据当前视口指定比例。如果输入"0.5X"，视口显示为原大小的二分之一，即缩小视口。输入"1X"，视口无缩放。

（4）在命令行中输入"zoom"，按 Enter 键，命令行显示的第二行提示信息如下：［全部(A)/中心(C)/动态(D)/范围(E)/上一个(P)/比例(S)/窗口(W)/对象(O)］＜实时＞。

在命令行中输入各选项的英文字母，即可执行该选项的操作。下面分别介绍各选项的含义。

全部(A)：在命令行中输入"a"，按 Enter 键，将所有的图形实体都显示在视口中。通常在不清楚图形有多大时，使用全部选项。

中心(C)：在命令行中输入"c"，按 Enter 键，命令行提示"指定中心点"，可以按 Enter 键，确定原始中心点，也可以在视口中单击确定新的中心点，此时命令行又提示"输入比例或高度＜212.4092＞"，括号中的数值是高度的默认值，如果按 Enter 键，确定默认值；如果输入"10x"，按 Enter 键，将得到放大至 10 倍的视口，x 代表比例；如果输入"3"，按 Enter 键，此时数值 3 将作为高度值，视口将按输入的高度值显示图形。

动态(D)：在命令行中输入"d"，按 Enter 键，此时视口中显示 3 个视图框。蓝色虚线框表示图纸的范围；绿色虚线框表示当前在屏幕上显示的图形区域；带"×"号的黑色框是平移视图框。

此时移动鼠标指针，即可移动平移视图框，单击鼠标，此时平移视图框中的"×"消失，而显示一个位于框右边的方向箭头"→"，拖曳鼠标可以改变平移视图框的大小，框的大小合适之后，右击即确定选择区域，选择区域显示在视口中，并结束缩放操作。

平移视图框中有"×"时，可以确定放大的位置；平移视图框中有"→"时，可以确定选择区域的大小。右击结束缩放操作。初学者一般不太习惯动态缩放操作，应当多加练习。

范围(E)：在命令行中输入"e"，按 Enter 键，将根据图形范围的尺寸，将所有图形全部显示在屏幕上，并最大限度地充满整个视口。范围选项与全部选项略有不同，选择全部选项时，系统先比较绘图界限与图形范围哪个尺寸大，哪个尺寸大就用哪个尺寸显示图形。有时图形对象会画得非常小，如果选择全部选项，以绘图界限显示图形，会看不清图形对象。这时就需要选择范围选项了，它根据图形范围的尺寸，将所有的图形全部显示在视口中。

上一个(P)：在命令行中输入"p"，按 Enter 键，恢复上一次视口显示的图形。当使用 zoom 缩放命令后，以前的视口会自动保存起来，默认情况下会保存 10 个视口，可以连续选

择上一个选项,逐步退回以前视口状态,直至前 10 个视图。

比例(S):在命令行中输入"s",按 Enter 键,命令行提示信息"输入比例因子(nX 或 nXP)",n 代表数值,输入"5x",按 Enter 键,即可将当前视口放大至 5 倍。如果输入数字 "5",表示相对于图形界限放大至 5 倍。

窗口(W):在命令行中输入"w",按 Enter 键,命令行提示信息"指定第一个角点",输入 "1,10",这是第一个角点的坐标位置;也可以在视口上直接点选确定第一个对角点的位置, 此时命令行提示"指定对角点",输入对角点的坐标值"100,80",也可以在视口中单击确定对 角点的位置,此时由两个角点组成的长方形区域被放大显示在视口中。

对象(O):在命令行中输入"o",按 Enter 键,此时选择的图形对象会放大显示在视口 中。缩放选项可以尽可能大地将一个或多个选定的对象显示在视口中,并使其止于视口中 心。可以在启动 zoom 命令之前或之后选择对象。如果启动 zoom 命令之前没有选择图形 对象,在输入"o"之后,命令行会提示"选择对象",在视图中选择对象之后,右击鼠标结束 选择。

实时:执行 zoom 命令并显示提示信息之后,按 Enter 键,即可执行实时选项。十字光 标将变为放大镜图标,并在命令行中显示提示信息:按 Esc 键或 Enter 键退出,或右击显示 快捷菜单。此时按住并向上拖曳鼠标,可放大视口中的图形,向下拖曳鼠标,可以缩小视口 中的图形。按 Esc 键或 Enter 键可结束实时缩放操作。

AutoCAD 还提供了"视图/缩放",如图 2-31 所示,在缩放子菜单中显示的命令与命令 行中显示的选项功能相同,选择放大 🔍 和缩小 🔍 命令可分别使图形相对于当前图形放大 1 倍或缩小 50%。

在界面上端的标准工具栏中,也提供了缩放按钮,如图 2-32 所示,同样可以实现缩放操 作。由于平移和实时操作经常使用,因此平移按钮 🖐 、实时按钮 🔍 和上一个缩放按钮 🔍 分别单独占据一个位置,其他按钮覆盖在一起,按钮下方有一个黑色三角形,表示该按钮下 面有其他按钮。单击这个三角形按钮时,会弹出下拉列表,选择一个按钮,被选中的按钮就 会出现在最上层,并启动该按钮的操作。

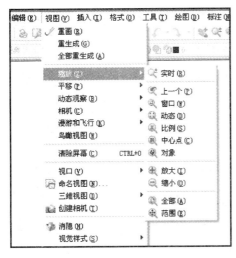

图 2-31

图 2-32

右击工具栏,在弹出的菜单中选择"缩放",此时会显示出缩放工具栏。

3. 保存和恢复视图

对于复杂的图形或模型,用户需要经常改变观察角度,如果将当前的视图用一个视图名称保存,可以在以后任何情况下,通过选择视图名称快速地恢复需要的视图。

(1) 打开一个文件,调整视图效果。

(2) 选择"视图/命名视图"菜单命令,打开"视图管理器"对话框,如图 2-33 所示。

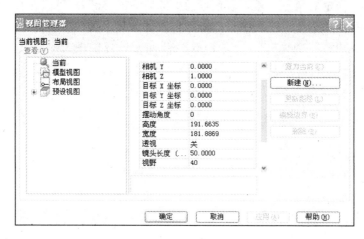

图　2-33

(3) 单击"新建"按钮,打开"新建视图"对话框,如图 2-34 所示,输入视图名称为"视图 1",单击"确定"按钮,即可创建新的命名视图。

图　2-34

（4）此时视图名称"视图 1"显示在模型视图列表中，如图 2-35 所示，单击"确定"按钮。

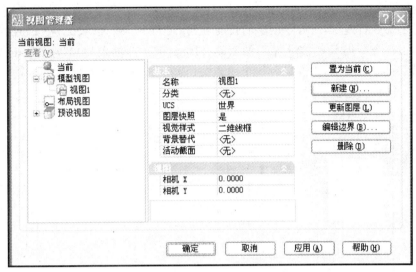

图　2-35

（5）当用户缩放了视图，或改变了观察范围之后，需要重新返回到命名视图时，在视图工具栏中，单击三角形按钮，在下拉列全中选择"视图 1"，如图 2-36 所示，即可将已命名的"视图 1"恢复到当前视图中。

图　2-36

任务 2.3 的实施：启用对象捕捉绘制图形

本实例练习绘制矩形和圆形，将使用对象捕捉和捕捉自命令辅助绘制图形的位置，并将绘制的图形保存为图形文件。

创建的图形如图 2-37 所示，绘制两个矩形，并在一个矩形内部绘制一个圆，圆心位于已有矩形内的右下方。

第 1 步：启动 AutoCAD 软件，选择"AutoCAD 经典"工作空间，选择"视图/三维视图/俯视"菜单命令，在状态栏中单击"栅格"按钮，取消栅格显示。

第 2 步：在特性工具栏的下拉列表中选择黑色，如图 2-38 所示。此时开始绘制的新图形都将是黑色的。

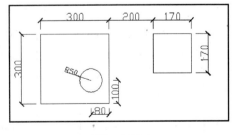

图　2-37

第 3 步：选择"绘图/矩形"菜单命令，命令行提示"指定第一个角点或〔倒角（C）/标高（E）/圆角（F）/厚度（T）/宽度（W）〕"，在视图任意位置单击创建第一个角点。

第4步：命令行提示："指定另一个角点或[面积(A)/尺寸(D)/旋转(R)]"，输入"d"，按 Enter 键。

第5步：命令行提示："指定矩形的长度<10.0000>"，输入"300"，按 Enter 键。

第6步：命令行提示："指定矩形的宽度<10.0000>"，输入"300"，按 Enter 键。

第7步：命令行提示："指定另一个角点或[面积(A)/尺寸(D)/旋转(R)]"，在视图中单击鼠标，一个矩形创建完成，如图2-39所示。

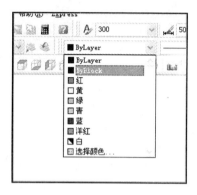

图　2-38

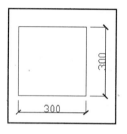

图　2-39

第8步：在状态栏中单击"对象捕捉"按钮，启动对象捕捉功能。

第9步：选择"绘图/圆/圆心、半径"菜单命令，命令行提示："指定圆的圆心或[三点(3P)/两点(2P)/相切、相切、半径(T)]"。

第10步：在对象捕捉工具栏中单击捕捉自按钮 ，命令行显示出捕捉自命令名称"from 基点"，将鼠标指针移至矩形右下角点附近，此时该角点显示出捕捉端点标记，如图2-40所示，此时单击鼠标，将捕捉的角点作为基点。

第11步：命令行提示："<偏移>"，输入基点偏移的相对坐标值"@-80,100"，按 Enter 键，此时 AutoCAD 会自动确定圆心的位置，该位置就是相对于基点的坐标(-80，100)，移动鼠标指针拖曳出一个圆，如图2-41所示。

第12步：命令行提示："指定圆的半径或[直径(D)]<20.0000>"，输入"50"，按 Enter 键，得到一个半径为50的圆，如图2-42所示。

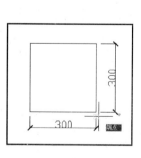

图　2-40

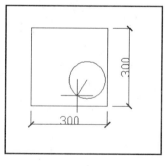

图　2-41

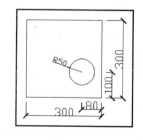

图　2-42

第13步：选择"绘图/矩形"菜单命令，在命令行提示后面输入"from"，按 Enter 键，启动捕捉自功能，捕捉并单击矩形右上角点作为基点，如图2-43所示。

第 14 步：命令行提示："＜偏移＞"，输入基点的偏移坐标值"@200,0"，按 Enter 键，确定矩形的第一个角点位置。

第 15 步：命令行提示："指定另一个角点或［面积（A）/尺寸（D）/旋转（R）］"，输入"d"，按 Enter 键。

第 16 步：命令行提示："指定矩形的长度＜300.0000＞"，输入"170"，按 Enter 键。

第 17 步：命令行提示："指定矩形的宽度＜300.0000＞"，输入"170"，按 Enter 键。

第 18 步：命令行提示："指定另一个角点或［面积（A）/尺寸（D）/旋转（R）］"，单击鼠标，另一个矩形创建完成，位置如图 2-44 所示。

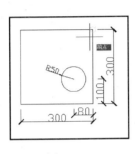

图　2-43

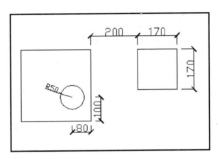

图　2-44

第 19 步：选择"文件/保存"菜单命令，打开对话框，选择保存路径，选择保存文件类型为图形文件，输入名称为"实例 1.dwg"，单击"保存"按钮。

习　题

一、填空题

(1) 在命令行中输入_____，可以代替缩放的全称命令"zoom"。

(2) 在命令行中输入_____，按 Space 键，可以打开鸟瞰视图。

二、选择题

(1) 新建图形文件的命令是(　　)。

　　A. cone　　　　　B. close　　　　　C. save　　　　　D. new

(2) AutoCAD 中有(　　)个坐标系统。

　　A. 1　　　　　　B. 2　　　　　　C. 3　　　　　　D. 4

三、判断题

(1) 绘图窗口中，模型选项卡可以有多个，布局选项卡只能有两个。(　　　)

(2) 鸟瞰视图显示当前视图在整个图形中的位置。(　　　)

四、问答题

(1) 怎样在模型空间中创建多个视口？

(2) 对象捕捉与栅格捕捉有什么区别？

绘制二维图形对象

无论多么复杂的图形,都是由一些基本的图形组合而成的。基本图形也就十几种,包括线性对象:直线、多段线、矩形、多边形、多线;曲线对象:圆弧、圆、圆环、椭圆、椭圆弧、样条曲线;参照点和构造线等。熟练掌握本章的内容,就能够绘制常见的基本图形。

本章主要内容

- 绘制线性对象。
- 绘制曲线对象。
- 绘制参照点和构造线。

3.1 任务导入与问题的提出

任务导入

任务 1:绘制楼梯平面图

使用矩形和直线工具,结合对象捕捉和正交按钮,绘制如图 3-1 所示的楼梯平面图。

任务 2:绘制门窗立面图

使用多段线和直线绘图工具,绘制如图 3-2 所示的门。

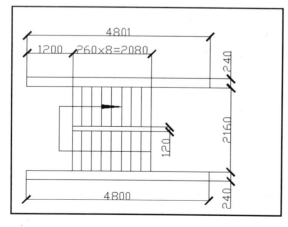

图 3-1

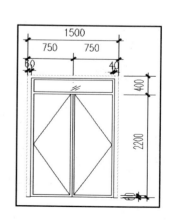

图 3-2

任务 3：绘制洗手盆平面图

综合应用直线命令、椭圆命令、偏移命令、圆角命令和打断命令等绘图工具，并运用多种对象捕捉模式，绘制如图 3-3 所示的洗手盆平面图。

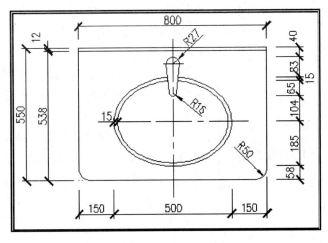

图　3-3

问题与思考

- 如何根据起点、端点、半径绘制大半个圆弧？
- 绘制与三个对象相切的圆，如何激活命令？可以通过键盘输入实现吗？
- 可以按指定长度将对象等分吗？哪段与指定长度不符？
- 可以控制点的显示样式和大小吗？
- 怎样绘制已知圆的内接正多边形？

3.2　知　识　点

3.2.1　绘制直线

直线是绘图中最常用、最简单的图形对象。可以一次绘制一条线段，也可以连续绘制多条线段，但每一条线段都将是一个独立的直线对象，可以对任何一条线段进行单独编辑操作。

1. 绘制未知长度和角度的直线

下面绘制一条直线 AB。A 点为起点，B 点为终点。

第 1 步：启动直线命令可以使用以下三种方法。

方法一：在绘图工具栏中单击直线按钮 ╱。

方法二：在命令行中输入"line"，并按 Enter 键。也可输入"l"，并按 Enter 键。

方法三：选择"绘图/直线"菜单命令。

第 2 步：执行"直线"命令之后，命令行显示提示："指定第一点"。

第 3 步：在视图上单击任意位置，作为第一点，即 A 点。

第 4 步：命令行提示："指定下一点或[放弃(U)]"。

第 5 步：移动十字光标，可以拖曳出一条直线，在视图上单击另一位置，作为第二点，即终点 B。

此时绘制了一条未知长度、未知角度的直线。

第 6 步：命令行再次提示："指定下一点或[放弃(U)]"，再次移动十字光标，可看到以第二点作为起点，又拖曳出一条直线，如图 3-4 所示。

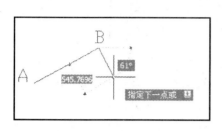

图 3-4

第 7 步：如果想继续绘制多条直线段。可以在视图中单击，创建第二条线段的终点，即下一条线段的起点。

第 8 步：此时命令行再次显示提示："指定下一点或[放弃(U)]"。此时若输入"u"，则当移动十字光标时，可以看到第二条线段的终点被取消了，也就是放弃了上一步骤创建的第二条直线段的终点。命令行再次显示提示："指定下一点或[放弃(U)]"。

提示：在命令行中输入"u"，可以让用户纠正错误创建的直线起点或终点。再次输入"u"时，可以继续取消上一条直线的终点，直到取消直线的起点。

第 9 步：按 Enter 键，结束绘制直线的操作。也可以右击，在弹出的快捷菜单中选择"确定"。

2. 绘制准确长度的直线

前面讲述了在视图中直接单击创建直线的起点和终点，但创建的直线长度无法控制。为了解决这个问题，在状态栏中提供了"DYN"按钮，它可以在单击直线的终点时输入长度值。

"DYN"按钮是动态输入按钮，可以控制直线的长度、角度，以及每一点的坐标值。

第 1 步：在命令行中输入"l"，并按 Enter 键。

第 2 步：在状态栏中单击"DYN"按钮，启动动态输入功能。

第 3 步：在视图上移动十字光标，可以看到十字光标附近显示出当前的坐标位置信息，如图 3-5 所示。

在"指定第一点"的后面分两个数值，第一个数值为 X 坐标的值，第二个数值为 Y 坐标的值。用户可以在提示中输入第一点的坐标值，而不用在命令行中输入。

第 4 步：输入 X 坐标值为"300"，按 Tab 键，此时 X 坐标数值锁定，再输入 Y 坐标值为"80"，如图 3-6 所示。按 Enter 键，即可确定直线第一点的位置。

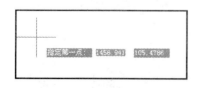

图 3-5

图 3-6

第 5 步：移动十字光标，此时不仅会拖出一条直线，而且还会提示，即创建的第一点与十字光标 Z 间的距离长度，直线与 X 轴夹角角度值，以及动态提示，如图 3-7 所示。

第 6 步：在长度值输入框中输入"100"，确定直线的长度，按 Tab 键，此时长度值锁定，角度值输入框呈可操作状态，输入角度为"60"，按 Enter 键，即可创建一条长度为 100、与 X 轴正向夹角为 60°的直线。

第 7 步：移动十字光标，此时会拖出第二条线段，同样显示出动态信息。

第 8 步：在长度值输入框中输入"70,0"，此时动态输入框显示为 X 轴和 Y 轴坐标值输入框，共中 70 代表 X 坐标值，0 代表 Y 轴坐标值，如图 3-8 所示。

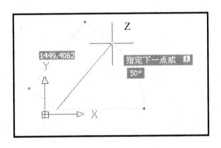

图　3-7

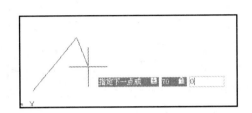

图　3-8

第 9 步：按 Enter 键，确定 X 轴和 Y 轴的坐标值。移动十字光标，此时会拖曳出第三条线段，同样显示出动态信息，如图 3-9 所示。

第 10 步：按下箭头键，显示提示信息，如图 3-10 所示。

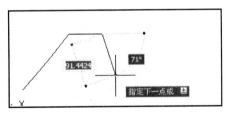

图　3-9

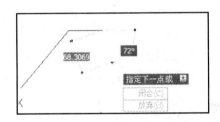

图　3-10

第 11 步：按 C 键，"c"显示在命令输入中，如图 3-11 所示。

第 12 步：按 Enter 键，此时以一条线段的起始点作为最后一条线段的终点，形成一个闭合的线段环，如图 3-12 所示。

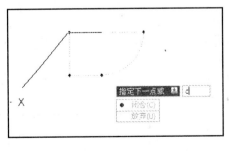

图　3-11

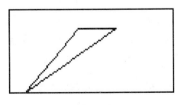

图　3-12

提示：如果想选择"放弃"，按 U 键，"u"显示在命令输入框中，按 Enter 键，即放弃了上一步操作。

第13步：一般在绘制一系列线段(两条或两条以上)之后,才会显示"闭合"选项。如果不想闭合线段,可以右击鼠标,在弹出的快捷菜单中选择"确定",结束直线绘制。

提示：在显示动态提示时,按箭头键 可以查看和选择选项。按箭头键 可以显示最近的输入数值。

3. 根据世界直角坐标值绘制直线

利用直线的起点 A 和终点 B 的坐标值,同样可以绘制一条直线。

第1步：单击直线按钮 ，命令行提示"指定第一点"。

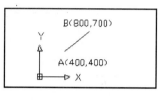

图 3-13

第2步：在命令行中输入起点坐标"400,400",按 Enter 键,创建直线的起点。

第3步：命令行提示："指定下一点或[放弃(U)]",输入终点坐标"800,700",按 Enter 键,创建直线的终点。

第4步：按 Enter 键,结束直线操作,绘制的直线如图 3-13 所示。

4. 根据相对直角坐标值绘制直线

在绘制上面这条直线时,是以世界坐标形式输入 A 点和 B 点的坐标值。在实际绘图中,世界坐标形式不常用,最常用的是相对坐标形式。相对坐标是基于上一个输入点的。如果知道某点与上一点的位置关系,就可以使用相对坐标。

一个点的相对坐标值是指该点与上一个输入点之间的坐标差。假设直线 AB,A 点是第一点,B 点是第二点,B 点的相对坐标值是 B 点与 A 点的坐标差。要指定相对坐标值,应在坐标前面加一个@符号,如"@x,y"。

"@"代表后面的 x 值和 y 值是相对坐标值,是相对于第一点的坐标数值。

例如,输入"@3,4"指定一点,这个点的位置距离前一点的位置沿 X 轴方向有 3 个单位,沿 Y 轴方向有 4 个单位。

下面使用相对坐标值绘制线段。

第1步：单击直线按钮 ，命令行提示"指定第一点"。

第2步：在命令行中输入起点 A 的坐标值"-2,1",按 Enter 键,创建直线的起点。第一次输入的坐标值是世界坐标值。

第3步：命令行提示："指定下一点或[放弃(U)]",输入终点坐标"@5,3",按 Enter 键,创建点 B。

第4步：命令行提示："指定下一点或[放弃(U)]",输入终点坐标"@0,-3",按 Enter 键,创建点 C。

第5步：命令行提示："指定下一点或[闭合(C)/放弃(U)]",输入"c",按 Enter 键,创建了直线 CA,形成一个闭合的线段环,如图 3-14 所示。

5. 根据极坐标值绘制直线

极坐标由距离和角度组成。距离就是指输入点与上一个输入点之间的距离;角度即极角,指输入点与上一输入点之间连线与 X 轴的正向之间的夹角,逆时针为正,顺时针为负。要使用极坐标指定一点,应输入以尖括号"<"分隔的

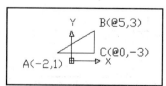

图 3-14

距离和角度。世界极坐标值输入方法：距离＜角度。相对极坐标值输入方法：@距离＜角度。

"＜"左侧数值代表线段的长度，"＜"右侧数值代表线段与 X 轴正向的夹角角度值。

下面使用极坐标值绘制直线 AB。

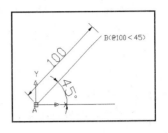

图　3-15

第 1 步：单击直线按钮 ，命令行提示"指定第一点"。在视图中单击任意位置，确定 A 点位置。

第 2 步：命令行提示："指定下一点或[放弃(U)]"，输入 B 点极坐标值"@100＜45"，按 Enter 键，创建直线 AB。按 Enter 键。结束直线操作，所绘制的直线 AB 如图 3-15 所示。

3.2.2　绘制多段线

掌握多段线的绘制方法，可以得到一个由若干直线和圆弧连接而成的折线或曲线，同时，无论这条多段线中包含多少条直线或弧，整条多段线就是一个独立的对象，可以统一对其进行编辑。另外，对多段线中每个线段都可以设置不同的线宽。

1. 绘制直线和圆弧组成的多段线

绘制由直线和圆弧组成的多段线，如图 3-16 所示。

第 1 步：执行"多段线"命令，可以使用以下三种方法。

方法一：在界面的左侧绘图工具栏中，单击多段线按钮 。

方法二：在命令行中输入"mpline"，并按 Enter 键。

方法三：选择"绘图/多段线"菜单命令。

第 2 步：执行"多段线"命令之后，命令行提示："指定起点"，在图中单击任意位置，创建起点。

第 3 步：命令行提示："当前线宽为 0.000 指定下一个点或[圆弧(A)/半宽(H)/长度(L)/放弃(U)/宽度(W)]"，输入下一点的相对坐标值"@80,0"，按 Enter 键，绘制一段水平直线，长度为 80。

第 4 步：命令行提示："指定下一点或[圆弧(A)/闭合(C)/半宽(H)/长度(L)/放弃(U)/宽度(W)]"，输入"a"，按 Enter 键，即开始绘制圆弧。

第 5 步：命令行提示："指定圆弧的端点或[圆弧(A)/闭合(C)/半宽(H)/长度(L)/放弃(U)/宽度(W)]"，输入圆弧另一个端点的相对极坐标值"@−50＜90"，按 Enter 键，一段圆弧绘制完成，如图 3-17 所示。

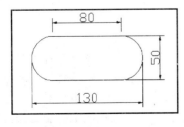

图　3-16

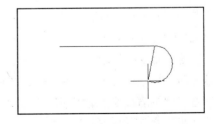

图　3-17

提示：第三个点的相对极坐标值是"@－50＜90"，其中 90 是指第三个点与 X 轴的正向夹角为 90°，不要错误地输入圆弧的角度 180°。

第 6 步：命令行提示："指定圆弧的端点或［角度（A）/圆心（CE）/闭合（CL）/方向（D）/半宽（H）/直线（L）/半径（R）/第二个点（S）/放弃（U）/宽度（W）］"，输入"l"，按 Enter 键，开始绘制直线。

第 7 步：命令行提示："指定下一点或［圆弧（A）/闭合（C）/半宽（H）/长度（L）/放弃（U）/宽度（W）］"，输入"l"，按 Enter 键。

第 8 步：命令行提示："指定直线的长度"，输入"80"，按 Enter 键，长度为 80 的线段绘制完成，如图 3-18 所示。

第 9 步：命令行提示："指定下一点或［圆弧（A）/闭合（C）/半宽（H）/长度（L）/放弃（U）/宽度（W）］"，输入"a"，按 Enter 键，开始绘制圆弧。

第 10 步：命令行提示："指定圆弧的端点或［角度（A）/圆心（CE）/闭合（CL）/方向（D）/半宽（H）/直线（L）/半径（R）/第二个点（S）/放弃（U）/宽度（W）］"，输入"cl"，按 Enter 键，封闭的多段线绘制完成，如图 3-19 所示。

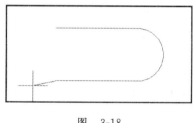

图　3-18

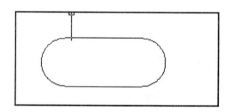

图　3-19

2. 绘制不同线宽的多段线

绘制的多段线其各线段可以设置不同的线宽，线段的两个端点宽度也可以不同。这样就可以产生许多变化的线形。下面学习利用多段线宽制作箭头等特殊图形。

第 1 步：单击多段线按钮 ，在图中单击任意位置，创建起点。

第 2 步：命令行提示："当前线宽 0.0000，指定下一个点或［圆弧（A）/半宽（H）/长度（L）/放弃（U）/宽度（W）］"，输入"w"，按 Enter 键。

第 3 步：命令行提示："指定起点宽度＜0.0000＞"，输入数值"1"，按 Enter 键。命令行提示"指定端点宽度＜1.0000＞"，输入数值"1"，按 Enter 键。

第 4 步：命令行提示："指定下一个点或［圆弧（A）/中宽（H）/长度（L）/放弃（U）/宽度（W）］"，输入"@9,0"，按 Enter 键。

第 5 步：命令行提示："指定下一个点或［圆弧（A）/中宽（H）/长度（L）/放弃（U）/宽度（W）］"，输入"w"，按 Enter 键。

第 6 步：命令行提示："指定起点宽度＜1.0000＞"，按 Enter 键，使用原有宽度。

第 7 步：命令行提示："指定端点宽度＜1.0000＞"，输入数值"0"，按 Enter 键，此时十字光标拖曳出的直线会显示出起点宽、端点窄的效果，如图 3-20 所示。

第 8 步：命令行提示："指定下一个点或［圆弧（A）/半宽（H）/长度（L）/放弃（U）/宽度（W）］"，输入"a"，按 Enter 键。选择开始绘制圆弧，此时十字光标拖曳出的直线转换为圆弧，

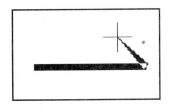

图 3-20

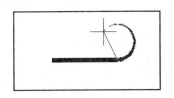

图 3-21

如图 3-21 所示。

第 9 步：命令行提示："指定圆弧的端点或［角度（A）/圆心（CE）/闭合（CL）/方向（D）/放弃（U）/宽度（W）］"，输入"@0,10"，按 Enter 键。

第 10 步：命令行提示："指定圆弧的端点或［角度（A）/圆心（CE）/闭合（CL）/方向（D）/半宽（H）/直线（L）/半径（R）/第一个点（S）/放弃（U）/宽度（W）］"，输入"1"，按 Enter 键，选择开始绘制直线。

第 11 步：命令行提示："指定圆弧的端点或［角度（A）/圆心（CE）/闭合（CL）/方向（D）/放弃（U）/宽度（W）］"，输入"@ −9,0"，按 Enter 键。

第 12 步：命令行提示："指定下一个点或［圆弧（A）/半宽（H）/长度（L）/放弃（U）/宽度（W）］"，输入"w"，按 Enter 键。

第 13 步：命令行提示："指定起点宽度＜0.0000＞"，按 Enter 键。

第 14 步：命令行提示："指定端点宽度＜0.0000＞"，输入数值"1"，按 Enter 键。

第 15 步：命令行提示："指定下一个点或［圆弧（A）/中宽（H）/长度（L）/放弃（U）/宽度（W）］"，输入"@4,0"，按 Enter 键。

第 16 步：命令行提示："指定下一点或［圆弧（A）/闭合（C）/半宽（H）/长度（L）/放弃（U）/宽度（W）］"，按 Enter 键，结束多段线操作，效果如图 3-22 所示。

"多段线"命令其他选项的含义。

半宽：指定从多段线线段的中心到其一边的宽度。

长度：在与上一线段相同的角度方向上绘制指定长度的直线段。如果上一段是圆弧，程序将绘制与该弧线段相切的新直线段。

放弃：删除最近一次添加到多段线上的线段。

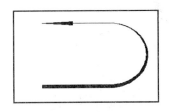

图 3-22

3.2.3 绘制矩形

除了可以使用直线绘制矩形，AutoCAD 还提供了直接绘制矩形的命令，比用直线绘制矩形更方便快捷，矩形命令可创建矩形形状的闭合多段线，可以指定长度、宽度、面积和旋转参数，还可以控制矩形上角点的类型，如圆角、倒角或直角。

1. 绘制直角矩形

第 1 步：执行"矩形"命令，可以使用以下三种方法。

方法一：在绘图工具栏中单击矩形按钮 □ 。

方法二：在命令行中输入"rectang"，并按 Enter 键。

方法三：选择"绘图/矩形"菜单命令。

第2步：在视图中单击并移动鼠标指针会拖曳出一个矩形框。单击鼠标后即可创建一个矩形。

但这个矩形无法控制其长宽尺寸。下面根据命令行的提示绘制矩形。

第3步：单击矩形按钮 ▭，命令行提示"指定第一个角点或[倒角（C）/标高（E）/圆角（F）/厚度（T）/宽度（W）]"，在视图中单击任意位置创建第一个角点。

第4步：命令行提示："指定另一个角点或[面积（A）/尺寸（D）/旋转（R）]"，输入另一个角点的相对坐标值"@200,300"，按 Enter 键，矩形创建完成，如图 3-23 所示。

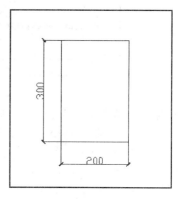

图　3-23

2. 绘制倒角矩形

示例 1

第1步：单击矩形按钮 ▭，命令行提示"指定第一个角点或[倒角（C）/标高（E）/圆角（F）/厚度（T）/宽度（W）]"，输入"c"，选择倒角类型。

第2步：命令行提示："指定矩形的第一个倒角距离＜0.0000＞"，输入"100"，按 Enter 键。

第3步：命令行提示："指定矩形的第二个倒角距离＜0.0000＞"，输入"100"，按 Enter 键。

第4步：命令行提示："指定第一个角点或[倒角（C）/标高（E）/圆角（F）/厚度（T）/宽度（W）]"，在视图中单击任意位置创建第一个角点。

第5步：命令行提示："指定另一个角点或[面积（A）/尺寸（D）/旋转（R）]"，输入"@300,300"，按 Enter 键，倒角矩形创建完成，如图 3-24 所示。

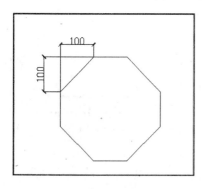

图　3-24

示例 2

第1步：单击矩形按钮 ▭，输入"c"，选择倒角类型。

第2步：命令行提示："指定矩形的第一个倒角距离＜100.0000＞"，按 Enter 键。使用括号内的值。

第3步：命令行提示："指定矩形的第二个倒角距离＜100.0000＞"，输入"150"，按 Enter 键。

第4步：命令行提示："指定第一个角点或[倒角（C）/标高（E）/圆角（F）/厚度（W）]"，在视图中单击任意位置创建第一个角点。

第5步：命令行提示："指定另一个角点或[面积（A）/尺寸（D）/旋转（R）]"，输入"@300,300"，按 Enter 键，倒角矩形创建完成，如图 3-25 所示。

3. 绘制圆角矩形

第1步：单击矩形按钮 ▭，命令行提示："指定第一个角点或[倒角（C）/标高（E）/圆角（F）/厚度（T）/宽度（W）]"，输入"f"，选择圆角类型。

第2步：命令行提示："指定矩形的圆角半径＜0.0000＞"，输入"100"，按 Enter 键。

第 3 步：命令行提示："指定第一个角点或[倒角(C)/标高(E)/圆角(F)/厚度(T)/宽度(W)]"，在视图中单击任意位置创建第一个角点。

第 4 步：命令行提示："指定另一个角点或[面积(A)/尺寸(D)/旋转(R)]"，输入"@400,400"，按 Enter 键，圆角矩形创建完成，如图 3-26 所示。

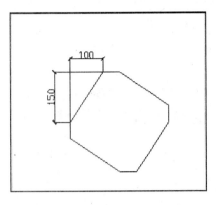

图　3-25

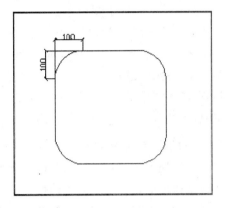

图　3-26

4. 恢复直角矩形绘制

当用户绘制了圆角或倒角矩形之后，下一次再次启用矩形命令时，如果不修改设置，绘制的依然是圆角或倒角矩形。

第 1 步：单击矩形按钮 ▭，命令行提示"当前矩形模式：圆角＝100.0000，指定第一个角点或[倒角(C)/标高(E)/圆角(F)/厚度(T)/宽度(W)]"，输入"f"，按 Enter 键。

第 2 步：命令行提示："指定矩形的圆角半径＜100.0000＞"，输入"0"，按 Enter 键。

第 3 步：在视图中单击并移动鼠标指针，再次单击鼠标，即可创建直角矩形。

5. 根据面积、尺寸和旋转数据绘制矩形

(1) 根据面积绘制矩形。

第 1 步：单击矩形按钮 ▭，在视图中单击任意位置创建第一个角点。命令行提示"指定另一个角点或[面积(A)/尺寸(D)/旋转(R)]"，输入"a"，按 Enter 键。

第 2 步：命令行提示："输入以当前单位计算的矩形面积＜100.0000＞"，尖括号内的数值 100 是默认的矩形面积，如果按 Enter 键，则使用这个面积值。现输入矩形面积"300"，按 Enter 键。

第 3 步：命令行提示："计算矩形标注时依据[长度(L)/宽度(W)]＜长度＞"，尖括号内为长度，是默认使用依据，输入"w"，按 Enter 键。

第 4 步：命令行提示："输入矩形宽度＜0.0000＞"，输入"10"，按 Enter 键。矩形创建完成，宽度为 10，长度为 30，如图 3-27 所示。

(2) 根据尺寸绘制矩形。

第 1 步：单击矩形按钮 ▭，在视图中单击任意位置创建第一个角点。命令行提示："指定另一个角点或[面积(A)/尺寸(D)/旋转(R)]"，输入"d"，按 Enter 键。

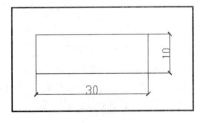

图　3-27

第 2 步：命令行提示："指定矩形的长度<30.0000>"，输入"40"，按 Enter 键。

第 3 步：命令行提示："指定矩形的宽度<10.0000>"，输入"20"，按 Enter 键。

第 4 步：命令行提示："指定另一个角点或［面积（A）/标注（D）/旋转（R）］"，移动鼠标指针，视图中显示出矩形，单击鼠标，即可创建长度为 40，宽度为 20 的矩形。

（3）根据旋转数据绘制矩形。

第 1 步：单击矩形按钮 ▭，在视图中单击任意位置创建第一个角点。命令行提示："指定另一个角点或［面积（A）/尺寸（D）/旋转（R）］"，输入"r"，按 Enter 键。

第 2 步：命令行提示："指定旋转角度或［拾取点（P）]<0>"，输入"60"按 Enter 键。

第 3 步：命令行提示："指定另一个角点或［面积（A）/尺寸（D）/旋转（R）］"，在视图中单击任意位置，即可创建一个矩形，并且矩形是倾斜的，与 X 轴正向夹角为 60°，如图 3-28 所示。

6. 矩形的标高、厚度和宽度

在命令行提示中，还有标高、厚度和宽度。

标高是指矩形在三维空间中的位置即 Z 轴的数值。

厚度是指矩形在三维空间中的加厚的距离。

宽度是指矩形的线宽，如图 3-29 所示。

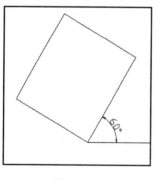

图 3-28

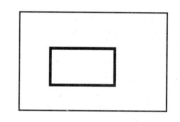

图 3-29

第 1 步：单击矩形按钮 ▭，命令行提示："指定第一个角点或［倒角（C）/标高（E）/圆角（F）/厚度（T）/宽度（W）］"，输入"f"，按 Enter 键。

第 2 步：命令行提示："指定矩形的圆角半径<0.0000>"，输入"30"，按 Enter 键。

第 3 步：命令行提示："指定第一个角点或［倒角（C）/标高（E）/圆角（F）/厚度（T）/宽度（W）］"，输入"t"，按 Enter 键。

第 4 步：命令行提示："指定矩形的厚度<0.0000>"，输入"50"，按 Enter 键。

第 5 步：命令行提示："指定第一个角点或［倒角（C）/标高（E）/圆角（F）/厚度（T）/宽度（W）］"，输入"w"，按 Enter 键。

第 6 步：命令行提示："指定矩形的线宽<0.0000>"，输入"10"，按 Enter 键。

第 7 步：命令行提示："指定第一个角点或［倒角（C）/标高（E）/圆角（F）/厚度（T）/宽度（W）］"，在视图中单击并移动鼠标指针，单击鼠标，创建一个矩形：圆角半径=30.0000，厚度=50.0000，线宽=10.0000。

第 8 步：选择"视图/三维视图/西南等轴测"菜单命令，在三维空间的西南方向观察矩形,如图 3-30 所示。

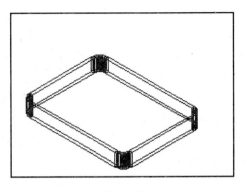

图　3-30

3.2.4　绘制多边形

由三条及以上的线段组成的封闭图形就是多边形。在工程图中常包含正多边形,尤其是机械配件,例如六角螺母等。

1. 根据半径绘制正多边形

第 1 步:执行"正多边形"命令,可以使用以下三种方法。

方法一:在界面的左侧绘图工具栏中,单击正多边形按钮 ⬠。

方法二:在命令行中输入"polygon",并按 Enter 键。

方法三:选择"绘图/正多边形"菜单命令。

第 2 步:执行"正多边形"命令之后,命令行提示:"输入边的数目<4>",输入正多边形的边数"6",按 Enter 键。

第 3 步:命令行提示:"指定正多边形的中心点或[边(E)]",输入正多边形中心点的坐标值"100,100",按 Enter 键。

提示:也可以在视图中单击,单击的位置将作为正多边形的中心点。

第 4 步:命令行提示:"输入选项[内接于圆(I)/外切于圆(C)]<I>",按 Enter 键,选择默认的内接于圆方法创建六边形。

第 5 步:命令行提示:"指定圆的半径",输入"250",按 Enter 键,创建的正多边形如图 3-31 所示。

提示:也可以不输入半径尺寸,在视图中移动十字光标并单击,创建正多边形。

在绘制正多边形时,要注意选择内接于圆和选择外切于圆选项时,命令行提示输入的数值是不同的。

2. 根据一个边长绘制正多边形

在工程图中,常会根据一条边的两个端点绘制多边形,这样不仅确定了正多边形的边长,也指定了正多边形的位置。

第 1 步:单击矩形按钮 ▭,在视图中单击并移动

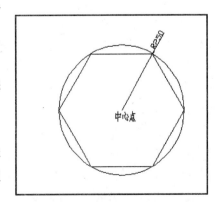

图　3-31

鼠标指针会拖曳出一个矩形框,单击鼠标即可创建一个矩形。

第 2 步:单击正多边形按钮 ⬠,命令行提示:"输入边的数目<4>",输入正多边形的边数"5",按 Enter 键。

第 3 步:命令行提示:"指定正多边形的中心点或[边(E)]",输入"e",按 Enter 键,选择"边(E)"选项,就可以通过一条边的两个端点绘制正多边形。

第 4 步:命令行提示:"指定边的第一个端点",单击状态栏中的"对象捕捉"按钮,在视图中捕捉单击矩形的一个端点,移动十字光标,会拖曳出一个五边形,如图 3-32 所示。

第 5 步:命令行提示:"指定边的第二个端点",在视图中捕捉并单击另一个端点,五边形固定在矩形的一侧,如图 3-33 所示。

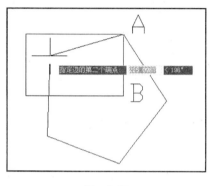

图　3-32

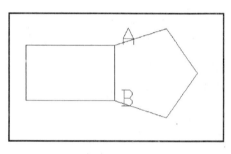

图　3-33

提示:选择"边(E)"项时,也可以输入一条边的两个端点坐标值,绘制出正多边形。

3.2.5　绘制多线

多线是由 1~16 条平行线组成的组线整体,每条平行线是一个元素。平行线之间的间距和数目可以调整,常用于绘制建筑图中的墙体、电子线路图等平行对象。

1. 绘制开口和闭合多线

示例 1

第 1 步:"多线"命令没有提供工具按钮,执行"多线"命令,可以使用以下两种方法。

方法一:在命令行中输入"mline",并按 Enter 键。

方法二:选择"绘图/多线"菜单命令。

第 2 步:执行"多线"命令之后,命令行提示"当前设置:对正=上,比例=20.00,样式=STANDARD,指定起点或[对正(J)/比例(S)/样式(ST)]",在视图中单击创建多线的起点。

第 3 步:命令行提示:"指定下一点",在视图中单击确定另一点的位置。

第 4 步:命令行提示:"指定下一点或[放弃(U)]",在视图中单击确定下一点的位置。

第 5 步:命令行提示:"指定下一点或[闭合(C)/放弃(U)]",在视图中单击确定下一点的位置,并按 Enter 键,多线创建完成,如图 3-34 所示。

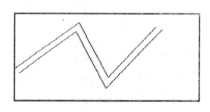

图　3-34

示例2

第1步：按 Enter 键，重复执行多线命令，命令行提示："当前设置：对正＝上，比例＝20.00，样式＝STANDARD，指定起点或［对正(J)/比例(S)/样式(ST)］"，在视图中单击创建多线的起点。

第2步：命令行提示："指定下一点"，输入"@0,500"，按 Enter 键。

第3步：命令行提示："指定下一点或［放弃(U)］"，输入"@600,0"，按 Enter 键。

第4步：命令行提示："指定下一点或［放弃(U)］"，输入"@0,300"，按 Enter 键。

第5步：命令行提示："指定下一点或［放弃（U）］"，输入"@－300,0"，按 Enter 键。

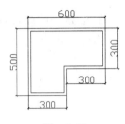

图 3-35

第6步：命令行提示："指定下一点或［放弃（U）］"，输入"@0，－200"，按 Enter 键。

第7步：命令行提示："指定下一点或［放弃（U）］"，输入"c"，按 Enter 键，创建封闭的多线，如图 3-35 所示。

2. 修改多线样式

在执行"多线"命令之后，命令行会首先提示"当前的多线绘图样式：当前设置：对正＝上，比例＝20.00，样式＝STANDARD"，表明多线的对正方式为上，比例为20，多线样式为标准型（STANDARD）。

当提示了当前的多线绘图样式之后，会提示"指定起点或［对正(J)/比例(S)/样式(ST)］"。显示绘制多线时的选项，可以进行选择，对默认的选项设置进行修改。

（1）对正

对正是确定如何在指定的点之间绘制多线。

输入"j"，按 Enter 键，命令行提示"输入对正类型［上(T)/无(Z)/下(B)］＜上＞"。

选择"上"：在绘制多线时，十字光标的位置就是绘制的多线最顶一端位置，如图 3-36 所示。

选择"无"：将十字光标作为原点绘制多线，绘制的多线分别在原点的两侧，如图 3-37 所示。

选择"下"：在十字光标上方绘制多线，因此在指定点处将出现具有最大负偏移值的直线，如图 3-38 所示。

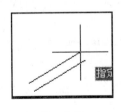

图 3-36

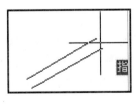

图 3-37

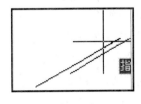

图 3-38

（2）比例

输入"s"，按 Enter 键，命令行提示"输入多线比例＜20.00＞"。

比例是控制多线的全局宽度。该比例不影响线型比例。比例因子为20，绘制多线时，其宽度是样式定义的宽度的两倍。比例因子为0将使多线变为单一的直线。图 3-39 所示是比例为 20、比例为 40 的多线宽度。

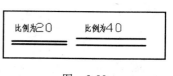

图　3-39

（3）样式

输入"st"按 Enter 键，命令行提示"输入多线样式名或[?]"。

输入样式名称，指定已加载的样式名或创建的多线库 (MLN)文件中已定义的样式名。

输入"?"，会弹出一个文本对话框，列出已加载的多线样式名称，可从中选择其一。

3. 创建新的多线样式

多线可以由用户自定义样式，根据需要定义不同的线数、线型、封口和颜色等。

第 1 步：选择"格式/多线样式"菜单命令，或在命令行输入"mlstyle"，打开"多线样式"对话框，如图 3-40 所示。

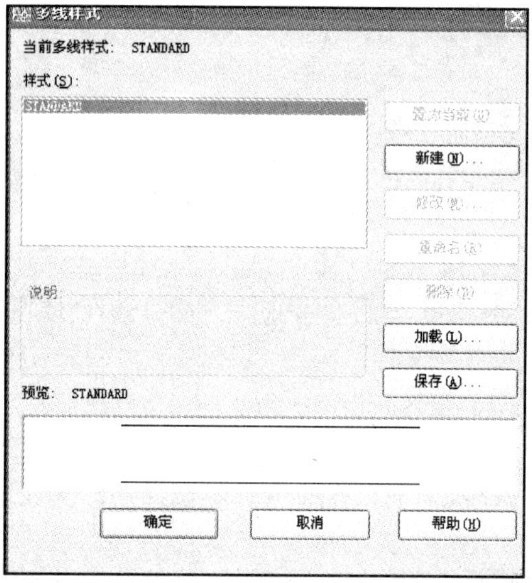

图　3-40

在"多线样式"对话框中可以命名新的多线样式并指定要用于创建新的多线样式。

第 2 步：在对话框中单击"新建"按钮，打开如图 3-41 所示的对话框。在该对话框中可以编辑新的多线样式。

也可以在"多线样式"对话框的列表中选择样式名，单击"修改"按钮，打开该样式的编辑对话框进行修改。编辑完成之后，单击"确定"按钮。

第 3 步：在"多线样式"对话框中单击"保存"按钮，将对样式所做的修改保存到 MLN 文件中，最后单击"确定"按钮。

3.2.6　绘制圆弧

第 1 步：单击圆弧按钮，命令行提示"arc 指定圆弧的起点或[圆心(C)]"。

第 2 步：在视图中单击任意位置，创建圆弧的起点。

第 3 步：命令行提示："指定圆弧的第二个点或者[圆心(C)/端点(E)]"，在视图中单击

图 3-41

任意位置,创建第二个点。

第 4 步:命令行提示:"指定圆弧的端点",向上或向下移动十字光标,拖曳出圆弧,单击鼠标,创建端点,圆弧效果如图 3-42 所示。

AutoCAD 绘制圆弧的方法有许多种,上面是最常用的一种绘制方法,即通过指定三点绘制圆弧。

选择"绘图/圆弧"菜单命令,弹出命令列表,如图 3-43 所示。选择任意一个子命令,就是选择了一种圆弧的绘制方式。

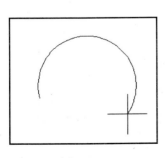

图 3-42   图 3-43

除第一种"三点"方法外,其他方法都是从起点到端点逆时针绘制圆弧。

根据已知的圆弧条件,选择一种绘制圆弧的命令。命令名称就是输入圆弧条件的顺序。例如,命令"起点、圆心、端点",在视图中首先指定起点,然后指定圆心,最后是圆弧的端点。圆心就是圆弧所在圆的圆心。

当绘制一个圆弧之后,可以选择"绘图/圆弧/继续"菜单命令,此时新的圆弧起点位置就确定在上一个圆弧的端点上,移动十字光标并确定另一个端点,继续绘制出新的圆弧。

3.2.7 绘制圆

圆在工程绘图时,常用来表示柱、轴、轮、孔等。绘制圆有六种方法。选择"绘图/圆"菜单命令,弹出菜单命令,如图 3-44 所示。

在圆的子菜单中有六个命令用于绘制圆,用户可根据已知条件,选择一种命令。下面介绍这六个命令的用法。

第 1 步:单击正多边形按钮 ⬠,命令行提示:"输入边的数目<4>",输入"3",按 Enter 键。

第 2 步:命令行提示:"指定正多边形的中心点或[边(E)]",输入"e",按 Enter 键。

第 3 步:命令行提示:"指定边的第一个端点",在视图中单击任意位置,确定第一个端点。

第 4 步:命令行提示:"指定边的第二个端点",输入"@500,0",按 Enter 键。创建一个三角形,如图 3-45 所示。

第 5 步:选择"绘图/圆/圆心、直径"菜单命令,单击状态栏中的"对象捕捉"。

第 6 步:命令行提示:"指定圆的圆心或[三点(3P)/两点(2P)/相切、相切、半径(T)]"。捕捉并单击三角形 A 点为圆心。

第 7 步:命令行提示:"_d 指定圆的直径<445.1747>",捕捉并单击 AB 边的中点,绘制的圆如图 3-46 所示。

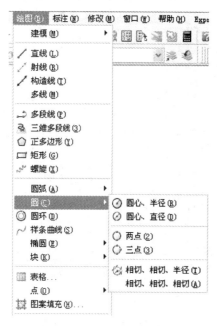

图 3-44

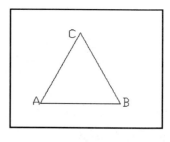

图 3-45

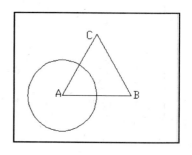

图 3-46

第 8 步：单击绘图工具栏中的圆按钮 ⊙，命令行提示："指定圆的圆心或[三点(3P)/两点(2P)/相切、相切、半径(T)]"，捕捉并单击 A 点为圆心。

第 9 步：命令行提示："指定圆的半径或[直径(D)]＜250.0000＞"，输入"100"，按 Enter 键，绘制的圆如图 3-47 所示。

第 10 步：单击两个圆，按 Delete 键，删除这两个圆。

第 11 步：选择"绘图/圆/相切、相切、相切"菜单命令，将十字光标移至三角形的边上，如图 3-48 所示。

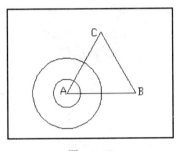

图　3-47

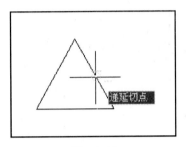

图　3-48

第 12 步：分别单击三角形的三条边，即可创建一个与三角形三条边相切的圆，如图 3-49 所示。

第 13 步：命令行提示："指定圆的半径＜30.0000＞"，输入"40"，按 Enter 键，创建一个相切于 AC 边和 AB 边的圆，如图 3-50 所示。

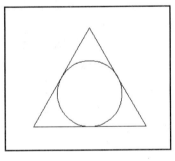

图　3-49

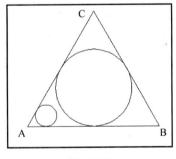

图　3-50

绘制圆还有"三点"命令和"两点"命令。

三点：通过指定圆周上的三点来绘制圆。

两点：通过指定圆直径上的两个端点绘制圆。

3.2.8　绘制圆环

圆环由两个同心圆组成，包括填充圆环或者实体填充圆。工程图中水泥圆柱就需要绘制实体填充圆。填充圆环的绘制方法如下。

第 1 步：选择"绘图/圆环"菜单命令。或者在命令行中输入"donut"，也可执行"圆环"命令。

第 2 步：命令行提示："指定圆环的内径＜0.0000＞"，输入"200"，按 Enter 键。

提示：也可以在视图中单击两个点，两点之间的距离作为内径。

第 3 步：命令行提示："指定圆环的外径＜100.0000＞"，输入"300"，按 Enter 键。

第 4 步：命令行提示："指定圆环的中心点或＜退出＞"，此时视图中十字光标的位置会显示出一个圆环，如图 3-51 所示。

第 5 步：在视图中单击，即可创建两个同心圆，如图 3-52 所示，这是一个填充圆环，两环之间填充为黑色。

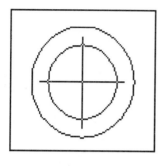

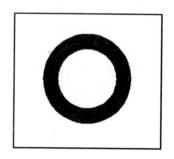

图　3-51　　　　　　　　　　　　　　　图　3-52

第 6 步：如果继续移动十字光标并单击，可创建具有相同直径的多个圆环。右击，结束命令。

下面介绍制作实体填充圆，方法是将内径值指定为 0。

第 1 步：选择"绘图/圆环"菜单命令，命令行提示"指定圆环的内径＜200.0000＞"，输入"0"，按 Enter 键。

第 2 步：命令行提示："指定圆环的外径＜300.0000＞"，按 Enter 键，使用尖括号内的值 300。

第 3 步：在视图中单击，即可创建实体填充圆，如图 3-53 所示。

前面创建的是实体填充圆环，默认情况下是填充模式。圆环的填充与否由参数 fillmode 决定。fillmode 值是可变的，因此也称为系统变量。fillmode＝0，表示不填充对象；fillmode＝1，表示填充对象。改变系统变量 fillmode 的方法如下。

第 1 步：在命令行中输入"fillmode"，按 Enter 键。

第 2 步：命令行提示："输入 FILLMODE 的新值＜1＞"，尖括号内的 1 表示当前为填充对象，输入"0"，按 Enter 键。

第 3 步：选择"绘图/圆环"菜单命令。

命令行提示："指定圆环的内径＜200.0000＞"，按 Enter 键。

命令行提示："指定圆环的外径＜300.0000＞"，按 Enter 键。

第 4 步：在视图中单击，即可创建两个同心圆，如图 3-54 所示，这是一个未填充圆环。

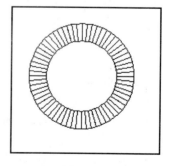

图　3-53　　　　　　　　　　　　　　　图　3-54

另一个命令 fill，控制诸如图案填充、二维实体和多段线等对象实体填充的打开和关闭。

第 1 步：在命令行中输入"fill"，按 Enter 键。

第 2 步：命令行提示："输入模式［开（ON）/关（OFF）］＜开＞"，尖括号内的"开"表示当前为打开填充模式，输入"off"，按 Enter 键，关闭填充模式，仅显示填充对象的轮廓。

选择"工具/选项"菜单命令，打开"选项"对话框，在"显示性能"选项下，选中"应用实体填充"复选框，如图 3-55 所示，单击"应用"按钮，也可以对开始绘制的圆环进行实体填充，取消选中后，绘制的圆环将以轮廓显示。

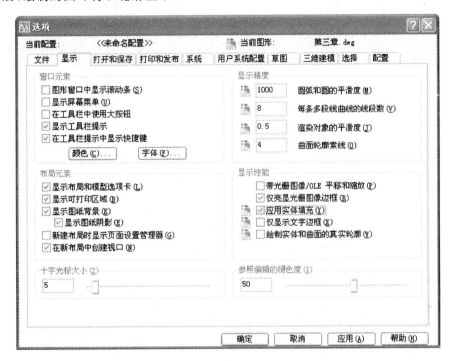

图　3-55

3.2.9　绘制椭圆

椭圆与圆的差别在于其圆周上的点到中心的距离是变化的。椭圆由长度不同的两条轴决定其形状。

第 1 步：执行"椭圆"命令的方法有以下三种。

方法一：单击椭圆按钮 。

方法二：选择"绘图/椭圆/轴、端点"菜单命令。

方法三：在命令行中输入"ellipse"。

第 2 步：命令行提示："指定椭圆的轴端点或［圆弧（A）/中心点（C）］"，在视图中单击指定第一条轴的第一个端点，或者在命令行中输入这个端点的坐标值。

第 3 步：命令行提示："指定轴的另一个端点"，在视图中单击指定第一条轴的第二个端点。

提示：第一个端点与第二个端点之间的距离是用来确定椭圆的一个轴的直径。

第 4 步：命令行提示："指定另一条半轴长度或[旋转(R)]"，在视图中移动十字光标，此时从椭圆的中心拖曳出一条直线，这条直线就是椭圆的另一个轴的半径，单击确定轴的长度，椭圆创建完成，如图 3-56 所示。

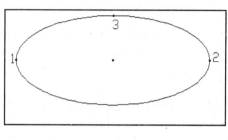

图　3-56

3.2.10　绘制椭圆弧

椭圆弧的绘制方法与画圆弧的相似，并且启动的命令名称也相同，都是 ellipse，但椭圆弧有自己的绘制按钮 ⌣ 。使用起点和端点角度绘制椭圆弧的方法如下。

第 1 步：执行"椭圆弧"命令有以下三种方法。

方法一：单击椭圆弧按钮 ⌣ 。

方法二：选择"绘图/椭圆/椭圆弧"菜单命令。

方法三：在命令行中输入"ellipse"，按 Enter 键，输入"a"，按 Enter 键。

第 2 步：命令行提示："指定椭圆弧的轴端点或[中心点 (C)]"，在视图中单击指定端点 1。

第 3 步：命令行提示："指定轴的另一个端点"，输入"@500,0"，按 Enter 键，指定端点 2。

第 4 步：命令行提示："指定另一条半轴长度或[旋转(R)]"，输入"150"，按 Enter 键，指定端点 3。此时创建了一个椭圆形。

第 5 步：命令行提示："指定起始角度或[参数(P)]"，输入"40"，按 Enter 键，指定端点 4。

第 6 步：命令行提示："指定终止角度或[参数(P)/包含角度(I)]"，输入"270"，按 Enter 键，指定端点 5。圆弧创建完成，椭圆弧从起点到端点按逆时针方向绘制，如图 3-57 所示。

如果选择"包含角度(I)"，应当输入"230"，即端点 4 和端点 5 之间的夹角角度，如图 3-58所示。

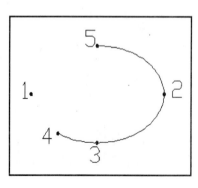

图　3-57

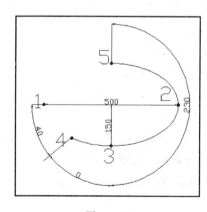

图　3-58

起始点位置是指定的第一个端点,终止角度是起始点至终止点之间的夹角角度。

3.2.11　绘制样条曲线

样条曲线的类型是非一致有样条(NURBS)曲线,NURBS 曲线在控制点之间产生一光滑的曲线。可以通过指定点来创建样条曲线,也可以封闭样条曲线,使起点和端点重合。

样条曲线适合于绘制那些具有不规则变化曲率半径的曲线,如机械图形的切断面、地形外貌轮廓线等。

第 1 步:执行"样条曲线"命令的方法有三种。

方法一:单击样条曲线按钮 ～ 。

方法二:选择"绘图/样条曲线"菜单命令。

方法三:在命令行中输入"spline"。

第 2 步:执行"样条曲线"命令之后,命令行提示"指定第一个点或[对象(O)]",在视图中单击任意位置创建一个点,或者在命令行中输入这个点的坐标值。

第 3 步:命令行提示:"指定下一点",移动十字光标并单击任意位置创建一个点。

第 4 步:命令行提示:"指定下一点或[闭合(C)/拟合公差(F)<起点切向>]",移动十字光标并单击任意位置创建一个点。

第 5 步:用同样方法在视图中单击任意位置再创建两个点。

第 6 步:命令行提示:"指定起点切向",不需要特别指出切线方向时使用默认切点,按 Enter 键。

提示:要求用户确定样条曲线在起始点处的切线方向,此时在起始点与当前十字光标之间显示出一条线,表示样条曲线在起始点处的切线方向。可以输入表示切线方向的角度值,也可以单击确定起点切向。

第 7 步:命令行提示:"指定端点切向",按 Enter 键。创建的样条曲线如图 3-59 所示。

第 8 步:修改样条曲线时,最直接的方法是单击样条曲线,可以看到曲线上显示出蓝色的点,称为拟合点。单击蓝色点,选中的点会显示为红色,移动十字光标至新的位置,单击鼠标,选择的点移至新的位置,使曲线发生改变,如图 3-60 所示。

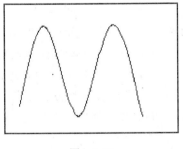

图　3-59

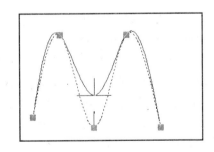

图　3-60

命令行中其他选项的含义。

闭合(C):将最后一点定义为与第一点一致的位置,并使它在连接处相切,使样条曲线闭合。

拟合公差(F):如果公差设置为 0,则样条曲线通过拟合点。输入大于 0 的公差将使样条曲线在指定的公差范围内通过拟合点,但样条曲线会通过起始点和终止点。

对象:将二维或三维的二次或三次样条拟合多段线转换成等价的样条曲线并删除多段线。

3.2.12 绘制参照点

点在 AutoCAD 中可以作为一个对象被创建,与直线、圆一样可以具有各种属性,并可被编辑。点在绘图中常用来定位,作为捕捉对象和相对偏移的节点,主要是为了辅助图形的绘制工作。而且点有更好的可见性,改变大小和样式后,更容易与栅格点区分开。

1. 选择点的样式

点的样式有许多种,可以按自己的喜好来设置。

第 1 步:选择"格式/点样式"菜单命令,打开"点样式"对话框,如图 3-61 所示。

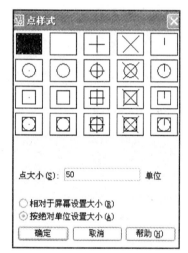

图　3-61

第 2 步:选择一个点对象的图像,设置点的显示大小百分比值,单击"确定"按钮。

相对于屏幕设置大小:按屏幕尺寸的百分比设置点的显示大小,当进行缩放时,点的显示大小并不改变。

按绝对单位设置大小:按"点大小"框中指定的实际单位设置点显示的大小,进行缩放时,显示的点大小随之改变。

2. 绘制单点

第 1 步:执行"点"命令的方法有以下三种。

方法一:单击点按钮 ▪ 。

方法二:选择"绘图/点/单点"菜单命令。

方法三:在命令行中输入"point"。

第 2 步:执行"点"命令之后,命令行提示"当前点模式:PDMODE＝0,PDSIZE＝ 0.0000",输入点的坐标值,按 Enter 键,创建一个点,结束点的绘制。

命令行中提示 PDMODE 和 PDSIZE 是系统变量,它们控制点对象的外观。

系统变量 PDMODE 的值 0、2、3 和 4 指定点的图形,值 1 指定不显示任何图形。

将值指定为 32、64、96,除了绘制通过点的图形外,还可选择在点的周围绘制图形。

系统变量 PDSIZE 控制点图形的大小(PDMODE 系统变量为 0 和 1 时除外)。若设置为 0,将按绘图区域高度的 5％生成点对象。正的 PDSIZE 值指定点图形的绝对尺寸。负值将解释为相对视口大小的百分比。修改系统变量 PDMODE 或 PDSIZE 值后,下次重新生成图形时将改变现有点的外观。

修改系统变量 PDMODE 和 PDSIZE 与"点样式"对话框中的功能相同。当改变了样式和大小之后,将影响图形中所有点对象的显示效果,并非单独改变一个点。

3. 绘制多点

第 1 步:选择"绘图/点/多点"菜单命令。

第 2 步:在视图中连续单击可以连续绘制多个点,按 Esc 键,可结束点的绘制。

4. 绘制定数等分点

绘图时绘制一个点的情况比较少,通常是执行定数等分和定距等分命令自动生成点。定数等分可以将所选对象等分为指定数目的相等长度,但并不是将对象实际等分为单独的对象。下面使用定数等分命令创建点,利用这些点绘制六角星。

第 1 步:单击圆按钮 ⊙,在视图中单击确定一个圆心,移动十字光标拖曳出圆半径,单击鼠标,绘制一个圆。

第 2 步:选择"绘图/点/定数等分"菜单命令,或者在命令行中输入"divide"。

第 3 步:命令行提示:"选择要定数等分的对象",在视图中单击圆。

第 4 步:命令行提示:"输入线段数目或[块(B)]",输入"6",按 Enter 键。将圆等分为 6 段,如图 3-62 所示。

第 5 步:单击状态栏中的"对象捕捉"按钮,打开对象捕捉功能。

第 6 步:单击"对象捕捉"按钮,在弹出的菜单中选择"设置",打开对话框,选择捕捉模式为"节点",单击"确定"按钮。

第 7 步:单击直线按钮 ✐,在圆上捕捉点,绘制直线,如图 3-63 所示,一个六角星完成。

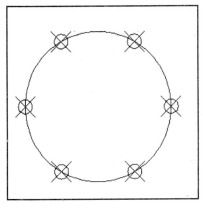 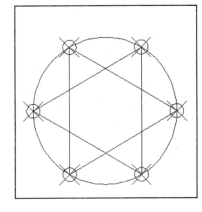

图　3-62　　　　　　　　　　　　　　　　　图　3-63

定数等分不仅可以在选择对象上创建等分点,也可以在对象上插入块来标记相等线段,如果想插入块,可在命令行中选择"块(B)"选项。块的含义和功能参见第 5 章。

5. 绘制定距等分点

使用定距等分命令可以从选定对象的一个端点开始,根据指定的长度,在对象上创建点。但有时等分对象的最后一段的长度不一定是指定的长度。

第 1 步:单击圆按钮 ⊙,在视图中单击任意位置确定一个圆心,命令行提示"指定圆的半径或[直径(D)]<274.0713>",输入"300",按 Enter 键,绘制一个圆。

第 2 步:选择"绘图/点/定距等分"菜单命令,或者在命令行中输入"measure"。

第 3 步:在视图中单击要定距等分的圆。

第 4 步:命令行提示:"指定线段长度或[块(B)]",输入"200",按 Enter 键,在圆周上绘制了多个等距离点,两点之间的圆弧长度为 200,但最后一段圆弧长度会大于 200,如图 3-64 所示。

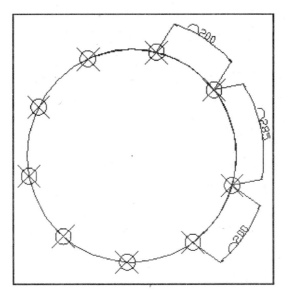

图　3-64

3.2.13　绘制构造线和射线

构造线是一条无限长的直线，它可以在屏幕上显示出来，一般不需要打印，主要是起着定位作用。例如绘制零件的三维视图时，就要使用构造线来定位，或者用构造线查找三角形的中心，创建临时交点用于对象捕捉。

构造线是向两个相反的方向无限延伸的。AutoCAD 还提供了射线，射线是向一个方向无限延伸的。使用射线代替构造线有助于减少视图混乱。

创建构造线的方法是两点法。

第 1 步：执行"构造线"命令的方法有以下三种。

方法一：单击构造线按钮 ∕ 。

方法二：选择"绘图/构造线"菜单命令。

方法三：在命令行中输入"xline"。

第 2 步：命令行提示："指定点或［水平（H）/垂直（V）/角度（A）/二等分（B）/偏移（O）］"，输入构造线上的一个点的坐标值，或在视图中单击指定点的位置。

第 3 步：命令行提示："指定通过点"，输入构造线要经过的第二个点坐标值，或在视图中单击任意位置，一条构造线绘制完成。

第 4 步：根据需要可以绘制下一条构造线，但所有后继构造线都经过第一个指定点。

第 5 步：按 Enter 键。结束构造线命令。

在命令行提示中还提供了其他创建构造线的方法，具体如下。

水平：创建一条通过选定点的水平参照线，与 X 轴平行。

垂直：创建一条通过选定点的垂直参照线，与 Y 轴平行。

角度：选择一条参照线，指定该参照直线与构造线的角度，或者通过指定角度和构造线必经的点来创建与水平轴成指定角度的构造线。

二等分：这种方法要求用户指定角的顶点、角的起点和角的端点，创建的构造线位于由这三个点确定的平面中。这条构造线，经过选定的角顶点，并且将选定的两条线之间的夹角平分。

偏移：选择该选项后，需要指定偏移距离，选择基线。然后指明构造线位于基线的哪一侧，要在哪一侧创建，就在此位置单击，创建平行于基线的构造线。

创建射线的步骤如下。

第 1 步：执行"射线"命令的方法有以下两种。

方法一：选择"绘图/射线"菜单命令。

方法二：在命令行中输入"ray"。

第 2 步：命令行提示："指定起点"，输入点的坐标值，或在视图中单击任意位置确定。

第 3 步：命令行提示："指定通过点"，输入点的坐标值，或在视图中单击任意位置确定。

第 4 步：根据需要可以绘制下一条射线，但所有后续射线起点与第一条射线的起点位置相同。

第 5 步：按 Enter 键，结束射线命令。

3.2.14　绘制修订云线

修订云线是由连续圆弧组成的多段线，用于在检查阶段提醒用户注意图形的某个部分。在检查或用红线圈阅图形时，可以使用修订云线功能亮显标记以提高工作效率。用户可以为修订云线选择样式：普通或手绘。手绘修订云线看起来像是用画笔绘制的。

第 1 步：执行"修订云线"命令的方法有以下三种。

方法一：单击修订云线按钮 ⌇。

方法二：选择"绘图/修订云线"菜单命令。

方法三：在命令行中输入"revcloud"。

第 2 步：命令行提示："最小弧长：15 最大弧长：15 样式：手绘，指定起点或［弧长（A）/对象（O）/样式（S）]＜对象＞"，在视图中单击任意位置确定起点。

第 3 步：命令行提示："沿云线路径引导十字光标…"，移动十字光标，开始绘制修订云线，如图 3-65 所示。

第 4 步：当开始云线和结束云线相接时，命令行显示："修订云线完成"。修订云线闭合，如图 3-66 所示。

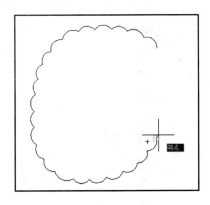

图　3-65

图　3-66

第 5 步：如果云线没有闭合之前，右击鼠标，命令行提示"反转方向[是(Y)/否(N)]"，输入"Y"，云线的方向会反转。

命令行其他各选项的意义如下。

弧长：指定云线中弧线的长度。选择该项后，会提示指定最小弧长和指定最大弧长，最大弧长不能大于最小弧长的三倍。

对象：选择该项之后，要求指定要转换为云线的对象，单击一个图形对象，该对象就会转换为云线效果，并且命令行提示"反转方向[是(Y)/否(N)]"。对该图形对象转化为云线的效果，如图 3-67 所示。

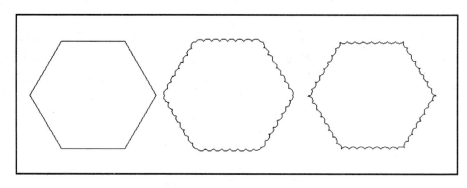

图　3-67

样式：选择该项之后，命令行提示"选择圆弧样式[普通(N)/手绘(C)]"，指定修订云线的样式。

3.3　任 务 实 施

任务 3.1 的实施： 绘制楼梯平面图

使用矩形和直线绘图工具，结合"对象捕捉"和"正交"按钮，绘制如图 3-68 所示的楼梯平面图。

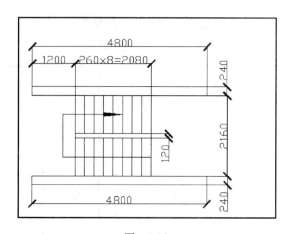

图　3-68

第 1 步：选择"绘图/矩形"菜单命令，在视图中单击任意位置，创建一个矩形的角点，命令行提示"指定另一个角点或［面积(A)/尺寸(D)/旋转(R)］"，输入"d"，按 Space 键。

第 2 步：命令行提示："指定矩形的长度＜0.0000＞"，输入"4800"，按 Space 键。

第 3 步：命令行提示："指定矩形的宽度＜0.0000＞"，输入"240"，按 Space 键。

第 4 步：命令行提示："指定另一个角点或［面积(A)/尺寸(D)/旋转(R)］"，在视图中单击任意位置，确定另一个角点的方向，即可创建一个矩形，如图 3-69 所示。

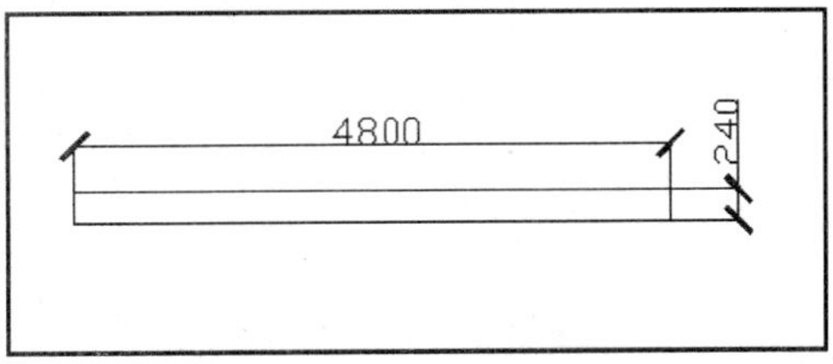

第 5 步：单击状态栏中的"正交"、"对象捕捉"和"对象追踪"按钮。

第 6 步：选择"绘图/矩形"菜单命令，将十字光标移至矩形左下角点位置，停顿片刻，会显示出一个捕捉标记，向下移动十字光标，显示出一条对象追踪的虚线，如图 3-70 所示。

图　3-69

第 7 步：在命令行中输入"2160"，按 Space 键，即可创建一个矩形的角点。

第 8 步：命令行提示："指定另一个角点或［面积(A)/尺寸(D)/旋转(R)］"，输入"d"，按 Space 键。

第 9 步：命令行提示："指定矩形的长度＜4800.0000＞"，使用括号内的设置，按 Space 键。

第 10 步：命令行提示："指定矩形的宽度＜240.0000＞"，按 Space 键。

第 11 步：命令行提示："指定另一个角点或［面积(A)/尺寸(D)/旋转(R)］"，在视图的右下角单击，确定另一个角点的方向，即可创建一个矩形，如图 3-71 所示。

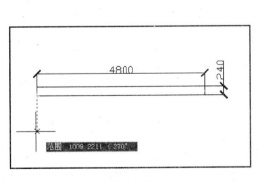

图　3-70

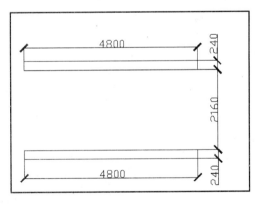

图　3-71

第 12 步：选择"绘图/直线"菜单命令，将十字光标移至第一个矩形的左下角点位置，此时会显示出该点的捕捉标记。向右移动十字光标，会显示一对象追踪虚线。

第 13 步：在命令行中输入直线起点相对于捕捉点的距离为"1200"，按 Space 键，创建直线起点。

第 14 步：向下移动十字光标，拖出一条直线，当直线与另一个矩形边线直交时，将十字光标移至交点位置，会显示出两条直线的交点捕捉标记或垂足标记，如图 3-72 所示。

第 15 步：单击垂足点，按 Space 键，一条直线即创建完成。

第 16 步：选择"绘图/直线"菜单命令，将十字光标移至直线的中点位置，会显示出中点标记，向下移动十字光标，显示出对象追踪虚线，如图 3-73 所示。

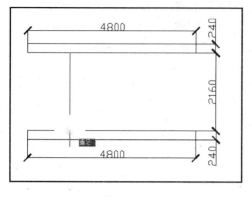

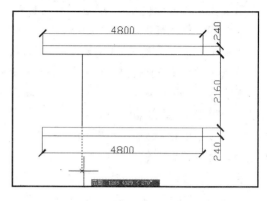

图　3-72　　　　　　　　　　　　　　　　图　3-73

第 17 步：在命令行中输入直线起点与捕捉点的距离为"60"，按 Space 键，创建直线起点。

第 18 步：向右移动十字光标，在命令行输入直线的长度值为"2080"，按两次 Space 键，直线创建完成，如图 3-74 所示。

第 19 步：选择"绘图/直线"菜单命令，将十字光标移至直线的右侧端点，当显示出端点标记时，向上移动十字光标，显示出对象追踪虚线，如图 3-75 所示。

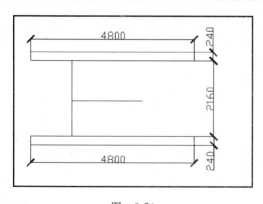

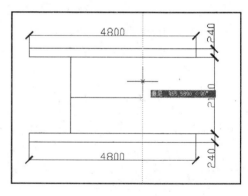

图　3-74　　　　　　　　　　　　　　　　图　3-75

第 20 步：在命令行中输入"120"，按 Space 键，创建直线的起点。

第 21 步：向左移动十字光标，在命令行中输入直线的长度值为"2080"，按两次 Space 键，直线创建完成，如图 3-76 所示。

第 22 步：选择"绘图/直线"菜单命令，将十字光标移至直线的右侧端点，当显示出端点标记时，向上移动十字光标，显示出对象追踪虚线。

再将十字光标移至下端矩形的边线位置，当显示出交点标记或垂足标记时，单击捕捉交点或垂足点，如图 3-77 所示。

第 23 步：向上移动十字光标，在上端的矩形底边线上捕捉并单击交点，按 Space 键，直线绘制完成，如图 3-78 所示。

第 24 步：选择"绘图/直线"菜单命令，将十字光标移至直线的端点 A 位置，当显示了

捕捉端点标记之后,向右移动十字光标,显示出对象追踪虚线,在命令行输入"260",按
Space 键,创建直线的起点。

第 25 步:向下移动十字光标拖出一条直线,当与下面的水平直线相交时会显示出垂足
标记,单击垂足点,按 Space 键,直线绘制完成,如图 3-79 所示。

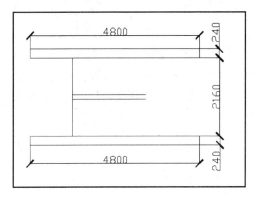

图　3-76

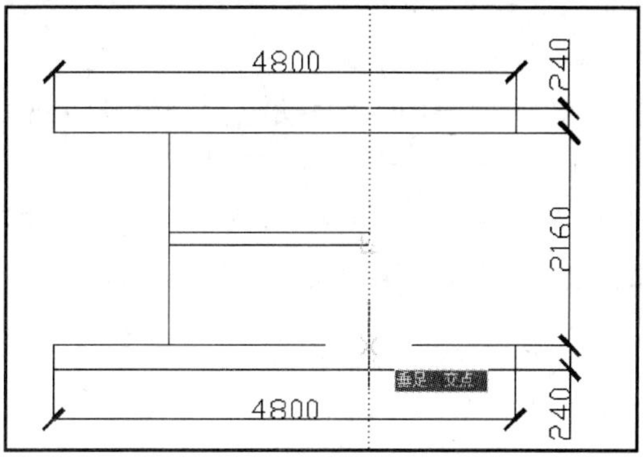

图　3-77

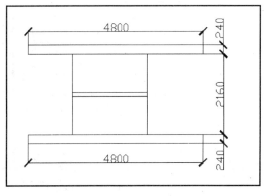

图　3-78

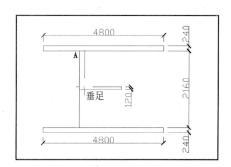

图　3-79

第 26 步:用同样方法绘制等距离的直线,如图 3-80 所示。

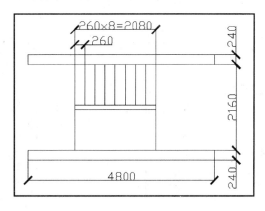

图　3-80

第 27 步：选择"绘图/直线"菜单命令,将十字光标移至直线的端点 B 的位置,当显示了捕捉端点标记之后,向下移动十字光标拖出对象追踪虚线,将十字光标放置在对象追踪虚线与矩形相交的位置时会显示出交点标记。

第 28 步：单击交点,创建直线的起点 C,向上移动十字光标,拖曳出一条垂直线,将十字光标移至上面的水平直线位置时,会显示出捕捉垂足标记。

第 29 步：单击垂足点,创建直线的另一个端点 D,按 Space 键,直线绘制完成。

第 30 步：用同样方法绘制其他等距离的直线,如图 3-81 所示。

第 31 步：选择"绘图/直线"菜单命令,将十字光标放置在直线中点位置,当显示中点标记时,向右移动十字光标,显示出对象追踪水平虚线,该虚线与直线相交,将十字光标移至交点位置,会显示出交点标记,如图 3-82 所示。

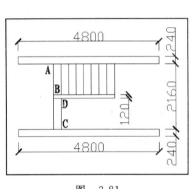

图　3-81

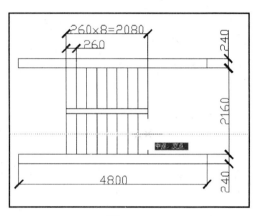

图　3-82

第 32 步：单击交点,创建直线的起点。

第 33 步：向左移动十字光标,拖曳出一条水平直线,在 E 点位置单击,创建一条直线,再向上移动十字光标,拖出一条对象追踪垂直虚线,将十字光标移至右侧的直线中点位置,当显示出中点标记时,再向左移动十字光标,显示出一条对象追踪水平虚线,这条虚线与垂直线产生交点,单击这个交点,如图 3-83 所示。

第 34 步：向右移动十字光标,捕捉并单击右侧直线的中点,按 Space 键,直线绘制完成,如图 3-84 所示。

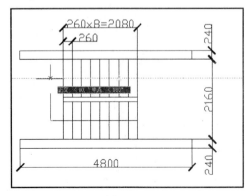

图　3-83

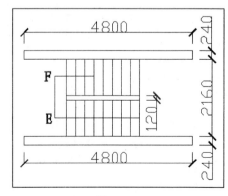

图　3-84

第 35 步：选择"绘图/多段线"菜单命令，绘制箭头，如图 3-85 所示。

第 36 步：最终的楼梯平面图完成，如图 3-86 所示。

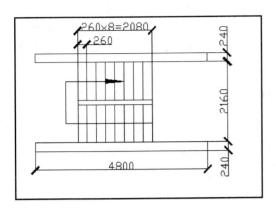

图　3-85

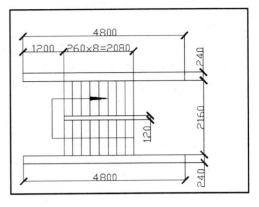

图　3-86

任务 3.2 的实施：绘制门窗立面图

使用多段线和直线绘图工具，绘制如图 3-87 所示的门。

请自行练习。

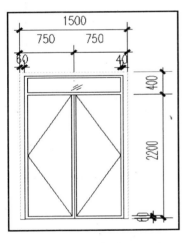

图　3-87

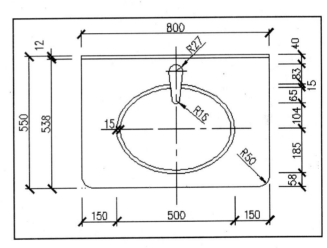

图　3-88

任务 3.3 的实施：绘制洗手盆平面图

综合应用"直线"命令、"椭圆"命令、"偏移"命令、"圆角"命令和"断开"命令等，并运用多种对象捕捉模式，绘制如图 3-88 所示的洗手盆平面图。

请自行练习。

习　题

问答题

（1）使用什么方法可以使绘制的矩形旋转一定的角度？

（2）动态"·"按钮的位置在哪里？作用是什么？

（3）点在绘图工作中的作用是什么？绘制的点在视图中无法看清，如何解决？

第 4 章

选择和修改二维图形

　　由于在使用每一个修改命令时,都必须选择对象,因此本章首先介绍多种选择对象的方法,然后详细讲解各种修改命令的功能和操作步骤。掌握本章的知识,就可以绘制更加复杂的图形,而且通过镜像、复制、阵列等工具能够大幅度地提高绘图效率。

本章主要内容

- 选择、删除和移动对象。
- 复制、剪切和粘贴对象。
- 修改对象形状。
- 修改图形的属性。

4.1　任务导入与问题的提出

任务导入

　　任务:绘制住宅平面图(如图 4-1 所示)

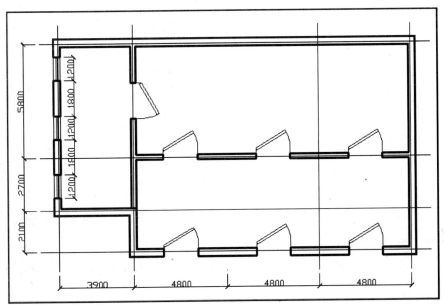

图　4-1

使用多线、圆弧和直线工具绘制基础图形,并练习用剪切和多线编辑等工具将其修改为住宅平面图。

问题与思考

- 选择对象有几种方法?
- 怎样创建环形阵列?
- 怎样创建矩形阵列?
- "修剪"和"延伸"命令的区别是什么?
- 多线的修改有哪几种形式?

4.2 知 识 点

利用绘图工具只能绘制一些基本的图形对象,而一些复杂的图形必须经过修改,并进行移动、复制、旋转等变换操作,才能达到需要的形状。执行这些命令时,必须选择需要进行操作的对象,AutoCAD 才能知道对哪一个对象进行修改。下面介绍几种常用的选择方法。

4.2.1 单独选择对象和选择全部对象

第 1 步:执行一个修改命令时,命令行中一般会提示"选择对象",同时十字光标会变成矩形,称为拾取框。

第 2 步:移动矩形拾取框,单击视图中的一个对象,该对象即被选中。选定的对象将以虚线形式显示。

第 3 步:再次单击其他对象,被单击的对象都将被选中。

第 4 步:按 Enter 键结束对象选择。

这种选择方式在视图中单击一次只能选择一个对象,这也是默认的选择方式。选择"工具/选项"菜单命令,在打开的选项对话框中单击"选择"选项卡,在其面板中有"拾取框大小"移动滑块,可以修改矩形拾取框的尺寸。

第 5 步:在命令行提示"选择对象"后,输入"all",按 Enter 键,视图中的全部对象都被选中,并提示找到多少个对象。

4.2.2 窗口选择对象和交叉选择对象

第 1 步:选择"修改/移动"菜单命令。命令行提示"选择对象",十字光标会变成拾取框。

第 2 步:在 A 点位置单击,命令行提示:"指定对角点"向右下角 B 点位置拖动矩形拾取框,出现一个蓝色的矩形区域,如图 4-2 所示。

第 3 步:在 B 点位置单击鼠标,蓝色矩形框内的对象都被选中,这就是窗口选择方式。按 Esc 键,取消命令。

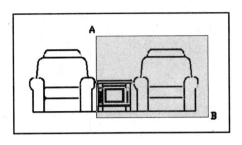

图 4-2

第 4 步：重新执行"移动"命令时,命令行提示："选择对象",输入"c",按 Enter 键,在视图中单击,并拖曳出一个绿色的矩形框,单击鼠标,此时矩形框包围的或相交的对象,都会被选中。这种选择方式称为交叉选择。

提示：用户在不输入 c 的情况下,单击图 4-2 所示的 B 点,再单击 A 点,也会出现一个绿色的矩形框,这种操作也是交叉选择的一种方法。

窗口选择与交叉选择的区别：窗口选择,仅选择完全在矩形区域范围内的对象。交叉选择,不仅选择矩形区域内的对象,与矩形相交的对象也会被选中,即矩形边框接触的所有对象都会被选中。

4.2.3 循环选择对象

当一个对象与其他对象彼此接近或重叠时,准确选择某一个对象是很困难的,这时就可以使用循环选择方法。

第 1 步：选择"修改/移动"菜单命令,命令行提示："选择对象",同时按住 Shift 键和 Space 键,在尽可能接近要选择对象的地方单击。命令行提示："＜循环开＞"。

第 2 步：这时被矩形拾取框单击的对象之一就会被选中并呈虚线显示,如果第一次选择的就是需要的对象,则可按 Esc 键关闭循环选择。

第 3 步：如果该对象不是所需要的对象,松开 Shift 键和 Space 键,在任意位置单击,同一位置的另一个对象会呈虚线显示,连续单击直到所需的对象呈虚线显示。

第 4 步：按 Enter 键确定正确的选择对象,命令行会提示："＜循环关＞找到 1 个"。

4.2.4 指定不规则形状的区域选择对象

AutoCAD 还可以通过绘制一个不规则形状的区域选择对象。使用窗口多边形选择方式可以选择完全封闭在多边形区域内的对象。使用交叉多边形选择方式可以选择完全包含于和经过选择区域的对象。

第 1 步：选择"修改/移动"菜单命令。命令行提示："选择对象",输入"wp",按 Enter 键,开始执行窗口多边形选择。

第 2 步：在视图中单击,指定几个点,定义一个完全包含选择对象的蓝色多边形区域,如图 4-3 所示。按 Enter 键,闭合多边形选择区域,选中区域内的对象,如图 4-4 所示,被选中的对象会虚线显示,并在命令行中提示选中了几个对象。

第 3 步：在命令行提示"选择对象"后,输入"cp",按 Enter 键,则开始执行交叉多边形选择。

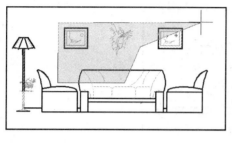

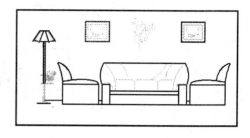

图　4-3　　　　　　　　　　　　　　　　图　4-4

第 4 步：在视图中连续单击任意位置，指定几个点，定义一个完全包含选择对象的绿色多边形区域，按 Enter 键，闭合多边形选择区域，即可选中区域内的对象，也会选中与该区域相交的对象。

4.2.5　更正选择错误

有时选择了多个对象，有的选择正确，有的选择错误，此时就需要从选择的对象中取消对一些错误对象的选择，同时又不会取消对其他正确对象的选择。方法如下。

第 1 步：选择"修改/移动"菜单命令，单击选择多个对象之后，按住 Shift 键，单击要取消选择的对象，该对象即可由虚线显示，改为实线显示，即取消了这个对象的选择状态。

第 2 步：需重新添加选择对象时，单击未被选择的对象，该对象就会被选中。

第 3 步：可以在"选择对象"提示后面，输入"r"，按 Enter 键。

第 4 步：命令行提示："删除对象"，单击任意已经被选中的对象，即可取消对它的选择。

第 5 步：想重新选择对象时，可在命令行提示后输入"a"，按 Enter 键。

第 6 步：命令行提示："选择对象"，即恢复了选择状态。

4.2.6　绘制多段线选择对象

在复杂图形中，可以使用栏选方式选择对象。栏选方式，就是在视图中绘制多段线，选择多段线经过的对象。栏选多段线可以与自己相交。

第 1 步：选择"修改/移动"菜单命令，命令行提示"选择对象"，输入"f"，按 Enter 键，开始栏选方式选择对象。

提示：命令行提示："选择对象"时，还可以输入"?"，按 Enter 键。命令行会提示："需要点或 [窗口（W）/上一个（L）/窗交（C）/框（BOX）/全部（ALL）/栏选（F）/圈围（WP）/圈交（CP）/编组（G）/添加（A）/删除（R）/多个（M）/前一个（P）/放弃（U）/自动（AU）/单个（SI）]"，提示用户可以使用多种方式选择对象。

第 2 步：在视图中连续点击任意位置指定若干个点，绘制的多段线选择栏会虚线显示，如图 4-5 所示。

第 3 步：按 Enter 键，即可选中多段线穿过的对象，如图 4-6 所示，选中的对象呈虚线显示。

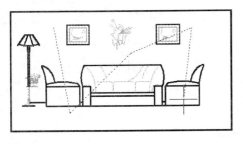
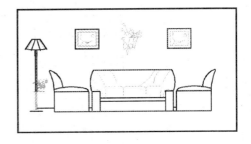

图　4-5　　　　　　　　　　　　　　图　4-6

4.2.7　删除对象

在绘制图形之后,用户可以根据实际需要在任何时候将其删除。

第 1 步:执行"删除"命令,可以使用以下三种方法。

方法一:在界面的右侧有一列修改工具栏,单击删除按钮 。

方法二:在命令行中输入"erase",并按 Enter 键,也可输入"e",按 Enter 键。

方法三:选择"修改/删除"菜单命令。

第 2 步:执行"删除"命令之后,命令行显示提示"选择对象",使用一种选择方法选择要删除的对象,按 Enter 键,如图 4-7 所示。

第 3 步:按 Enter 键,或右击,即可删除选择的对象,如图 4-8 所示。

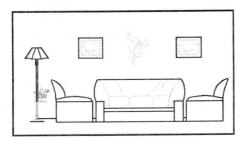
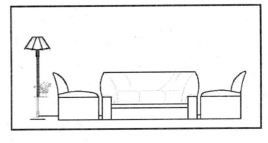

图　4-7　　　　　　　　　　　　　　图　4-8

提示:输入"l",删除绘制的上一个对象。输入"p",删除上一个选择集。输入"all",从图形中删除所有对象。

4.2.8　移动对象位置

第 1 步:执行"移动"命令,可以使用以下三种方法。

方法一:单击移动按钮 ✛。

方法二:在命令行中输入"move",按 Enter 键,也可输入"m",按 Enter 键。

方法三:选择"修改/移动"菜单命令。

第 2 步:命令行提示:"选择对象",单击需要移动的对象,按 Enter 键。

第 3 步:命令行提示:"指定基点或[位移(D)]<位移>",在选择对象附近单击确定基点位置。

第 4 步:命令行提示:"指定第一个点或<使用第一个点作为位移>",移动十字光标,此时从基点拉出一条直线,并实线显示对象移动后的位置,如图 4-9 所示。

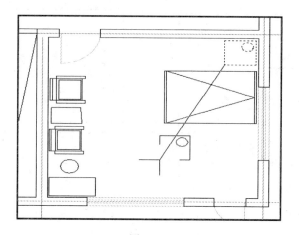

图　4-9

第5步：单击鼠标确定第二个点的位置，此时选定对象将移到新位置。

提示：用户可以在命令行中输入基点和位移终点的坐标值，也可以启动状态栏中的对象捕捉功能，捕捉已知的某一点位置。

4.2.9　旋转对象

第1步：执行"旋转"命令，可以使用以下三种方法。

方法一：在"修改"工具栏中单击旋转按钮 ○。

方法二：在命令行中输入"rotate"，并按 Enter 键。

方法三：选择"修改/旋转"菜单命令。

第2步：执行"旋转"命令之后，命令行显示提示"UCS 当前的正角方向：ANGDIR＝逆时针 ANGBASE＝0，选择对象"，单击要旋转的对象，并按 Space 键。

第3步：命令行提示："指定基点"，在视图中单击指定旋转基点位置，如图 4-10 所示。

提示：基点的位置，就是旋转轴的位置。

第4步：命令行提示："指定旋转角度或［复制(C)/参照(R)］＜0＞"，在视图中移动十字光标，拖曳出一条直线，选择的对象会绕指定基点旋转，如图 4-11 所示。

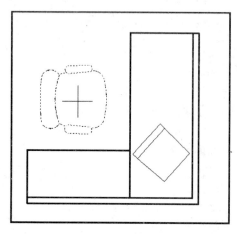

图　4-10

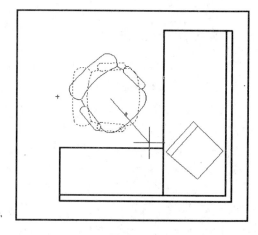

图　4-11

提示：用户也可以在命令行中输入旋转角度值(0°～360°)。由于命令行中已经提示系统变量 ANGDIR＝逆时针，因此输入正值旋转方向为逆时针，输入负值旋转方向为顺时针。

4.2.10　使用 Windows 剪贴板剪切、复制和粘贴对象

当用户需要使用另一个图形文件中的对象时，可以先将这些对象剪切或复制到剪贴板，然后将它们从剪贴板粘贴到其他的图形文件中。

剪切对象后，将从图形中删除选定的对象并将它们存储到剪贴板上。

复制对象，可以将图形中选定的对象存储到剪贴板上，便于以后将图形的部分或全部复制到其他图形文件中。

粘贴对象，是将剪贴板的内容粘贴到图形中。

剪切操作方法如下。

第 1 步：在视图中单击要剪切的对象。

第 2 步：执行"剪切"命令，可以使用以下四种方法。

方法一：在"标准"工具栏中单击剪切按钮 ✄ 。

方法二：在命令行中输入"cutclip"，并按 Enter 键。

方法三：选择"编辑/剪切"菜单命令。

方法四：同时按 Ctrl 键和 X 键，也可执行"剪切"命令。

第 3 步：剪切之后，选择对象从图形中消失。

第 4 步：执行"粘贴"命令，可以使用以下四种方法。

方法一：在"标准"工具栏中单击粘贴按钮 📋 。

方法二：在命令行中输入"pasteclip"，按 Enter 键。

方法三：选择"编辑/粘贴"菜单命令。

方法四：同时按 Ctrl 键和 V 键，也可启动粘贴命令。

第 5 步：剪贴板上的当前对象显示在十字光标位置，移动十字光标，在视图中单击任意位置，剪切的对象即可被粘贴到单击的位置。

复制操作方法如下。

第 1 步：选择要复制的对象。

第 2 步：执行"复制"命令，可以使用以下四种方法。

方法一：在"标准"工具栏中单击复制按钮 📋 。

方法二：在命令行中输入"copyclip"，按 Enter 键。

方法三：选择"编辑/复制"菜单命令。

方法四：同时按 Ctrl 键和 C 键，也可以启动复制命令。

第 3 步：参照上述剪切操作方法中第 4 步～第 5 步的操作，可以将复制的对象粘贴在当前的视图中。

提示：剪贴板不只是应用 AutoCAD 的图形文件之间的剪切、复制和粘贴操作，也可以将剪切或复制的图形对象粘贴到其他 Windows 应用程序中，还可以从其他 Windows 应用程序中复制和剪切对象，粘贴到当前的 AutoCAD 图形文件中。例如，绘图时，可以在文本文件中复制或剪切说明文字，粘贴到当前的图形文件中。

4.2.11　复制对象

AutoCAD 可以选择对象，并根据指定角度和方向创建选择对象的副本。使用坐标、栅格捕捉、对象捕捉和其他工具可以精确复制对象。

第 1 步：执行"复制"命令，可以使用以下三种方法。

方法一：在"修改"工具栏中单击复制按钮 ❀。

方法二：在命令行中输入"copy"，并按 Enter 键。

方法三：选择"修改/复制"菜单命令。

第 2 步：选择要复制的对象，并按 Enter 键。

第 3 步：命令行提示："指定基点或［位移（D）］＜位移＞"，在视图中单击确定基点的位置，或者输入基点的坐标值，按 Enter 键。

第 4 步：命令行提示："指定第二个点或＜使用第一个点作为位移＞"，移动十字光标，十字光标与基点之间有一条连线，在视图中单击任意位置确定第二个点的位置，或者输入第二个点的坐标值，按 Enter 键。选择对象根据基点到第二点的距离和方向创建一个复制对象。

第 5 步：再次移动十字光标，十字光标与基点之间有一条连线，就是移动的距离。在视图中单击，复制另一个副本，如图 4-12 所示。单击一点，即可在该点位置创建复制品，当右击鼠标时，会结束复制操作。

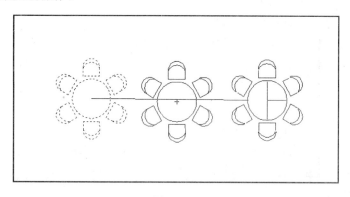

图　4-12

4.2.12　镜像对象

绘图时经常会绘制对称的图形，例如机械零件中的轴，其图形往往以轴线对称。AutoCAD 提供了镜像工具，只需绘制出半个图形对象，使用镜像工具绕对称轴线旋转，即可创建对称的镜像图形，由于不必绘制整个对象，从而提高了工作效率。

第 1 步：执行"镜像"命令，可以使用以下三种方法。

方法一：在"修改"工具栏中单击镜像按钮 ⚏。

方法二：在命令行中输入"mirror"并按 Enter 键。

方法三：选择"修改/镜像"菜单命令。

第 2 步：选择要镜像的对象，并按 Enter 键。

第 3 步：命令行提示："指定镜像线的第一点"，在视图中捕捉并单击端点 A，确定该点为镜像线的第一点的位置,或者输入坐标值,按 Enter 键。

　　第 4 步：命令行提示："指定镜像线的第二点",捕捉并单击端点 B,确定端点 B 为镜像线的第二点的位置,或者输入坐标值,按 Enter 键。

　　A、B 两点的位置如图 4-13 所示,两点之间的连线是镜像线。

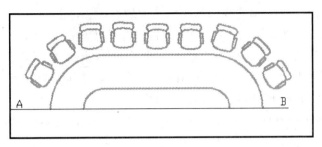

图　4-13

　　第 5 步：此时镜像线 AB 的另一侧显示出镜像复制的图形。

　　第 6 步：命令行提示："要删除源对象吗?〔是(Y)/否(N)〕<N>",按 Enter 键,保留原始对象,效果如图 4-14 所示。如果输入"Y",则将源对象删除。

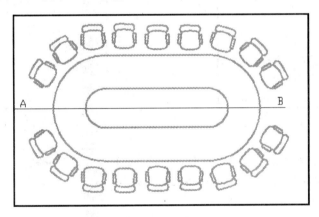

图　4-14

　　提示：镜像线是一条辅助绘图线,实质上并不存在,执行完毕后是看不到镜像线的。镜像线是直线,可以是水平线或垂直线,也可以是一条倾斜的直线。

4.2.13　偏移对象

　　AutoCAD 还提供了一个偏移工具,用于创建与选定对象平行的新对象。偏移圆或圆弧可以创建更大或更小的圆或圆弧,取决于向哪一侧偏移。偏移直线,可以创建一条直线的平行线。

　　第 1 步：执行"偏移"命令,可以使用以下三种方法。

　　方法一：在"修改"工具栏中单击偏移按钮 。

　　方法二：在命令行中输入"offset",按 Enter 键。

　　方法三：选择"修改/偏移"菜单命令。

　　第 2 步：命令行提示："当前设置：删除源＝否 图层＝源 OFFSETGAPTYPE＝0,指定偏移距离或[通过(T)/删除(E)/图层(L)<通过>]"，输入偏移距离数值，按 Enter 键。也可以在视图中单击任意两点，两点间的距离就是偏移距离。

第3步：命令行提示："选择要偏移的对象，或[退出(E)/放弃(U)<退出>]"，在视图中单击一个图形对象，如图 4-15 所示。

第4步：命令行提示："指定要偏移的那一侧的点，或[退出(E)/放弃(U)<退出>]"，在选择的图形对象侧面单击，确定偏移对象放置在选择对象的那一侧。

第5步：命令行提示："选择要偏移的对象，或[退出(E)/放弃(U)<退出>]"，按 Enter 键，结束偏移操作。偏移后的图形如图 4-16 所示。也可以选择另一个要偏移的图形对象，继续创建图形对象的偏移对象。

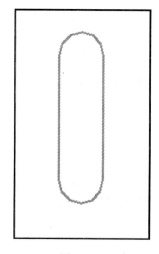
图 4-15

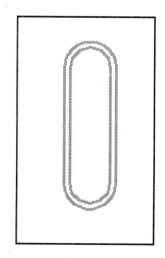
图 4-16

提示："偏移"命令也是一个连续执行的命令，如果偏移距离相同，可以创建多个平行对象，如果偏移距离不同，必须重新启动偏移工具，指定新的偏移距离。

"偏移"命令其他选项的含义如下。

退出：退出偏移命令。

多个：使用当前偏移距离重复进行偏移操作。

放弃：取消上一个偏移操作。

删除：创建了偏移对象之后，删除选择的源对象。

图层：确定将偏移对象创建在当前图层或是源对象所在的图层上。

通过：选择该项之后，可以在视图中单击或输入点的坐标值，来指定偏移对象要通过的点，也就是偏移对象的新位置。

4.2.14 阵列对象

使用阵列工具，可以快速复制对象，并使对象呈矩形或环形规则地分布。

1. 矩形阵列

以矩形阵列分布时，可以控制行和列的数目以及它们之间的距离。

第1步：执行"阵列"命令，可以使用以下三种方法。

方法一：在"修改"工具栏中单击阵列按钮器。

方法二：在命令行中输入"array"，并按 Enter 键。

方法三：选择"修改/阵列"菜单命令。

第 2 步：打开"阵列"对话框，选择"矩形阵列"单选按钮，在对话框中单击选择对象按钮，"阵列"对话框将暂时关闭，命令行中提示"选择对象"，选择要创建阵列的椅子图块，如图 4-17 所示，按 Enter 键。

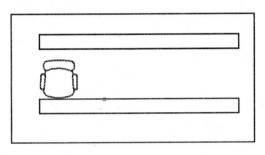

图 4-17

提示：如果选择多个对象作为阵列对象，最后一个选定对象的基点将用于构造阵列。

第 3 步：对象选择完毕之后，"阵列"对话框将重新显示，并且在选择对象按钮下面显示所选择对象的数量。在对话框中，在行的右侧输 2，列的右侧输 4，即阵列中的行数和列数。

第 4 步：在对话框中，输入行偏移值为 1200，列偏移值为 1000，即阵列对象间水平距离和垂直间距(偏移)。在"阵列"对话框的预览窗口中，可以看到阵列的效果，如图 4-18 所示。

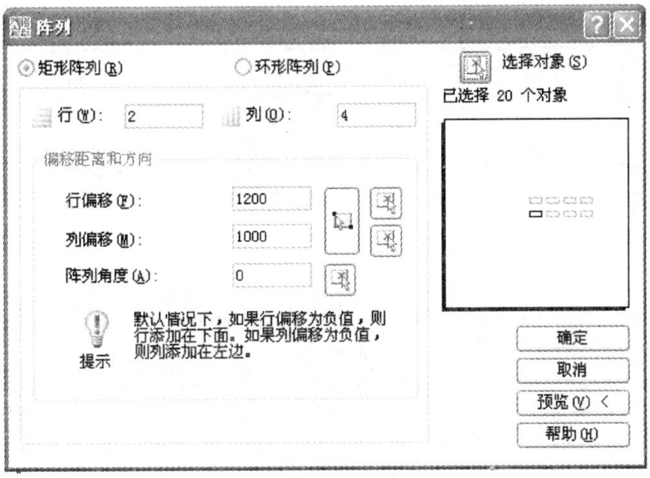

图 4-18

提示：预览窗口显示的是对话框当前设置的阵列预览图像。当修改设置后，单击另一个输入框时，预览图像将会更新。

第 5 步：为了更清楚地看到阵列的最终效果，在对话框中单击"预览"按钮，暂时关闭"阵列"对话框，显示当前图形中的阵列效果，如图 4-19 所示。

第 6 步：单击"修改"按钮，重新打开"阵列"对话框，开始进行修改。

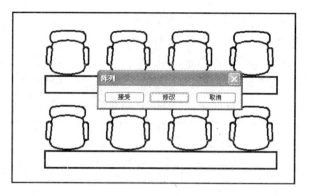

图　4-19

提示：如果预览阵列效果满意，单击"接受"按钮，确定阵列设置，如图 4-20 所示。

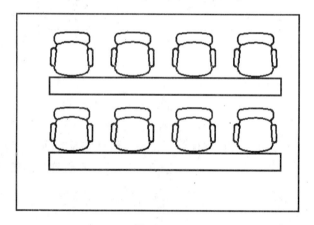

图　4-20

单击"取消"按钮，将取消当前的阵列操作。

第 7 步：要修改阵列的旋转角度，在"阵列角度"右侧输入新的角度值为"45"，如图 4-21 所示。

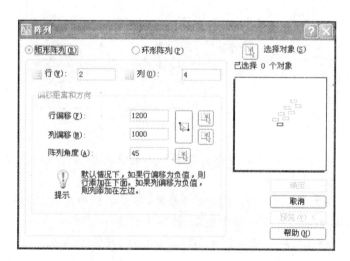

图　4-21

第 8 步：单击"确定"按钮，得到的阵列效果如图 4-22 所示。

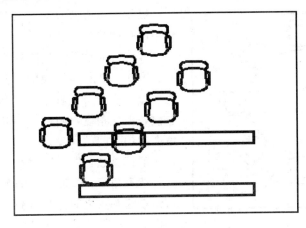

图　4-22

2. 环形阵列

环形阵列可创建选择对象的多个副本，并使副本按圆周等距排列，并可以使副本自身产生旋转。

第 1 步：单击阵列按钮品，打开"阵列"对话框，选择"环形阵列"单选按钮，在对话框中单击选择对象按钮，"阵列"对话框将暂时关闭，命令行中提示"选择对象"，选择要创建阵列的对象，如图 4-23 所示，并按 Enter 键。

第 2 步：单击中心点右侧的拾取中心点按钮，暂时关闭"阵列"对话框。

第 3 步：单击状态栏中的"对象捕捉"按钮，右击，弹出快捷菜单，选择"设置"，打开对象捕捉对话框，选择"圆心"，单击"确定"按钮。

第 4 步：捕捉并单击视图中圆形的圆心，作为中心点。此时重新打开了"阵列"对话框，如图 4-24 所示。"中心点"项右侧 X 和 Y 框中的坐标值显示的就是捕捉选择的圆心坐标值，也可以直接输入中心点的 X 和 Y 坐标值。

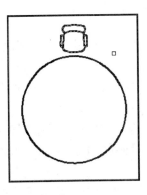

图　4-23

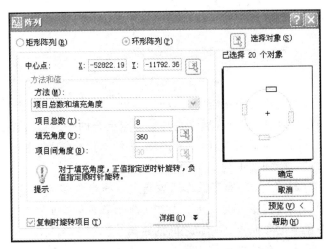

图　4-24

第 5 步：输入项目总数为 8，单击"确定"按钮，创建的环形阵列效果如图 4-25 所示。

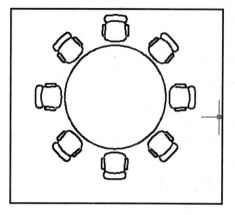

图 4-25

提示：填充角度设置为默认的 360°和 315°，环形阵列的结果是相同的。

"阵列"对话框环形阵列参数的含义如下。

方法：单击其下面的三角形按钮 ，在弹出的下拉列表中有三种定位环形阵列的方法：项目总数和填充角度，项目总数和项目间的角度，填充角度和项目间的角度。

项目总数：是选择对象和副本数之和。

填充角度：通过定义阵列中第一个和最后一个元素的基点之间的包含角来设置阵列大小。正值指定逆时针旋转。负值指定顺时针旋转。默认值为 360。如果填充角度设置为 200，项目总数设立为 5，创建的阵列效果如图 4-26 所示。

项目间的角度：设立两个阵列对象之间的角度。默认方向值为 90。单击"充角度"右侧的按钮，暂时关闭"阵列"对话框，在视图中单击确定一个点的位置，这个点与 C 点的连线与 X 轴形成的角度就是两个阵列对象之间的角度。

如果取消选中"复制时旋转项目"复选框，则创建的阵列对象不会产生旋转，如图 4-27 所示。

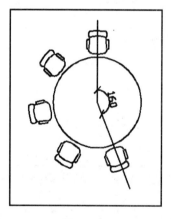

图 4-26

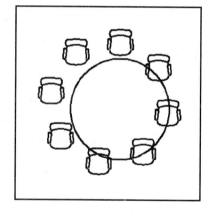

图 4-27

阵列的半径由指定中心点与参照点或与最后一个选定对象上的基点之间的距离决定。可以使用默认参照点（通常是与捕捉点重合的任意点），或指定一个。

"阵列"对话框中有一个"详细"按钮，将显示附加选项。单击"详细"按钮，按钮名称变为"简略"。附加选项是基点的设置选项。

对象基点：相对于选择对象指定新的参照（基准）点，阵列操作时，这些选择对象将与阵列中心点保持不变的距离。要构造环形阵列，阵列命令将确定从阵列中心点到最后一个选定对象上的参照点（基点）之间的距离。

设为对象的默认值：选中该项时 AutoCAD 使用对象的默认基点定位阵列对象。如果需要手动设置基点，应取消选中。

基点：也可以设立新的 X 和 Y 基点坐标。单击拾取基点按钮 [图] 时暂时关闭对话框，在视图中指定一个点作为基点。通常在构造环形阵列而且不旋转对象时，应手动设置基点，这是为了避免产生意外的结果。

4.2.15　比例缩放对象

比例缩放工具可以将对象按统一比例放大或缩小。比例因子大于 1 时将放大对象，比例因子介于 0 和 1 之间时将缩小对象。

1. 通过比例因子缩放对象

第 1 步：执行"比例"命令，可以使用以下三种方法。

方法一：在"修改"工具栏中单击缩放按钮 [图] 。

方法二：在命令行中输入"scale"，按 Enter 键。

方法三：选择"修改/缩放"菜单命令。

第 2 步：在视图中选择要缩放的对象，按 Enter 键。

第 3 步：命令行提示："指定基点"，在视图中单击任意一点作为基点。基点是指当选定对象的大小发生改变时位置保持不变的点。

第 4 步：命令行提示："指定比例因子或[复制(C)/参照()＜1.0000＞]"，输入"c"，按 Enter 键。选择复制，保持选择对象的大小，并创建选择对象的缩放副本。

第 5 步：命令行提示："指定比例因子或[复制(C)/参照(R)]＜1.0000＞"，输入"2"，按 Enter 键。创建一个放大一倍的选择对象副本，如图 4-28 所示。

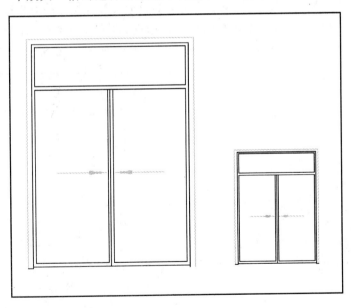

图　4-28

2. 通过参照长度缩放对象

在缩放对象时，有时无法准确地知道缩放比例，但知道缩放后的尺寸，这时就可以使用参照长度的方法缩放对象。

第1步：单击缩放按钮 ，在视图中选择要缩放的对象，按 Enter 键。

第2步：命令行提示："指定基点"，在视图中单击任意一点作为基点。

第3步：命令行提示："指定比例因子或[复制(C)/参照(R)]＜1.0000＞"，输入"r"，按 Enter 键。

第4步：命令行提示："指定参照长度＜L＞"，如果不知道选择对象的长度，可以单击状态栏中的"对象捕捉"按钮，在视图中捕捉并单击选定对象的起始端点和结束端点，即可确定参照长度。如知道选择对象的长度则可以输入长度数值。

第5步：命令行提示："指定新的长度或[点(P)]"，输入"50"，按 Enter 键，选择对象将缩放成长度为 50 的对象。

数值 50 表示选定对象缩放后的最终长度，参照长度为 169.79。也可以输入"P"，并在视图中确定两点的位置，两点之间的距离就是选择对象缩放后的新长度。这样就可以不改变其位置或方向，对选择对象进行拉长或缩短。

4.2.16　拉伸对象

拉伸工具可以将选择的对象拉长或缩短一段距离。

第1步：执行"拉伸"命令，可以使用以下三种方法。

方法一：在"修改"工具栏中单击拉伸按钮 。

方法二：在命令行中输入"h"，按 Enter 键。

方法三：选择"修改/拉伸"菜单命令。

第2步：命令行提示："以交叉窗口或交叉多边形选择要拉伸的对象选择对象"，在视图中单击 A 点，并拖曳至 B 点时，会出现绿色的矩形框，表示以交叉模式选择对象，如图 4-29 所示。选择要缩放的对象之后，选中的对象呈虚线显示，如图 4-30 所示，按 Enter 键。

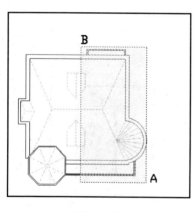

图　4-29

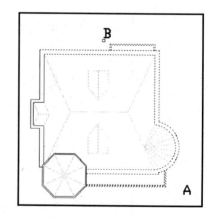

图　4-30

第3步：命令行提示："指定基点或[位移(D)]＜位移＞"，在视图中单击指定基点位置。

第4步：命令行提示："在视图中点击指定第二点"，以确定距离和方向，如图 4-31 所示。

第5步：这个房顶的一侧被拉长了，如图 4-32 所示。

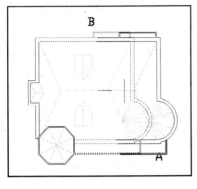

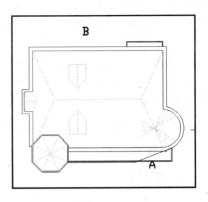

图 4-31 图 4-32

4.2.17 拉长对象

拉长工具可以拉长直线、圆弧、开放的多段线、椭圆弧、开放的样条曲线。拉长后的结果与延伸工具和修剪工具结果相似。应当注意,拉长工具不改变选择对象的位置和方向,只对选择对象进行拉长或缩短。

第 1 步:选择"修改/拉长"菜单命令,或者在命令行输入"lengthgn",并按 Enter 键。

第 2 步:命令行提示:"选择对象或[增量(DE)/百分数(P)/全部(T)/动态(DY)]",输入"dy",按 Enter 键,选择动态拖曳模式。

第 3 步:命令行提示:"选择要修改的对象或[放弃(U)]",在视图中单击要拉长的直线 AB,如图 4-33 所示。

第 4 步:命令行提示:"指定新端点",向右移动十字光标并单击,指定一个新端点,拉长直线 AB,如图 4-34 所示。如果向左移动十字光标则会缩短直线 AB。

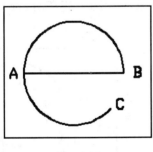

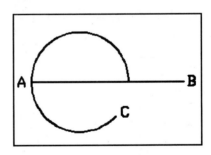

图 4-33 图 4-34

第 5 步:选择"修改/拉长"菜单命令,输入"dy",按 Enter 键,在视图中单击要缩短的圆弧 BC,移动十字光标并单击,指定一个新端点,如图 4-35 所示,圆弧缩短了长度。

拉长命令其他选项的含义。

增量:选择该项,命令行会提示:"输入长度增加或[角度(A)]<1.0000>",输入增量值之后,可以修改对象的长度,该增量从距离选择点最近的端点处开始测量。还可以指定增量来修改圆弧的角度,该增量从距离选择点最近的端点处开始

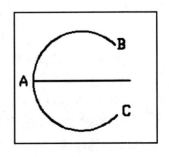

图 4-35

测量。正值会拉长对象,负值则缩短对象。

百分数:通过指定对象总长度的百分数设置对象长度。

全部:选择该项后,命令行提示"指定总长度或[角度(A)]<119.5352)>",可以输入一个长度值,这个长度值也就是所选对象拉长后的尺寸。或者在视图中单击两点,两点间的距离就是所选对象拉长后的尺寸。

动态:选择该项即可打开动态拖动模式。通过拖曳选定对象的一个端点来改变其长度,而其他端点保持不变。

4.2.18 修剪对象

修剪工具可以使选择的对象精确地终止于其他对象的边界。例如,通过修剪将对象剪短,清除对象在边界以外无用的部分。

第 1 步:执行"修剪"命令,可以使用以下三种方法。

方法一:在"修改"工具栏中单击修剪按钮 ⊹ 。

方法二:在命令行中输入"trim",按 Enter 键。

方法三:选择"修改/修剪"菜单命令。

第 2 步:命令行提示:"当前设置:投影=UCS,边=延伸,选择剪切边……选择对象或<全部选择>",在视图中选择作为剪切边界的对象。也可以选择图 4-36 所示的所有对象,包括圆和直线,按 Enter 键结束选择边界线。

第 3 步:命令行提示:"选择要修剪的对象,或按住 Shift 键选择要延伸的对象,或[栏选(F)/窗交(C)/投影(P)/边(E)/删除(R)/放弃(U)]",在视图中单击选择边界外的多余部分,即可将其剪切掉。例如单击大圆中的圆弧 CG 部分,该部分圆弧会根据选择的直线 AD 和直线 EH 作为边界线,将 CG 剪切掉,如图 4-37 所示。

第 4 步:依次单击直线的 AB、CD、EF、GH 部分,并单击小圆的 BF 部分,按 Enter 键结束修剪操作,修剪后的效果如图 4-38 所示。

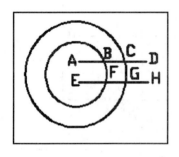

图 4-36

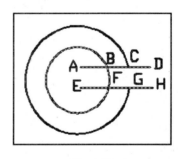

图 4-37

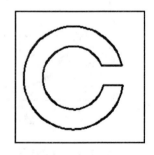

图 4-38

修剪命令其他选项的含义。

栏选:选择该项后,可以在视图中单击并移动十字光标绘制一条虚线,创建一条临时线段,称为选择栏,也可以创建多条临时线段,如图 4-39 所示。按 Enter 键,与选择栏相交的所有对象将根据选择的边界线进行修剪,如图 4-40 所示。

窗交:选择该项后,可以在视图中单击并绘制一个矩形框,在矩形框内部或与矩形框相交的对象会根据边界线进行修剪。

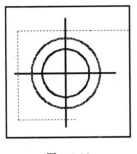
图 4-39

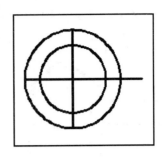
图 4-40

栏选、窗交是为了确定用哪一个模式选择被修剪对象。

投影：选择该选项后，命令行会提示"输入投影选项[无（N）/UCS（U）/视图（V）]
＜UCS＞"，选择"无"，将按实际三维空间的相互关系修剪，即只有在三维空间中实际交叉
的对象才能进行修剪，而不是按平面上的投影关系修剪。选择"UCS"，可以在当前的 XY 平
面上按投影关系修剪三维空间中没有相交的对象。选择"视图"，在当前视图平面上按相交
关系修剪。

边：确定对象是在另一对象的延长边处进行修剪，还是仅在三维空间中与该对象相交
的对象处进行修剪。选择该选项后，命令行会提示"输入隐含边延伸模式[延伸（E）/不延伸
（N）]＜不延伸＞"，选择"延伸"，如果选择的边界对象太短，没有与被修剪的对象相交，
AutoCAD 会假设将边界对象延长，再进行修剪，如图 4-41 和图 4-42 所示。

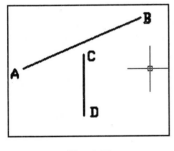
图 4-41

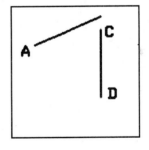
图 4-42

4.2.19 延伸对象

延伸工具可以将选择对象延长到指定的边界。

第 1 步：执行"延伸"命令，可以使用以下三种方法。

方法一：在"修改"工具栏中单击延伸按钮━/ 。

方法二：在命令行中输入"extend"，并按 Enter 键。

方法三：选择"修改/延伸"菜单命令。

第 2 步：命令行提示："当前设置：投影＝UCS，边＝延伸，选择边界的边……选择对象
或＜全部选择＞"，在视图中选择作为边界边的对象，按 Enter 键，如图 4-43 所示。

第 3 步：命令行提示："选择要延伸的对象，或按住 Shift 选择要修剪的对象，或[栏选
（F）/窗交（C）/投影（P）/边（E）/放弃（U）]"，分别单击需要延伸的对象直线，两条直线延长

至边界位置,如图 4-44 所示,按 Enter 键结束延伸操作。

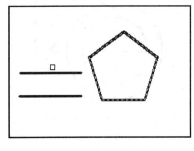

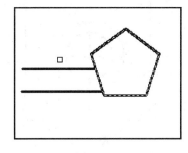

图　4-43

图　4-44

延伸命令其他选项与修剪命令相应选项的含义相同。

4.2.20　打断对象和打断于点

打断工具可以在对象上创建一个间隙,即删除对象的一部分,或将对象分成两个独立的对象。打断于点工具,可以指定对象上的一个断点,将对象分成两个对象。打断和打断于点可以应用于大多数几何对象,但不包括块、标注、多线和面域。

第 1 步:执行"打断"命令,可以使用以下三种方法。

方法一:在"修改"工具栏中单击打断按钮 □ 。

方法二:在命令行中输入"break",并按 Enter 键。

方法三:选择"修改/打断"菜单命令。

第 2 步:命令行提示:"break",在视图中单击需要打断的对象。默认情况下,单击选择对象时单击的位置作为第一个打断点。如果需要重新指定第一个打断点,输入"f",然后单击第一个断点。

第 3 步:命令行提示:"指定第二个打断点或[第一点(F)]",单击对象的另一个点作为第二个断点。

直线两点间的部分被删除,直线被分成了两段,如图 4-45 所示。

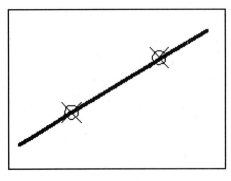

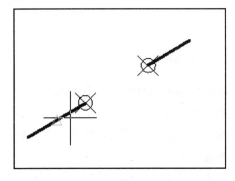

图　4-45

第 4 步:打断后直线被分成了两条,单击它们,可以看到它们分别是独立的直线对象。

4.2.21　合并对象

合并工具可以将相似的对象合并为一个对象。注意,合并的对象必须相似,直线与圆弧是不能合并的。但是多线段可以与圆和直线合并。例如使用圆弧和椭圆弧,再使用合并工具创建完整的圆和椭圆。用户可以合并的对象有圆弧、椭圆弧、直线、多段线、样条曲线。要合并的对象必须位于同一的平面上。

第 1 步:执行"合并"命令,可以使用以下三种方法。

方法一:在"修改"工具栏中单击合并按钮 ➡➡。

方法二:在命令行输入"join",并按 Enter 键。

方法三:选择"修改/合并"菜单命令。

第 2 步:命令行提示:"选择源对象",单击视图中的一个对象作为源对象。

第 3 步:根据选定的源对象类型,命令行有不同的提示。

选择一条直线作为源对象,命令行提示"选择要合并到源的直线",在视图中选择一条或多条直线并按 Enter 键,可将选择的直线与源对象合并为一条直线。但应当注意,直线对象与源对象必须是共线,也就是说位于同一无限长的直线上,合并之后也是一条直线,但是它们之间可以有间隙。

选择一条多段线作为源对象,命令行提示"选择要合并到派的对象",在视图中选择一个或多个对象并按 Enter 键,可将选择的对象与源对象合并。对象可以是直线、多段线或圆弧。但是对象之间不能有间隙,并且必须位于与 UCS 的 XY 平面平行的同一平面上。

选择圆弧作为源对象,命令行提示"选择圆弧,以合并到源或进行[闭合(L)]"。在视图中选择一个或多个圆弧并按 Enter 键。闭合选项可将源圆弧转换成圆。合并两条或多条圆弧时,将从源对象开始按逆时针方向合并圆弧。

选择椭圆弧作为源对象,命令行提示"选择椭圆弧,以合并到源或进行[闭合(L)]",在视图中选择一个或多个椭圆弧并按 Enter 键。椭圆弧必须位于同一椭圆上,但是它们之间可以有间隙。闭合选项可将源椭圆弧闭合成完整的椭圆。

选择样条曲线作为源对象,命令行提示"选择要合并到源的样条曲线",在视图中选择一条或多条样条曲线并按 Enter 键。样条曲线对象必须位于同一平面内,并且必须首尾相邻,端点与端点相接。

4.2.22　分解对象

绘图时,经常需要选择多段线或多边形的一部分来进行单独编辑,但是当选择对象时,整个图形都会被选中。为了解决这个问题,可以使用分解工具将对象分解成多个对象,这样就可以对其中的一个对象进行编辑操作了。

第 1 步:单击矩形按钮 ▭,在视图中单击并拖曳十字光标,绘制一个矩形。

第 2 步:执行"分解"命令,可以使用以下三种方法。

方法一:在"修改"工具栏中单击分解按钮 。

方法二:在命令行中输入"explode",并按 Enter 键。

方法三:选择"修改/分解"菜单命令。

第 3 步:命令行提示:"选择对象",在视图中单击矩形,按 Enter 键。

第4步：分解后矩形看不出任何变化。单击移动按钮，单击矩形的一条边，此时只能选中这条边，移动这条直线。这说明分解命令已经将矩形变成四条直线的组合。

4.2.23 倒角

倒角工具可以使用成角的直线连接两个对象。可以创建倒角的对象有直线、多段线、射线、构造线和三维实体。

1. 根据倒角距离绘制倒角

第1步：单击直线按钮 ∕，命令行提示"line 指定第一点"，在视图中单击任意位置确定第一点。

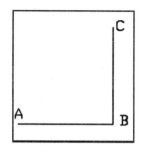

图 4-46

第2步：命令行提示："指定下一点或[放弃(U)]"，输入"@500,0"，按 Enter 键。

第3步：命令行提示："指定下一点或[放弃(U)]"，输入"@0,500"，按 Enter 键。两条直线绘制完成，如图 4-46 所示。

第4步：执行"倒角"命令，可以使用以下三种方法。

方法一：在"修改"工具栏中单击倒角按钮 。

方法二：在命令行中输入"chainfer"，并按 Enter 键。

方法三：选择"修改/倒角"菜单命令。

第5步：命令行提示："修剪模式：当前倒角长度＝45.0000，角度＝3，选择第一条直线或[放弃(U)/多段线(P)/距离(D)/角度(A)/修剪(T)/方式(E)/多个(M)]"，输入"d"按 Enter 键。

第6步：命令行提示："指定第一个倒角距离<0.0000>"，输入"250"，按 Enter 键。

第7步：命令行提示："指定第二个倒角距离<5.0000>"，输入"200"，按 Enter 键。

第8步：命令行提示："选择第一条直线或[放弃(U)/多段线(P)/距离(D)/角度(A)/修剪(T)/方式(E)/多个(M)]"，单击直线 AB。

第9步：命令行提示："选择第二条直线，或按住 Shift 键选择要应用角点的直线"，单击直线 BC。此时直线 AB 和直线 BC 之间产生了倒角直线，如图 4-47 所示。

2. 根据倒角距离和倒角角度绘制倒角

第1步：绘制两条直线，如图 4-46 所示。

第2步：单击倒角按钮 ，命令行提示"当前倒角距离 1＝5.0000，距离 2＝3.0000，选择第一条直线或[放弃(U)/多段线(P)/距离(D)/角度(A)/修剪(T)/方式(E)/多个(M)]"，输入"a"，按 Enter 键。

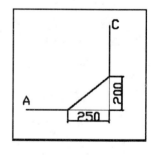

图 4-47

第3步：命令行提示："指定第一条直线的倒角长度<5.0000>"，按 Enter 键，使用默认值。

第4步：命令行提示："指定第一条直线的倒角角度<0>"，输入"45"，按 Enter 键。此时两条直线之间产生了倒角直线，如图 4-48 所示。

3. 为两条非平行线段创建倒角

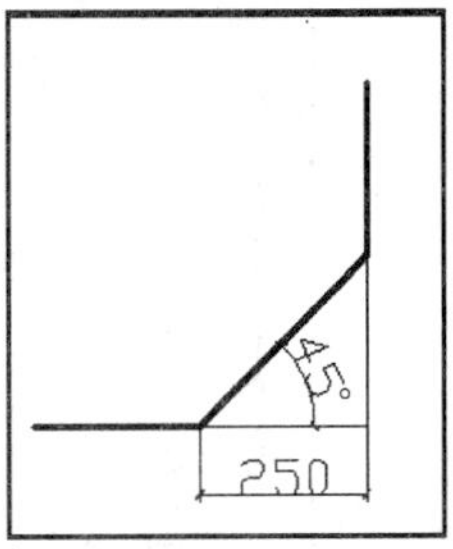

第1步：单击直线按钮 ∕，在视图中单击任意位置确定 A 点。命令行提示："指定下一点或[放弃(U)]"，输入"@10，−1"，按两次 Enter 键，创建直线 AB。

第2步：单击直线按钮 ∕，在视图中单击任意位置确定 C 点。命令行提示："指定下一点或[放弃(U)]"，输入"@5，3"，按两次 Enter 键，创建直线 CD，如图 4-49 所示。

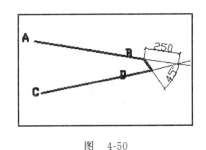

图 4-48

第3步：单击倒角按钮 ┌。命令行提示："修剪"模式"当前倒角长度＝5.0000，角度＝45，选择第一条直线或[放弃(U)/多段线(P)/距离(D)/角度(A)/修剪(T)/方式(E)/多个(M)]"，单击直线 AB，使用当前的默认长度 5 和角度 45 的设置。

第4步：命令行提示："选择第二条直线，或按住 Shift 键选择要应用角点的直线"，单击直线 CD。此时直线 AB 和直线 CD 之间产生了倒角直线，如图 4-50 所示。

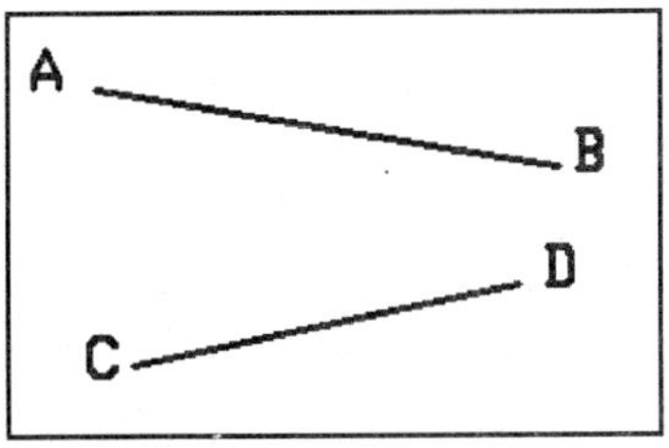

图 4-49

图 4-50

4. 创建倒角但不修剪直线

第1步：绘制两条直线，如图 4-46 所示。

第2步：单击倒角按钮 ┌，命令行提示："当前倒角距离 1＝5.0000.距离 2＝3.0000，选择第一条直线或[放弃(U)/多段线(P)/距离(D)/角度(A)/修剪(T)/方式(E)/多个(M)]"，输入"t"，按 Enter 键，设置修剪控制。

第3步：命令行提示："输入修剪模式选项[修剪(T)/不修剪(N)]＜修剪＞"，输入"n"，按 Enter 键，设置不修剪对象。

第4步：在视图中选择倒角的对象，产生倒角，但选择的直线没有被修剪，如图 4-51 所示。

"倒角"命令其他选项的含义。

放弃：恢复到命令中执行的上一次提作后的状态。

多段线：选择该项可以对整个多段线创建倒角。多段线如图 4-52 所示，倒角效果如图 4-53 所示。

方式：控制倒角命令使用两个距离还是一个距离一个角度来创建倒角。

多个：为多组对象创建倒角。"倒角"命令将重复显示提示"选择第二个对象"，直到用户按 Enter 键结束命令。

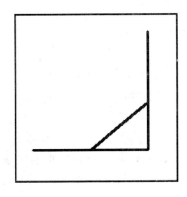

图 4-51

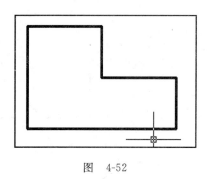

图　4-52

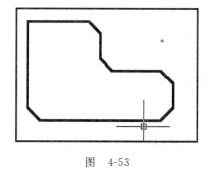

图　4-53

4.2.24　圆角

圆角工具可以使用一段圆弧连接两个对象,使两个对象能够平滑过渡。

第 1 步:单击直线按钮 ✎ ,绘制两条直线,如图 4-46 所示。

第 2 步:执行"圆角"命令,可以使用以下三种方法。

方法一:在"修改"工具栏中单击圆角按钮 ⌐ 。

方法二:在命令行中输入"fillet",并按 Enter 键。

方法三:选择"修改/圆角"菜单命令。

第 3 步:命令行提示:"当前设置:模式＝修剪,半径＝ 0.0000,选择第一个对象或[放弃(U)/多段线(P)/ 半径(R)/修 W(T)/多个(M)]"输入"r",按 Enter 键。

第 4 步:命令行提示:"指定圆角半径＜0.0000＞",输入 "200",按 Enter 键。

第 5 步:命令行提示:"选择第一个对象或[放弃(U)/多段线 (P)/ 半径(R)/修 W(T)/多个(M)]",在视图中分别单击两条直 线,即可创建两条直线之间的圆角,如图 4-54 所示。

"圆角"命令其他选项的含义与"倒角"命令选项的含义相同。

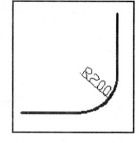

图　4-54

4.2.25　使用夹点编辑对象

要使用夹点编辑对象,必须启用 AutoCAD 夹点功能。

第 1 步:选择"工具/选项"菜单命令。

第 2 步:在"选项"对话框中,单击"选择"标签,选中"启用夹点"复选框。

第 3 步:单击"确定"按钮,即可启用夹点功能。AutoCAD 默认情况下启用夹点。

单击对象时,对象关键点上将出现蓝色的夹点,如图 4-55 所示。单击其中一个夹 点作为极作点,该夹点呈红色显示,此时用户可以拖曳夹点直接移动其位置,如图 4-56 所示。

当显示夹点之后,右击,弹出快捷菜单,如图 4-57 所示,可从中选择命令进行编辑操作。 也可以在显示夹点之后直接在命令行中输入相应的命令,或单击所需命令按钮后,再选择菜 单命令。

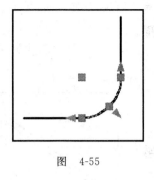

图 4-55

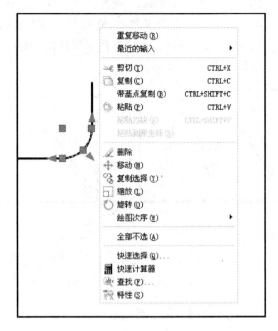

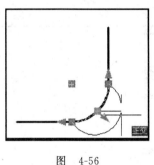

图 4-56

图 4-57

4.2.26 删除多线中顶点

多线中的顶点是指多线中的拐角转折点，这些顶点可以任意删除。

第1步：选择"绘图/多线"菜单命令，在视图中单击并拖曳鼠标，绘制 M 形多线图形。

第2步：选择"修改/对象/多线"菜单命令。

第3步：在打开的"多线编辑工具"对话框中单击"删除顶点"按钮，如图 4-58 所示。

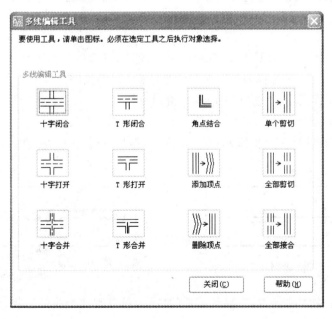

图 4-58

第 4 步：命令行提示："选择多线"，单击多线上需要删除的顶点，如图 4-59 所示。

第 5 步：在单击顶点之后，删除顶点的结果如图 4-60 所示。

第 6 步：命令行提示："选择多线或 [放弃(U)]"，继续单击另一个顶点，删除另一个顶点的结果如图 4-61 所示。

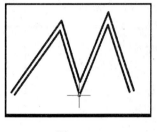

图 4-59

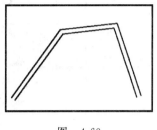

图 4-60

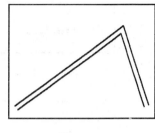

图 4-61

第 7 步：命令行再次提示："选择多线或 [放弃(U)]"，输入"u"，按 Space 键，可取消上一步骤的删除操作。按 Space 键，则结束删除顶点操作。

4.2.27 添加多线中顶点

第 1 步：选择"绘图/多线"菜单命令，在视图中单击并拖曳鼠标，绘制一条多线图形，如图 4-62 所示。

第 2 步：单击多线，此时多线显示出两个夹点，说明该条多线有两个顶点，如图 4-63 所示。

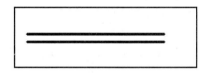

图 4-62

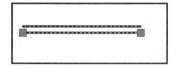

图 4-63

第 3 步：选择"修改/对象/多线"菜单命令，在打开的"多线编辑工具"对话框中单击"添加顶点"按钮，命令行提示："选择多线"，在多线上需要添加顶点的位置单击，如图 4-64 所示。

第 4 步：命令行提示："选择多线或 [放弃(U)]"，按 Space 键结束顶点的添加。此时多线上看不到有任何变化。

第 5 步：单击多线，多线上显示三个蓝色夹点，即在第 3 步单击的位置添加了一个顶点，如图 4-65 所示。

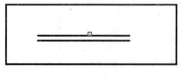

图 4-64

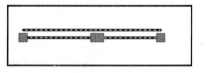

图 4-65

第 6 步：单击中间的夹点，并移动至新的位置，可以改变多线的形状，如图 4-66 所示。

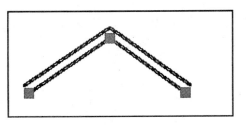

图　4-66

4.2.28　多线角点结合

角点结合工具,将两条多线进行修剪或延伸到它们的交点位置,使两条多线形成直角。

第 1 步:选择"绘图/多线"菜单命令,在视图中单击并拖曳鼠标,绘制两条多线,如图 4-67 所示。

第 2 步:选择"修改/对象/多线"菜单命令,在打开的"多线编辑工具"对话框中单击"角点结合"按钮,命令行提示:"选择第一条多线",在需要修剪或延伸的多线位置单击,如图 4-68 所示。

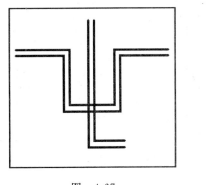

图　4-67

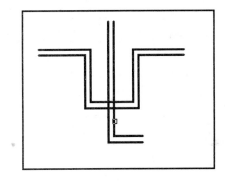

图　4-68

提示:单击的位置应是需要保留多线的那一部分,单击多线,系统会自动将多线在交点以外的多余部分删除,若是多线没有达到交点的长度,会自动延伸到两条多线的相交点。

第 3 步:命令行提示:"选择第二条多线",选择角点的另一侧多线,如图 4-69 所示。

第 4 步:命令行提示:"选择第一条多线或[放弃(U)]",按 Space 键,结束角点结合操作。此时两条直线的交点处形成直角,多余部分被删除,如图 4-70 所示。

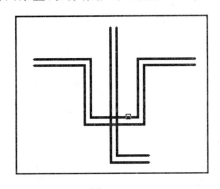

图　4-69

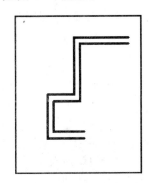

图　4-70

104

第 5 步：如果两条多线没有相交，如图 4-71 所示，则使用"角点结合"按钮后，多线会自动延伸至交点位置，形成直角，如图 4-72 所示。

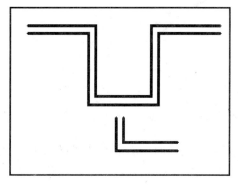
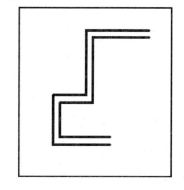

图　4-71　　　　　　　　　　　图　4-72

4.2.29　创建多线十字形交点

在多线统辑工具对话框中有"十字闭合"、"十字打开"和"十字合并"三个按钮，如图 4-73 所示，用于控制两条多线相交的方式。

第 1 步：选择"绘图/多线"菜单命令，在视图中单击并拖曳鼠标，绘制两条相交的多线，如图 4-74 所示。

第 2 步：选择"修改/对象/多线"菜单命令，在打开的"多线编辑工具"对话框中单击"十字闭合"按钮，命令行提示"选择第一条多线"，单击水平多线作为背景线，再单击垂直多线作为前景线，此时两条多线交点效果被修改，如图 4-75 所示。好像是垂直多线覆盖在水平多线的上面一样。

第 3 步：命令行提示："选择第一条多线或［放弃（U）］"。输入"u"，按 Space 键，取消十字闭合操作。重新设置十字闭合交点，先单击垂直多线作为背景线，再单击水平多线作为前景线，两条多线交点效果被修改，如图 4-76 所示。按 Space 键，确定操作。

图　4-73

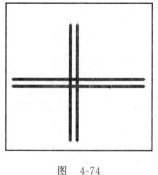

图　4-74　　　　　　　　　　　图　4-75

第 4 步：选择"编辑/放弃多线"菜单命令，取消刚才的十字闭合多线编辑结果。

第 5 步：选择"修改/对象/多线"菜单命令，在打开的"多线编辑工具"对话框中单击"十字打开"按钮，单击相交的两条多线，按 Space 键，结束操作。此时两条多线的交点如图 4-77 所示。

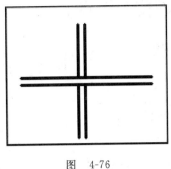

图 4-76

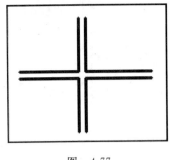

图 4-77

在只有两个元素的多线相交时,设置交点为十字打开和十字合并的效果相同。下面通过三个元素的多线来区分十字打开和十字合并的交点效果。

第1步:选择"格式/多线样式"菜单命令,在打开的对话框中单击"新建"按钮,打开"新建多线样式"对话框,输入新样式名称为"1",单击"继续"按钮,打开"新建样式编辑"对话框,在元素框中,单击"添加"按钮,默认两个元素之间增加一个元素,如图 4-78 所示。

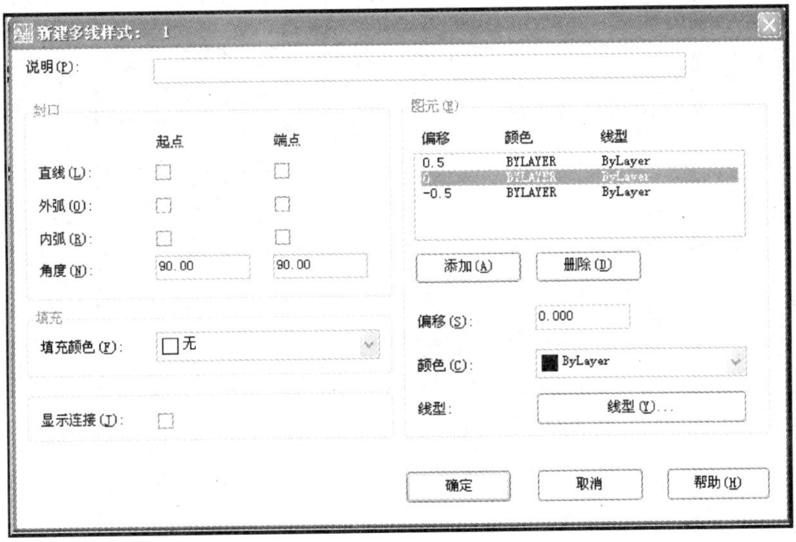

图 4-78

第2步:默认增加的元素线型为实线,单击"线型"按钮,打开"选择线型"对话框,单击"加载"按钮,打开对话框,单击一个虚线线型名称,单击"确定"按钮,该线型被加载到当前场景中,在"选择线型"对话框中单击虚线线型名称,单击"确定"按钮,如图 4-79 所示。

第3步:在"多线样式"对话框的列表框中显示出样式名称1,单击"1",再单击"置为当前",单击"确定"按钮,如图 4-80 所示。在此之后,新建的多线将使用新建的多线样式1。

第4步:选择"绘图/多线"菜单命令,在视图中单击并拖曳鼠标,绘制两条相交的多线,如图 4-81 所示。

第5步:选择"修改/对象/多线"菜单命令,在打开的"多线编辑工具"对话框中单击"十字打开"按钮,命令行提示"选择第一条多线",单击水平多线作为背景线,再单击垂直多线作为前景线,此时两条多线交点效果被修改,如图 4-82 所示。

图　4-79

图　4-80

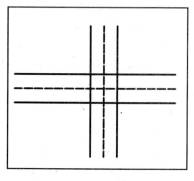

图　4-81

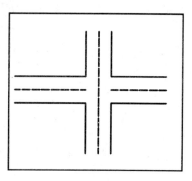

图　4-82

第 6 步：在命令行中输入"u"，按 Space 键，取消上一步操作，重新设置十字打开交点操作。

第 7 步：单击垂直多线作为背景线，单击水平多线作为前景线，此时两条多线交点效果被修改，如图 4-83 所示。按 Space 键，结束操作。

第 8 步：在命令行中输入"u"，按 Space 键，取消上一步的交点设置。

第 9 步：选择"修改/对象/多线"菜单命令，在打开的"多线编辑工具"对话框中单击"十字合并"按钮，分别单击两条多线，此时两条多线交点效果被修改，如图 4-84 所示。

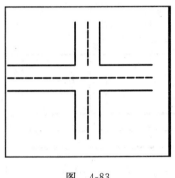

图　4-83

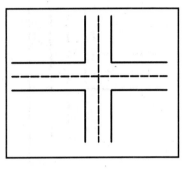

图　4-84

第 10 步：按 Space 键，结束操作。

4.2.30　创建多线 T 形交点

在"多线编辑工具"对话框中有"T 形闭合"、"T 形打开"和"T 形合并"三个按钮，如图 4-85 所示，用于控制两条多线为 T 形交点的方式。

"T 形闭合"按钮的功能是在两条多线之间创建闭合的 T 形交点，将第一条多线修剪或延伸到与第二条多线的交点处。

第 1 步：选择"绘图/多线"菜单命令，在视图中单击并拖曳鼠标，绘制两条相交的多线，如图 4-86 所示。

第 2 步：选择"修改/对象/多线"菜单命令，在打开的"多线编辑工具"对话框中单击"T 形闭合"按钮，命令行提示："选择第一条多线"，单击水平多线右侧，再单击垂直多线，此时两条多线交点效果被修改，如图 4-87 所示。

图　4-85

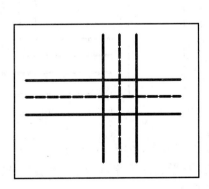

图　4-86

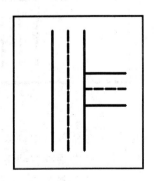

图　4-87

第 3 步：在命令行中输入"u"，按 Space 键，取消上一步的交点设置。

第 4 步：先单击水平多线的左侧，再单击垂直多线，修改后的 T 形闭合交点如图 4-88 所示。垂直多线左侧的水平多线保留，垂直多线右侧的水平多线被删除。

第 5 步：在命令行中输入"u"，按 Space 键，取消上一步的交点设置。

第 6 步：先单击垂直多线的上半部分，再单击水平多线，修改后交点如图 4-89 所示。垂直多线的上半部分保留，下半部分被删除。

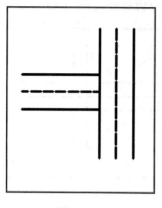

图 4-88

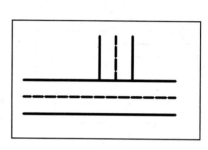

图 4-89

第 7 步：在命令行中输入"u"，按 Space 键，取消上一步的交点设置。

第 8 步：先单击垂直多线的下半部分，再单击水平多线，修改后的 T 形闭合交点如图 4-90 所示。垂直多线的上半部分保留，下半部分被删除。

"T 形打开"按钮的功能是在两条多线之间创建打开的 T 形交点，将第一条多线修剪或延伸到与第二条多线的交点处。以第二条多线作为界限，单击的第一条多线部分会被保留，另一部分会被删除。

第 1 步：选择"绘图/多线"菜单命令，在视图中单击并拖曳鼠标，绘制两条相交的多线。

第 2 步：选择"修改/对象/多线"菜单命令，在打开的"多线编辑工具"对话框中单击"T 形打开"按钮，单击垂直多线上半部分，再单击水平多线，此时垂直多线的下半部分被删除，两条多线交点效果被修改，如图 4-91 所示。

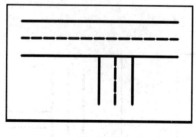

图 4-90

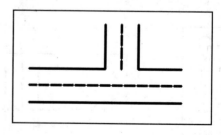

图 4-91

第 3 步：在命令行中输入"u"，按 Space 键，取消上一步的交点设置。

第 4 步：单击垂直多线下半部分，再单击水平多线，此时垂直多线的上半部分被删除，两条多线交点效果被修改，如图 4-92 所示。

第 5 步：在命令行中输入"u"，按 Space 键，取消上一步的交点设置。

第 6 步：单击水平多线左侧部分，再单击垂直多线，此时水平多线的右半部分被删除，两条多线交点效果被修改，如图 4-93 所示。

第 7 步：在命令行中输入"u"，按 Space 键，取消上一步的交点设置。

第 8 步：单击水平多线右侧部分，再单击垂直多线，此时水平多线的左半部分被删除，两条多线交点效果被修改，如图 4-94 所示。按 Space 键，结束多线编辑。

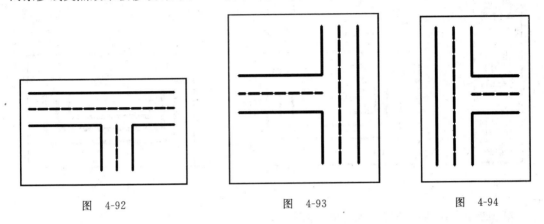

图 4-92   图 4-93   图 4-94

"T 形合并"按钮的功能是在两条多线之间创建合并的 T 形交点，将第一条多线修剪或延伸到与第二条多线的交点处。与"T 形闭合"按钮和"T 形打开"按钮操作方法相同，单击第一条多线部分会被保留，单击第二条多线会作为界线，第一条多线的一部分会被删除，根据单击第一条多线的位置不同，T 形合并交点效果有四种，如图 4-95 所示。

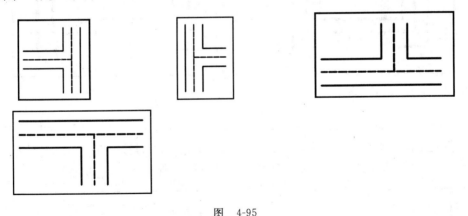

图 4-95

4.2.31 剪切和连接多线

在"多线编辑工具"对话框中有"单个剪切"、"全部剪切"和"全部接合"三个按钮，如图 4-96 所示，用于打断和接合多线。

"单个剪切"按钮是在所选多线元素中打断一个线段元素。

"全部剪切"按钮是将整条多线指定位置的全部线段元素打断。

"全部接合"按钮是将已被剪切的多线线段重新接合起来。

第1步：选择"绘图/多线"菜单命令，在视图中单击并拖曳鼠标，绘制一条多线。

第2步：选择"修改/对象/多线"菜单命令，在打开的"多线编辑工具"对话框中单击"单个剪切"按钮，单击多线的一个线段，单击位置为图 4-97 所示矩形方框所在位置。

第3步：再单击这条段段的另一个位置，如图 4-98 所示。

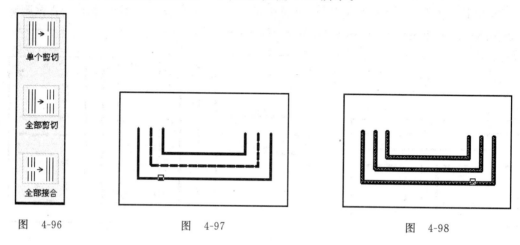

图 4-96   图 4-97   图 4-98

第4步：多线的这条线段被打断，如图 4-99 所示。

第5步：命令行提示："选择多线或[放弃（U）]"，在另一条线段的两个位置单击，即可将其打断，如图 4-100 所示。按 Space 键，结束打断操作。

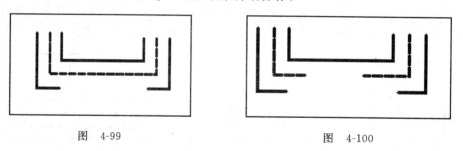

图 4-99   图 4-100

第6步：选择"修改/对象/多线"菜单命令，在打开的"多线编辑工具"对话框中单击"全部剪切"按钮，单击多线的一个线段，单击位置如图 4-101 所示矩形方格所在的位置。

第7步：再点击这条线段的另一个位置，如图 4-102 所示。

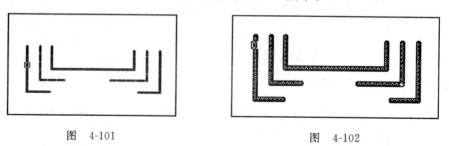

图 4-101   图 4-102

第8步：多线的全部线段元素都被打断，如图 4-103 所示。

按 Space 键，结束打断操作。

第 9 步：选择"修改/对象/多线"菜单命令,在打开的"多线编辑工具"对话框中单击"全部接合"按钮,单击多线的一个线段,单击位置为图 4-104 所示矩形方框所在的位置。

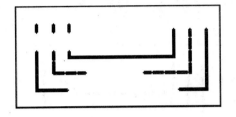
图 4-103

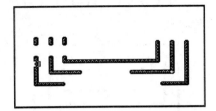
图 4-104

第 10 步：再单击这条线段的另一个位置,如图 4-105 所示。

第 11 步：多线上单击位置的全部线段元素都被连接起来,如图 4-106 所示。

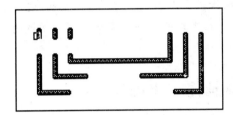
图 4-105

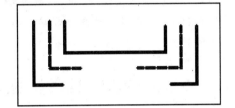
图 4-106

第 12 步：单击多线的一个线段,单击位置如图 4-107 所示。

第 13 步：再单击这条线段的另一个位置,如图 4-108 所示。

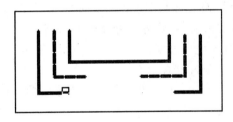
图 4-107

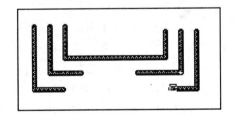
图 4-108

第 14 步：多线上单击位置的全部线段元素都被连接起来,如图 4-109 所示。

第 15 步：在命令行中输入"u",按 Space 键,取消上一步的全部接合操作。

第 16 步：单击多线的一个线段,单击位置如图 4-110 所示。

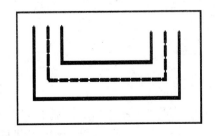
图 4-109

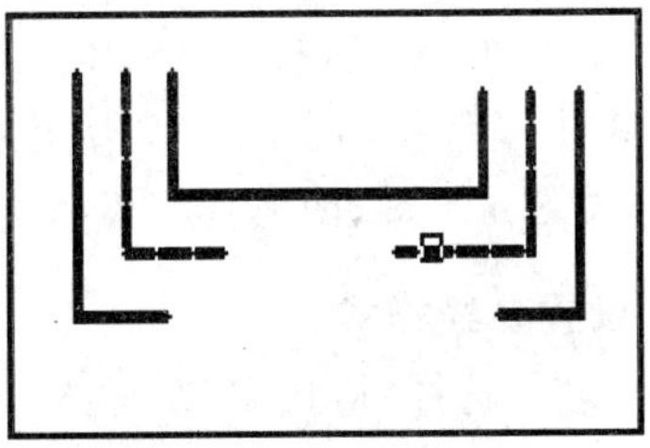

图 4-110

第 17 步：再单击这条线段的另一个位置，如图 4-111 所示。

第 18 步：在单击的两点之间，被打断的线段元素都被连接起来，如图 4-112 所示。但下面另一条大于两点距离的线段，并没有连接。"全部接合"按钮并没有将被剪切的多线线段全部按合起来。

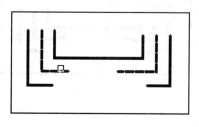

图　4-111

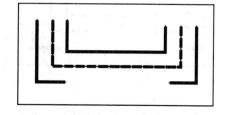

图　4-112

提示：使用"全部接合"按钮，在被剪切的多线线段上单击两点 A 点和 B 点，这两点距离以内的被剪切的多线线段会全部接合起来。但是被剪切的线段距离如果大于 AB 两点距离，将无法接合。

4.3　任务实施：绘制住宅平面图

本节实例将使用多线、圆弧和直线工具绘制基础图形，并练习用剪切和多线编辑等工具将其修改为住宅平面图。

1. 设置图形界限

默认情况下模型空间界限是 420×297 的矩形，而通常制图使用的是实际尺寸，因此应当把界限设置得大一些，才不至于将图形画在界限外面。图形界限好比图纸的幅面，画图时就在图界内，一目了然。按图形界限绘制的图形打印也很方便，还可实现自动批量出图。但是，如果在一个图形文件中绘制多张图，设置图形界限就没有太大的意义了。

设置图形界限的另一个原因是：如果图形界限偏小，使用实时视图缩放按钮和视图移动按钮时，图标就移动不到想要到达的边界，也无法进行缩小操作，并在界面左下角显示"移动已到极限"、"移动已到最左边"、"无法进一步缩小"等提示。这是因为实时平移和实时缩放受到了范围限制，当到达这个极限时，只有选择"视图/重生成"命令后才可以继续执行实时平移和实时缩放。

第 1 步：选择"格式/图形界限"菜单命令。

第 2 步：命令行提示："重新设置模型空间界限：指定左下角点或[开(ON)/关(OFF)] <0.0000,0.0000>"，按 Space 键。

第 3 步：命令行提示："指定右上角点 <4200.0000,2970.0000>"，输入"20000,20000"，按 Space 键，图形界限设置完成。

2. 设置多线样式

第 1 步：选择"格式/多线样式"菜单命令在打开的对话框中单击"新建"按钮，打开"新建多线样式"对话框，输入新样式名称为"外墙线"，单击"继续"按钮，打开"新建多线样式：外墙线"对话框，在元素列表中单击"0.5"，这是默认偏移值，在下面"偏移"栏右侧输入

"250"，按 Space 键。

在元素列表中单击"－0.5"，这是默认偏移值，在下面"偏移"栏右侧输入"－120"，按
Space 键，如图 4-113 所示。

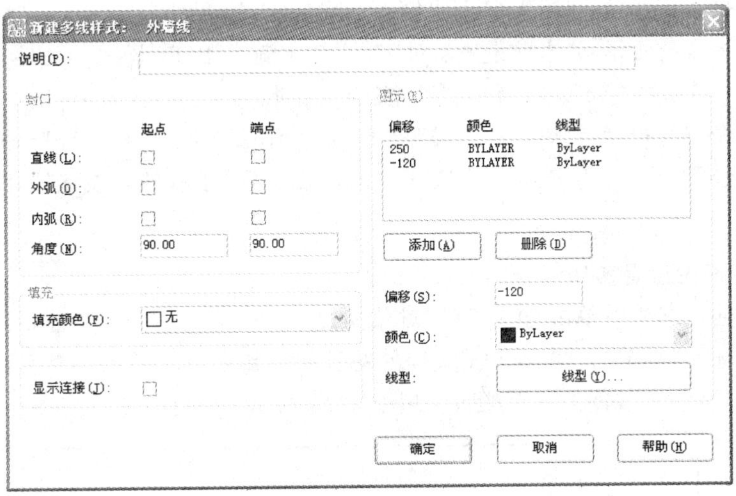

图　4-113

第 2 步：单击"确定"按钮，在打开的对话框中单击"新建"按钮，打开"新建多线样式"对
话框，输入新样式名称为"内墙线"，基础样式选择"外墙线"，单击"继续"按钮，打开"新建多
线样式：内墙线"对话框，在元素列表中，单击第一个偏移值"250"，在下面"偏移"栏右侧输
入"120"，按 Space 键。

第 3 步：单击"确定"按钮，在"多线样式"对话框中单击"外墙线"，单击"置为当前"按
钮，单击"确定"按钮，如图 4-114 所示。

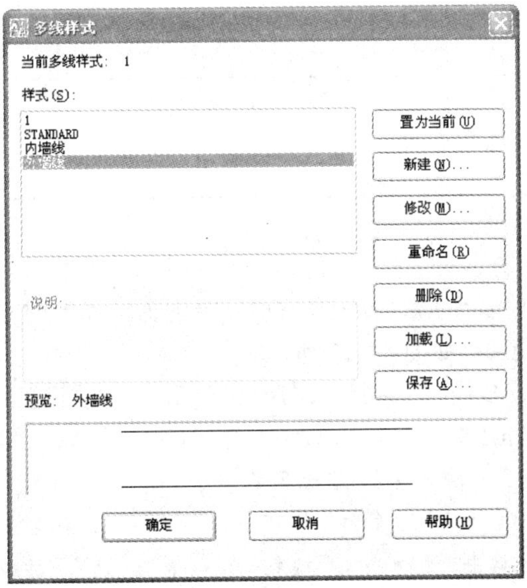

图　4-114

3. 设置多线对齐方式和比例

第 1 步：选择"绘图/多线"菜单命令，命令行提示："当前设置：对正＝上，比例＝20.00
样式＝外墙线，指定起点或[对正(J)/比例(S)/样式(ST)]"，输入"s"，按 Space 键。

第 2 步：命令行提示："输入多线比例＜20.00＞"，输入"1"，按 Space 键。

第 3 步：命令行提示："当前设置：对正＝上，比例＝ 1.00，样式＝外墙线，指定起点或
[对正(J)/比例(S)/样式(ST)]"，输入"j"，按 Space 键。

第 4 步：命令行提示："输入对正类型[上(T)/无(Z)/下()]＜上＞"，输入"z"，按两次
Space 键。即选择"无"，十字光标放置在多线的原点位置，绘制的多线线段将分别在原点的
两侧。

4. 绘制平面图设置多线

第 1 步：在状态栏中单击"正交"和"对象捕捉"按钮，启动这两个功能。

第 2 步：选择"绘图/直线"菜单命令，在视图中绘制多条水平和垂直直线，它们将作为
绘制墙线的辅助线，直线间的相互距离，如图 4-115 所示。

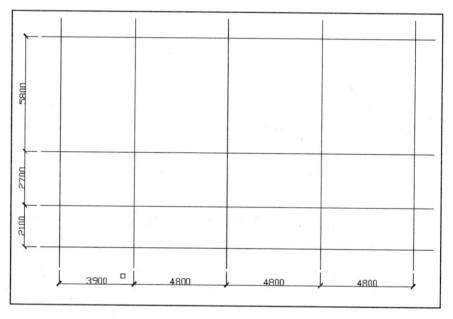

图　4-115

第 3 步：选择"绘图/多线"菜单命令，捕捉并单击辅助线上的交点，绘制一条多线，形成
一个封闭的外墙线轮廓图形，如图 4-116 所示。

第 4 步：选择"绘图/多线"菜单命令，命令行提示："当前设置：对正＝无，比例＝1.00，
样式＝外墙线，指定起点或[对正(J)/比例(S)/样式(ST)]"，输入"st"，按 Space 键。

第 5 步：命令行提示："输入多线样式名或[?]"，输入"内墙线"，按 Space 键。

提示：要绘制"内墙线"样式的多线，也可以选择"格式/多线样式"命令，在多线样式对
话框中单击"内墙线"，再单击"置为当前"按钮，然后单击"确定"按钮。

第 6 步：捕捉并单击辅助线上的交点，按 Space 键，绘制两条内墙线，位置如图 4-117
所示。

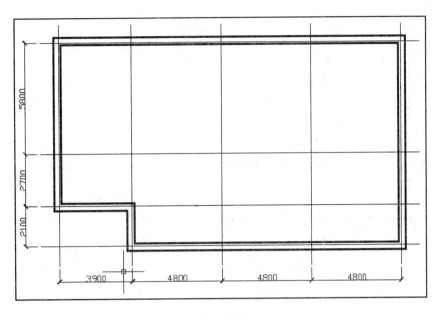

图　4-116

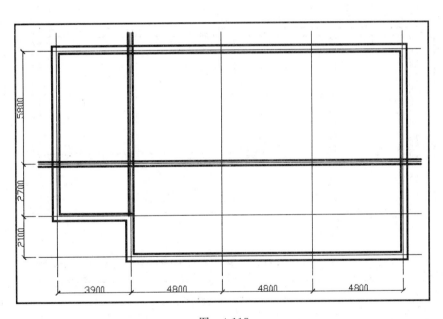

图　4-117

第 7 步：选择"修改/删除"菜单命令，单击所有的辅助直线，按 Space 键，即可删除辅助线。

第 8 步：选择"修改/对象/多线"菜单命令，在打开的对话框中，单击"T 形合并"按钮，单击绘制的水平内墙线，再单击右侧的外墙线，创建一个 T 形合并交点。四个 T 形合并交点如图 4-118 所示。

第 9 步：选择"绘图/直线"菜单命令，捕捉并单击多线的中点，在多线中间绘制直线，共绘制四条直线，位置如图 4-119 所示。

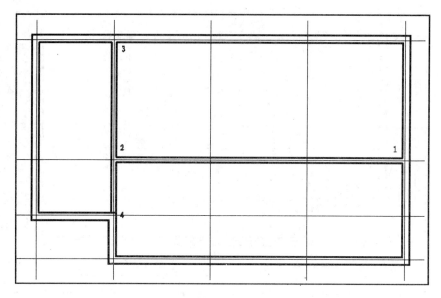

图　4-118

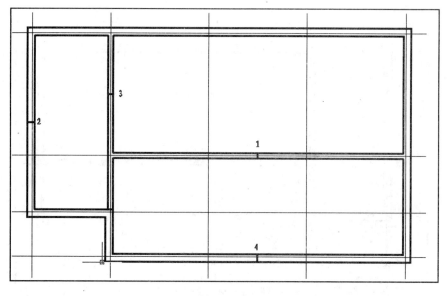

图　4-119

第 10 步：选择"修改/复制"菜单命令，单击直线作为复制的对象，按 Space 键，单击一点作为基点，再向上或向右移动十字光标，在命令行输入复制的距离值，创建直线的复制图形对象。

创建的直线复制图形对象位置如图 4-120 所示。

这些直线复制图形对象标记出了门窗的位置。

第 11 步：选择"修改/删除"菜单命令，单击上一步创建的直线，按 Space 键，删除它们。

第 12 步：选择"修改/修剪"菜单命令，单击所有的直线作为修剪的界限，单击 Space 键，再单击直线之间的多线，即可将直线之间的多线删除，如图 4-121 所示。

第 13 步：选择"绘图/直线"菜单命令，在视图的任意位置单击，创建直线的起始点，向下移

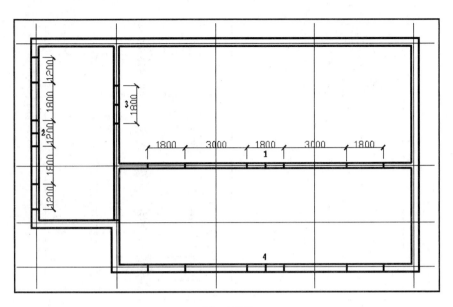

图　4-120

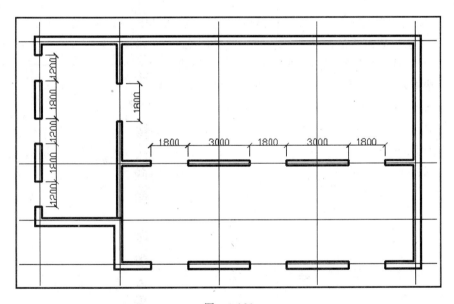

图　4-121

动十字光标,拖出一个直线,在命令行输入直线的长度为"1200",按两次 Space 键,绘制一条直线。

第 14 步:选择"修改/复制"菜单命令,单击直线,按 Space 键,单击直线上的一个端点作为基点,向右移动十字光标,在命令行输入复制图形对象的距离值为"135",按 Space 键;在命令行输入另一个距离值"225",按 Space 键;在命令行输入另一个距离值"370",按两次 Space 键。

这四条直线组成窗的图形,如图 4-122 所示。

第 15 步:选择"修改/复制"菜单命令,单击刚绘制的四条直线,按 Space 键,捕捉并单击一条直线的一个端点 1 作为基点,再分别捕捉并单击端点 2、3、4,按 Space 键,即将四条直线复制于窗口的位置,如图 4-123 所示。

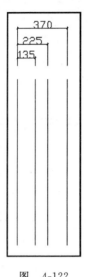

图 4-122

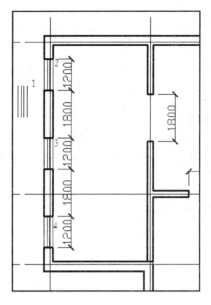

图 4-123

第 16 步：选择"工具/工具选项板窗口"菜单命令，打开工具选项面板，单击"建筑"选项卡，面板中显示出建筑类的图块，单击"门"，即可创建一个门图块，如图 4-124 所示。

第 17 步：选择"修改/缩放"菜单命令，命令行提示"scale,选择对象：找到 1 个,选择对象",单击门图块，按 Space 键。

第 18 步：命令行提示："指定基点",单击门图块左侧点 1，如图 4-125 所示。

第 19 步：命令行提示："指定比例因子或［复制(C)/参照(R)＜1.0000＞]",输入"r",按 Space 键。

第 20 步：命令行提示："指定参照长度＜1800.000＞",捕捉并单击图形中的点 1，再捕捉并单击图形中的点 2。

第 21 步：命令行提示"指定新的长度或［点(P)]＜1.0000＞",输入"p"。

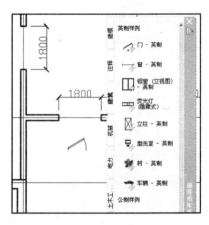

图 4-124

第 22 步：捕捉并单击图形中的点 3，再捕捉并单击图形中的点 4，门图形被放大，放大长度正好等于点 3 和点 4 之间的距离，如图 4-126 所示。

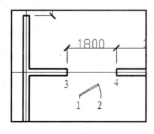

图 4-125

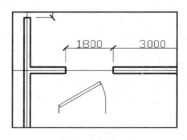

图 4-126

第 23 步：选择"修改/复制"菜单命令，单击门图块，按 Space 键，捕捉并单击门图块的左下角端点作为基点，再分别捕捉并单击门洞位置的中点，即将门图块复制至门洞位置，如图 4-127 所示。

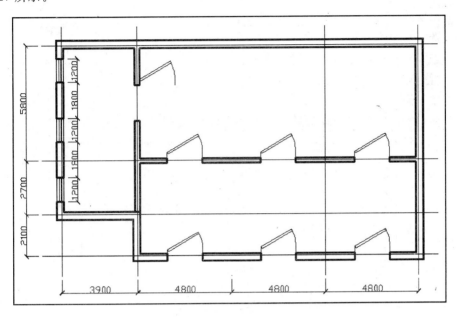

图　4-127

按两次 Space 键，结束复制操作。

第 24 步：选择"修改/旋转"菜单命令，单击上端的门图块，按 Space 键，捕捉并单击门图块的左下角点作为基点，在命令行输入"－90"，按 Space 键，完成旋转操作。

此时某层住宅的平面图制作完成，如图 4-128 所示。

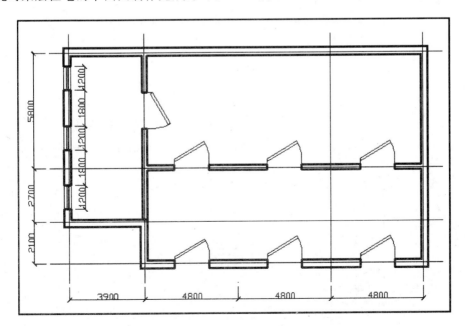

图　4-128

习　题

一、问答题

（1）选择对象有几种方法？

（2）怎样创建环形阵列？

（3）"修剪"和"延伸"命令的区别是什么？

二、绘图题

（1）使用绘图工具和修改工具绘制餐桌平面图，如图 4-129 所示。

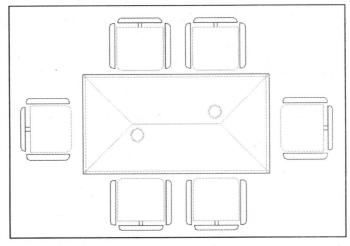

图　4-129

（2）使用绘图工具和修改工具绘制柜子立面图，如图 4-130 所示。

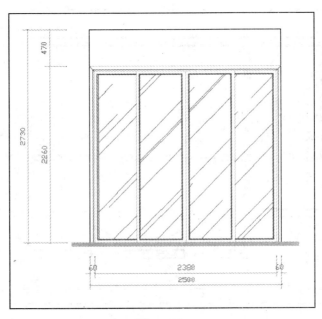

图　4-130

第 **5** 章

图层、块（符号）

本章讲述了修改对象特性的方法，如修改对象的颜色、线宽和线型。这些在图层操作中同样可以使用，但是图层是针对图层中所有的对象，而使用对象特性工具栏或特性面板，可以单独对某个或多个对象的特性进行设置。学会创建和插入块对象，可以提高工作效率，这些都是经常使用的功能。

本章主要内容

- 修改对象的特性，如颜色、线宽和线型。
- 使用图层控制图形。
- 创建块对象。

5.1 任务导入与问题的提出

任务导入

任务 1：创建绘制平面图的图层
任务 2：创建窗的图块
任务 3：分层绘制住宅立面图

问题与思考

- 什么是图层？它有什么作用？
- 简述特性匹配的操作方法。
- 什么是块？块的作用是什么？

5.2 知 识 点

5.2.1 图层应用

AutoCAD 图层是透明的电子图纸，把各种类型的图形元素画在这些电子图纸上，AutoCAD 将它们叠加在一起显示出来。例如，在层 A 上绘制了建筑物的墙壁，在层 B 上画出了室内的家具,在层 C 上绘制了建筑物内的电器设施,最终显示的结果是各层叠加的效果。

1. 图层的定义

图层就相当于没有厚度的透明纸张,可将实体画在上面。通常来说一个图层只能画一种线型和赋予一种颜色。所以要画多种线型和赋予多种颜色就要设置多个图层,然后将这些图层全部重叠在一起,就形成了一个完整的图形。

2. 创建和删除图层

每个图形文件都自动创建一个图层,名称为"0",它是不能删除或重命名的。该图层有两个用途:确保每个文件中至少包括一个图层;提供与块中的控制颜色相关的特殊图层。如果用户要绘制图形,建议在创建的新图层上绘制,而不是将所有的图形都在"0"图层上绘制。

第 1 步:创建图层需要在"图层特性管理器"对话框中进行设置。

启动图层特性管理器命令,有如下三种方法。

方法一:在"图层"工具栏中单击图层特性管理器按钮 ≈ 。

方法二:在命令行中输入"layer",并按 Enter 键。

方法三:选择"格式/图层"菜单命令。

第 2 步:在对话框中单击"新建"图层按钮,在下面的列表中就会自动生成一个名为"图层 1"的新图层,如图 5-1 所示。各图层处于选中状态,用户可以直接输入一个新图层名,例如"轴线"。新图层将继承图层列表中当前选定图层的特性(颜色、开/关状态等)。

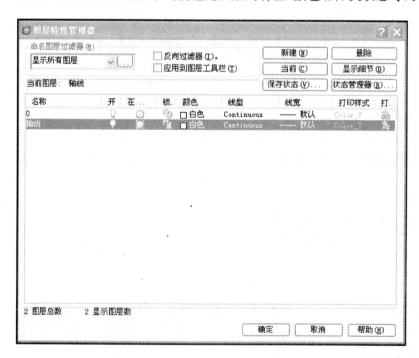

图 5-1

第 3 步：单击"应用"按钮，即可保存图层。

如果单击"确定"按钮，也可以保存创建的工作，但同时也会关闭对话框。

第 4 步：在"图层特性管理器"对话框中单击要删除图层的名称，单击"删除图层"按钮，图层名称的左侧显示出删除符号，如图 5-1 所示，单击"确定"按钮，即可删除该图层。

3. 设置当前图层

单击"图层"工具栏中的图层特性管理器按钮 ，打开"图层特性管理器"对话框，选择需要设置的图层，在对话框的右上角单击"当前"按钮，即可设置为当前图层。

4. 修改图层设置

选择好当前图层后，就可对该图层进行修改，具体修改方法如下面各分项所述。

（1）打开和关闭图层

打开图层时图层上的所有对象都显示在视图中。关闭的图层不显示也不能打印图层上的对象。

单击"图层"工具栏中的图层特性管理器按钮 ，打开"图层特性管理器"对话框，选择需要设置的图层，单击关闭按钮 ，根据灯泡的开闭情况就可选择打开和关闭图层。

如果灯泡为黄色，则表示该图层已打开，灯泡为蓝色则该图层为关闭。

（2）冻结和解冻图层

可以在所有视口中冻结选定的图层。冻结图层可以加快视图缩放、移动等操作的运行速度，增强对象选择的性能，并减少复杂图形重新生成的时间。如果图形简单，用户可能感觉不到冻结图层提高的速度。

冻结后的图层不再显示在屏幕上，不能被编辑，也不能被打印，不能消隐，不能渲染。通常将长时间不需查看的图层冻结。

单击"图层"工具栏中的图层特性管理器按钮 ，打开"图层特性管理器"对话框，选择需要设置的图层，单击冻结和解冻按钮 ，即可选择冻结和解冻图层。

"太阳"图标表示图层解冻，"雪花"图标表示图层冻结。

（3）锁定和解锁图层

被锁定的图层中所有的对象仍然显示在视图中，可以打印，但对象无法进行修改。用户可以在被锁定的图层上绘制新的图形，也可以使用对象捕捉命令捕捉目标点。

单击"图层"工具栏中的图层特性管理器按钮 ，打开"图层特性管理器"对话框，选择需要设置的图层，单击锁定和解锁按钮 ，根据锁的开闭方式即可选择锁定和解锁图层。

锁定图层上的对象不能被修改，但是可以使用对象捕捉命令在锁定的图层上或其他的图层上，捕捉锁定对象的目标点来绘制图形。如果是在锁定图层上绘制图形，绘制完成之后，新创建的图形也会被锁定，不能进行修改。

（4）改变图层颜色

为图层设置颜色，可以区别各个图层和控制打印输出。默认情况下，图层 0 的颜色为黑色,在该图层上创建的对象都是黑色的。图层颜色有两种用途。

① 在打印输出时,对某一种颜色指定一种线宽,该颜色的所有对象无论是否在一个图层内,都是以这种线宽进行打印。用颜色代表线宽可以减少图形文件的存储量,提高显示效率。

② 在工程中,粗实线和细实线是两种不同的线型,用以区分不同种类的图形,将粗实线和细实线设置为不同的颜色就可以区分不同种类的图形。

单击"图层"工具栏中的图层特性管理器按钮 ,打开"图层特性管理器"对话框,选择需要设置的图层,单击颜色按钮 □ 白色 ,即可出现如图 5-2 所示的"选择颜色"对话框,在该对话框内选择适当的颜色,即可完成设置。

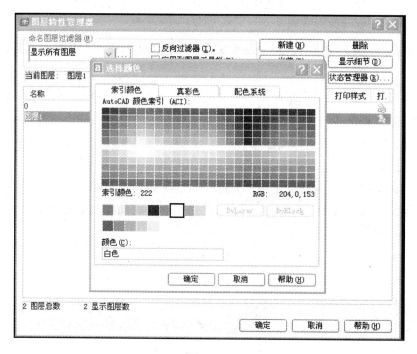

图   5-2

(5) 线型

线型是线、点和间隔组成的线的形式。默认情况下绘制的是实线,系统还提供了各种不同的线型,如虚线、点画线、中心线等。可以通过图层统一指定某个图层上全部对象的线型,也可以不依赖图层而单独指定一个对象的线型。每一个图层应当指定一种线型,这样在该图层上绘制的所有图线都使用该线型,AutoCAD 就不用重复记录每一个图形对象的线型。AutoCAD 为用户提供了一个标准线型库,文件名为 acadiso.lin,加载该文件之后,可以从中选择所需线型。

单击"图层"工具栏中的图层特性管理器按钮 ,打开"图层特性管理器"对话框,选择需要设置的图层,单击线型选项中的线型按钮 Continuous ,即可出现如图 5-3 所示对话框,在对话框内单击"加载"按钮,选择所需的线型,单击"确定"按钮即可完成设置,如图 5-4 所示。

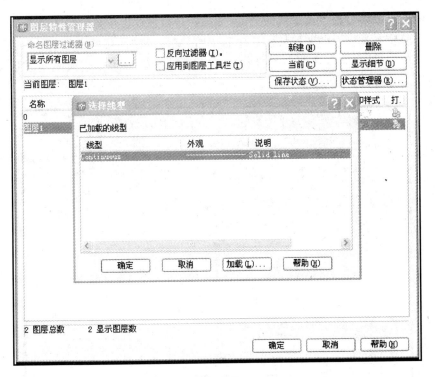

图　5-3

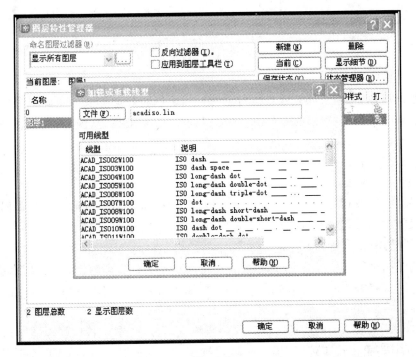

图　5-4

（6）线宽

每个图层都可以设置该层中线的宽度，并选择是否在视图中显示线宽效果。

单击"图层"工具栏中的图层特性管理器按钮 ，打开"图层特性管理器"对话框，选择需要设置的图层，选择线宽选项中的线宽按钮 ，即可出现如图 5-5 所示对话框，再选择合适的线宽，即完成设置。

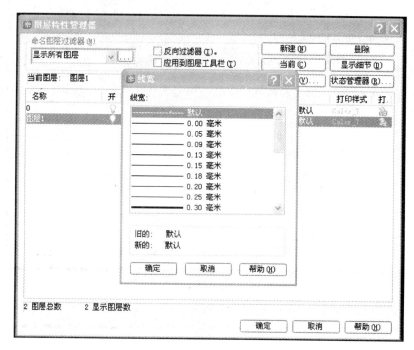

图　5-5

（7）修改图层打印样式

与线型和颜色一样，打印样式也是对象特性。可以将打印样式指定给对象或图层。打印样式控制对象的打印特性，包括颜色、抖动、灰度、笔号、虚拟笔、淡显、线型、线宽、线条端点样式、线条连接样式、填充样式等。

打印样式组保存在以下两种打印样式表中：颜色相关或命名。颜色相关打印样式表根据对象的颜色设置样式。

单击"图层"工具栏中的图层特性管理器按钮 按钮，打开"图层特性管理器"对话框，选择需要设置的图层，单击打印样式后，则可以设置该图层的打印样式。

（8）控制选定图层是否可打印

当关闭了图层的打印设置时，虽然该图层的对象不会被打印输出，但该图层的对象仍会显示出来。即使设置了某个图层可打印，如果该图层是处于关闭或冻结状态，其上的对象也不会被打印。

单击"图层"工具栏中的图层特性管理器按钮 ，打开"图层特性管理器"对话框，选择需要设置的图层，单击打印按钮 可以设置图层是否打印。单击图层名右侧的打印图标，图标变为禁止打印图标，单击"应用"按钮，即可禁止打印该图层。再次单击图标，即可恢复打印。

（9）放弃图层设置修改

在设置图层特性时，可以使用"上一个图层"命令放弃对图层设置所做的修改。例如，如果先冻结若干图层并修改图形中的某些几何图形，然后又要解冻的图层，则可以使用"上一个图层"命令。此操作不会影响几何图形的修改，仅放弃对图层进行的冻结、锁定、颜色等设置所做的修改，恢复原来的设置。

在"图层特性管理器"对话框中单击"取消"按钮，即可取消对当前图层的设置修改。

（10）将选择对象图层设置为当前图层

将选择的对象图层设置为当前图层有以下两个办法。

① 直接用鼠标单击对象，系统会自动将选择对象的图层设置为当前图层，图层工具栏中就会显示出这个对象所在的图层名称和设置。

② 在"图层"工具栏中单击将对象所在的图层设置为当前图层按钮，命令行提示"选择将使其图层成为当前图层的对象"，在视图中单击一个对象。命令行提示"图层 1 现在是当前图层"，"图层"工具栏中就会显示出这个对象所在的图层名称和设置。

5.2.2 单独修改对象的特性

对象的颜色、线宽和线型都成为对象特性。在一个图层中绘制的图形可以是同一种颜色，也可以是不同的颜色。为了使对象具有与图层不同的颜色、线宽和线型，必须对这些对象的特性单独进行修改。修改特性有三种方法：第一种是在对象特性工具栏中直接设置；第二种是通过特性匹配；第三种是通过特性面板设定。

1. 工具栏修改对象特性

在界面绘图窗口的上端，有对象特性工具栏，包含对象的颜色、线型、线宽和打印样式等选择框。

第 1 步：在对象特性工具栏中单击颜色项目的下三角按钮，弹出下拉列表，从中可以选择一种颜色。

第 2 步：单击线型项目的下三角按钮，在下拉菜单中选择虚线。或单击"其他"按钮，打开对话框，单击"加载"按钮，选择一种线型。

第 3 步：单击线宽项目的下三角按钮，在下拉列表中选择线的宽度为 0.5。

第 4 步：对象特性设置完成后，在视图中绘制的图形将具有以上设置的特性。

第 5 步：也可以首先单击一个或多个对象，在对象特性工具栏中修改颜色、线型和线宽，修改完成之后，按 Esc 键，取消选择，会看到前面选择的对象特性改变了。

在图中单击对象，当出现蓝色夹点后，右击，在菜单中选择特性选项，即可出现对象特性对话框，根据需要，可以对选择对象进行图层、颜色等选项的修改。

2. 特性匹配

特性匹配就是将一个对象的特性赋予另一个对象，使目标对象的特性与源对象的特性相同。提取特性的对象称为源对象，要赋予特性的对象称为目标对象。

图 5-6

单击"图层"工具栏中的 ✎ 按钮,选择对象后再次选择目标对象,则对象被赋予被匹配对象一样的特性。

3. 特性面板

第 1 步:选择一个对象或者多个对象,在"标准"工具栏中单击"对象特性"按钮,弹出特性面板,如图 5-6 所示。

第 2 步:在特性面板中,如果没有显示出全部的内容,标题栏旁边会有灰色的滚动条,单击并移动滚动条可以观察其他的特性内容。单击每个类别右侧的箭头可展开或折叠列表。

选择要修改的项目,输入新值,修改会立即生效。要放弃修改,可在"特性"选项板的空白区域中右击,单击"放弃"按钮。按 Esc 键可以删除选择的项目。

5.2.3 块的应用

在绘制图形过程中,会有大量相同或相似的图形,或者是与其他 AutoCAD 图形文件中的图形相同。这时就可以把这个图形创建为块对象,以便需要时直接插入当前编辑的图形中。

1. 块的定义

块是一个或多个对象的集合,一个块可以由多个对象构成,在块中,每个图形可以有其独立的图层、颜色、线型或线宽。块可以插入到同一图形中指定的任意位置,并可重复使用。虽然可以使用复制的方法创建大量相同的图形,但大量的图形会占用较大的磁盘空间。如果把相同的图形定义为一个块分别插入图形中,系统就不必重复储存,可以节省磁盘空间。也提高绘图效率。

插入块并不需要对块进行复制,只需要指定插入的位置、比例和旋转角度。通常是将常用的图形创建为一个块,并保存为一个独立的文件,称为外部块。在绘制时,可以很快捷方便地使用相同的外部块,而不必重复进行绘制和创建块,这样就可以保证图纸的统一性和标准性。

2. 创建块

第 1 步:单击直线按钮绘制一个标高符号,如图 5-7 所示。标高符号是等腰三角形。

第 2 步:执行"创建块"命令,有以下三种方法。

方法一:在界面的左侧有一列绘制工具栏,单击创建块按钮 🖼 。

方法二:在命令行中输入"block",并按 Enter 键。

方法三:选择"绘制/块/创建"菜单命令。

第 3 步:打开"块定义"对话框,在名称框中输入块名为"标高"。

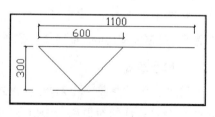

图 5-7

第 4 步：在"对象"项目下选择"转换为块"，单击"选择对象"按钮，"块定义"对话框暂时消失，在视图中单击选择需要设置为块的所有图表对象，按 Enter 键完成对象选择。

第 5 步：此时重新打开了"块定义"对话框，在基点项目下，单击"拾取点"按钮，"块定义"对话框暂时消失，命令行提示"指定插入基点"，单击三角形顶点作为块的基点。

提示：基点是块插入时的定位参考点，当插入块时，AutoCAD 会根据图块基点的位置来定位。用户也可以在"块定义"对话框中输入基点的 X、Y、Z 坐标值。

第 6 步：此时重新打开了"块定义"对话框，如图 5-8 所示，单击"确定"按钮，即可将选择的图形定义为块。

第 7 步：此时视图中没有任何变化，但是如果单击"标高"图形，将选中整个"标高"图形，这说明图形已经被作为一个整体来对待，即标高图形已经是一个块了。

第 8 步：选择"文件/保存"菜单命令，在打开的"保存"对话框中，设置保存名称为"创建块.dwg"，单击"保存"按钮。

"块定义"对话框中各项目的含义如下。

对话框中"对象"栏：用于指定块包含的对象，以及创建块之后如何处理这些对象，是保留还是删除选定的对象，还是将其转换成块。

快速选择按钮：单击该按钮会打开快速选择对话框，指定过滤条件，并根据过滤条件选择对象。

图 5-8

保留：选择该项，创建块以后，将选定对象保留在视图中。

转换为块：选择该项，创建块以后，将选定对象转换成图形中的块实例。

删除：选择该项，创建块以后，从视图中删除选定的对象。

选定的对象：显示选定对象的数目。

设置：设置块插入单位；指定块参照是否按统一比例缩放；指定块参照是否可以被分解。

说明：输入块的文字说明。

超链接：打开"超链接"对话框，将某个超链接与块定义相关联。超链接是一种标记，即可以是文本也可以是图像。超链接可以指向存储在本地、网络驱动器或 Internet 上的文件。

3. 插入块

将图形定义成块之后，可以将块插入到图形中的任意位置，并设置块的比例、角度。

第 1 步：打开本节中保存的"创建块.dwg"文件。

第 2 步：执行"插入块"命令，有以下三种方法。

方法一：在"绘图"工具栏中单击"插入块"按钮。

方法二：在命令行中输入"insert"，并按 Enter 键。

方法三：选择"插入/块"菜单命令。

第 3 步：打开"插入"对话框，单击名称右侧的下箭头按钮，在下拉列表中选择块名称"标高"，如图 5-9 所示。

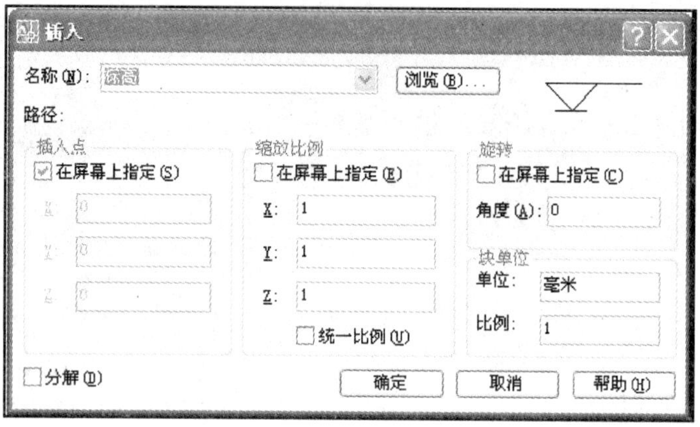

图 5-9

第 4 步：单击"确定"按钮，命令提示"指定插入点或[基点(B)/比例？X/Y/Z/旋转/预览比例/PX/PY/PZ/预览旋转]"，在视图中单击一点作为插入点，标高块对象即可被放置在该点位置。并且插入点位置即为标高对象设置的基点位置。

"插入"对话框中各选项的含义如下。

浏览：单击该按钮，打开选择图形文件对话框，从中可选择要插入的块或图形文件。

插入点：指定插入块的位置。选中"在屏幕上指定"可使用鼠标在视图中指定块的插入点，取消选中，则在 X、Y、Z 文本框中输入坐标值，以确定插入点的位置。

缩放比例：指定插入块的缩放比例。如果指定负的 X、Y、Z 缩放比例值，则插入块的镜像图像。选中"在屏幕上指定"，可使用鼠标在视图中指定块的比例。取消选中，则在下面设置 X、Y、Z 轴方向的缩放比例。选中"统一比例"，只需要输入 X 轴的比例值，即 X、Y、Z 都是相同的比例。

旋转：在当前用户坐标系中指定插入块的旋转角度。选中"在屏幕上指定"，可使用鼠标在视图中指定块的旋转角度。角度值是插入块的旋转角度。

分解：选中该项后，将分解并插入该块的各个部分，且只可以指定统一比例因子。

4. 保存块

在图形文件中创建的块对象只能在该图形文件中使用，不能在其他的图形文件中插入这个块。为了使这个块能够被其他文件调用，AutoCAD 提供了图块保存命令，将图块单独地保存为图形文件(＊.dwg)。

第 1 步：打开前面保存的"创建块.dwg"文件。

第 2 步：执行"保存块"命令，在命令行输入"wblock"或输入"w"，并按 Enter 键。

第 3 步：如图 5-10 所示，在打开的"写块"对话框中，选中源项目下的"块"，单击右侧的下箭头按钮，在下拉列表中选择块名称"标高"。

图　5-10

第 4 步：在"文件名和路径名"下，单击下三角按钮，在下拉列表中选择保存的位置，输入保存的文件名称为"标高.dwg"。

第 5 步：单击"确定"按钮，选择的块被单独保存为另一个图形文件，以便今后随时调用。

提示：如果当前需要保存的图形没有被创建为对象，只要在源项目下选择"对象"，在视图中选择需要保存的对象，并指定基点，即可将选择的对象单独保存为另一个图形文件。

5. 分解块

用块命令绘制的图形是作为一个整体。若要对该图形进行部分修改的话，先要分解图块。

在"修改"菜单中单击 ![按钮] 按钮，再选择需要分解的图块，确认后完成"分解"命令。

6. 块的属性

在 AutoCAD 中可以使块附带属性，这里的属性类似于商品的标签，包含了图块所不能表达的其他各种文字信息，如型号、日期等，存储在属性中的信息一般称为属性值。当用 Block 命令创建块的时，将已定义的属性与图形一起生成块，这样块中就包含属性了。当然，也可以仅将属性本身创建成一个块。

当在图样中插入带属性的图块时，AutoCAD 会提示用户输入属性值，插入图块后，还可对属性进行编辑。块属性的这种特性使其在建筑图中非常有用，例如可创建附带属性的门、窗块，设定属性值为门和窗的型号等，这样当插入这些块时就可以同时输入型号数据。

（1）创建和插入带属性的块

第1步：在图中绘制一个直径为8的圆，该圆是轴线编号符号。

第2步：启动 ATTDEF 命令，打开"属性定义"对话框，如下所示。

在属性框中输入下列内容。

标记： 编号

提示： 请输入轴线编号

值：   1

第3步：在"文字样式"列表中选择"建筑"，在"高度"文本框中输入数值 3.5，如图 5-11所示。

图 5-11

第4步：单击"确定"按钮，命令行提示："起点：在圆内指定编号的插入点 A"，如图 5-12 所示。

图 5-12

第5步：将属性与图形一起创建成图块。单击"绘图"工具栏中的 按钮，打开"块定义"对话框，在"对象"单选项中选"保留"，如图 5-13所示。

第6步：单击 按钮（选择对象）返回绘图窗口，系统提示"选择对象"，选择圆及属性。

第7步：指定块的插入基点。单击 按钮（拾取点），返回绘图窗口，系统提示"指定插入基点"，拾取圆心。

第8步：插入带属性的块。单击"绘图"工具栏中的插入块按钮 ，打开"插入"对话框，在"名称"下拉列表中选择"轴线编号"，在"缩放比例"分组框的"X"、"Y"文本框中输入图块的缩放比例因子，如图 5-14 所示。

第9步：单击"确定"按钮，命令行提示：

```
命令：inter
指定插入点或[基点(B)/比例(S)/预览(PR)]：end 于//捕捉轴线的端点
请输入轴线编号<1>：2
```

第10步：完成"插入"命令。

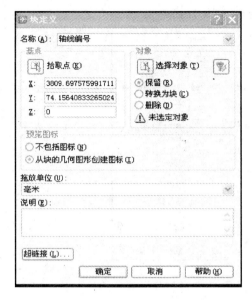

图　5-13　　　　　　　　　　　　　　　图　5-14

（2）修改插入块的标记

当插入一个带属性的块之后，若输入了错误的标记值，可以使用特性面板进行修改。特性面板用于查看和修改选定对象的当前设置。可以通过指定新值对特性进行修改。

第 1 步：单击插入的带属性的块。

第 2 步：右击，在弹出的快捷菜单中选择"特性"，打开特性面板，在属性栏下，修改 EL 标记的值即可。

5.3　任务实施

任务 5.1 的实施：创建绘制平面图的图层

第 1 步：单击"图层"工具栏中的 ▧ 按钮，打开"图层特性管理器"对话框，单击"新建"按钮，建立建筑-轴线图层。颜色选择蓝色，线型加载为中心线 Center，线宽设置为默认值，则完成轴线图层的创建。

第 2 步：重复以上步骤，一一创建柱网、墙体、门窗、台阶用散水、楼梯标注等层，如图 5-15 所示。

任务 5.2 的实施：创建窗的图块

第 1 步：绘制如图 5-16 所示的窗。

第 2 步：在"绘图"工具栏中选择 ▧ 创建块或使用 wblock 命令创建块，出现如图 5-17 所示的对话框。

第 3 步：输入名称，选取对象，指定插入点，单击"确定"按钮，则完成窗图块的建立。

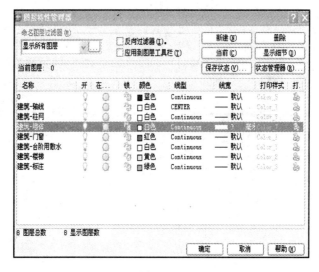

图　5-15

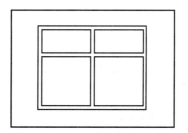

图　5-16

图　5-17

任务 5.3 的实施：分层绘制住宅立面图

第 1 步：创建以下图层。

名　称	颜色	线　型	线宽
建筑-轴线	蓝色	CENTER	默认
建筑-构造	白色	Continuous	默认
建筑-轮廓	白色	Continuous	0.7
建筑-地坪	白色	Continuous	1.0
建筑-窗洞	红色	Continuous	0.35
建筑-标注	白色	Continuous	默认

当创建不同种类的对象时，应切换到相应的图层，如图 5-18 所示。

图　5-18

第 2 步：设定绘图区域的大小为 40000×40000，设置总体线型比例因子为 100（绘图比例的倒数）。

第 3 步：打开极轴追踪，对象捕捉和自己追踪功能。设置极轴追踪的角度增量为 $90°$，设定对象捕捉方式为"端点"、"交点"，设置沿正交方向进行自动追踪。

第 4 步：绘制建筑物的轴线和轮廓线等，如图 5-19 所示。

第 5 步：绘制建筑物的窗洞，如图 5-20 所示。

第 6 步：绘制窗户，细部尺寸如图 5-21 所示。

第 7 步：绘制雨篷及室外台阶，雨篷厚度为 500，室外台阶分 3 个踏步，每个踏步高 150。

第 8 步：整理线条，完成绘制工作。

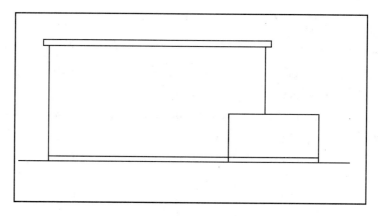

图 5-19

图 5-20

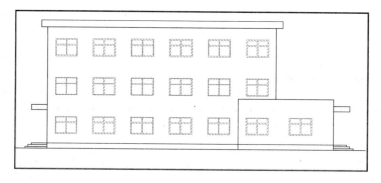

图 5-21

习　　题

一、问答题

（1）练习使用"创建图层"命令。

（2）练习在图层中使用"线型"、"颜色"、"线宽"设置命令。

（3）练习使用"创建块"的命令。

（4）练习使用"插入块"的命令。

（5）练习创建使用有属性的"块"命令。

二、绘图题

分层绘制住宅平面图，创建并插入家具图块，如图 5-22 所示。

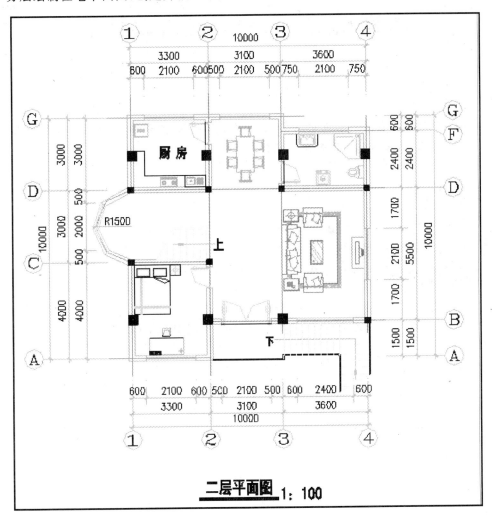

图 5-22

图案填充、注释、表格和标注

本章主要讲述了在图形中填充图案,创建说明文字,绘制表格,并在表格中插入文字,进行表格数值计算,最后讲解了图形尺寸的标注方法。

本章主要内容

- 图案填充、颜色填充和区域覆盖。
- 创建各种文字样式的注释和标签。
- 创建表格,并在表格中添加文字,计算表格数值。

6.1 任务导入与问题的提出

任务导入

任务 1:给楼梯台阶填充实体颜色和渐变色

任务 2:填充和标注砖墙基础图形

问题与思考

- 怎样改变填充图案的大小比例?
- 怎样标注平方符号?
- 表格列的编号是数字还是字母?
- 标注尺寸时必须启动对象捕捉功能吗?

6.2 知 识 点

6.2.1 图案填充、实体填充和区域覆盖

图案填充是指将图案或颜色填满选定的图形区域,以表示该区域的特性。如建筑图中为图形填充不同的图案,以表示该建筑使用了什么样的材料。还可以创建区域覆盖对象来使区域空白。

1. 图案填充封闭区域

第 1 步：单击矩形按钮 ▱，在视图中单击确定第一个点，在命令行中输入"@1500，1000"，按 Enter 键，创建一个矩形。

第 2 步：执行"图案填充"命令，有以下三种方法。

方法一：在绘图工具栏中，单击图案填充按钮 ▨。

方法二：在命令行中输入"hatch"，或输入"h"，并按 Enter 键。

方法三：选择"绘图/图案填充"菜单命令。

第 3 步：打开"图案填充和渐变色"对话框，单击添加拾取点按钮 ▨。

第 4 步：在图形中要填充的矩形区域内单击。单击点称为内部点。如果有多个需要填充的区域，可依次单击，最后按 Enter 键，确定选择的填充区域。

第 5 步：恢复显示"图案填充和渐变色"对话框，单击"图案"右侧的箭头按钮 ▨，在下拉列表中可以选择填充图案的名称"AR-B816"，在"样例"右侧会显示出该图案的预览图像，如图 6-1 所示。

如果初学者不熟悉图案的名称，可以单击"图案"框右侧的选项按钮 ⬚，打开"填充图案选项板"对话框，从中选择一个图案，单击"确定"按钮即可完成，如图 6-2 所示。

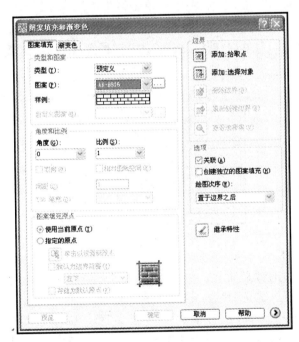

图　6-1

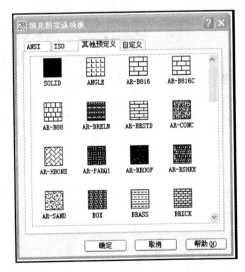

图　6-2

单击样例中的预览图像，也可以打开"填充图案选项板"对话框。

第 6 步：在"图案填充和渐变色"对话框中，单击"确定"按钮，选择的图案填充在矩形内，如图 6-3 所示。

第 7 步：单击返回按钮 ↺，取消刚才的图案填充操作。

第 8 步：单击图案填充按钮 ▨，打开"图案填充和渐变色"对话框，单击添加拾取点按钮,在要填充的矩形区域内单击添加拾取点按钮 ⊞ ,按 Enter 键,确定选择的填充区域。

第 9 步:选择填充图案的名称"AR-B816",在"比例"右下侧单击箭头按钮 ▨ ,在下拉列表中选择"0.25",如图 6-4 所示。

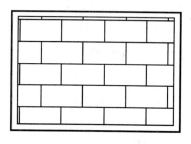

图　6-3 　　　　　　　　　　　　　　　图　6-4

第 10 步:单击"确定"按钮,选择的图案按 25% 的比例填充在矩形内,如图 6-5 所示。

第 11 步:单击返回按钮 ↶ ,取消刚才的图案填充操作。

第 12 步:单击图案填充按钮 ▨ ,打开"图案填充和渐变色"对话框,单击添加拾取点按钮 ⊞ ,在要填充的矩形按钮内单击,按 Enter 键,确定选择的填充区域。

第 13 步:选择填充图案的名称"AR-B816",在"比例"右下侧单击箭头按钮 ▨ ,在下拉列表中选择"0.25"。

第 14 步:在"角度"下拉列表框中选择"45",单击"确定"按钮,选择的图案旋转 45°填充在矩形内,如图 6-6 所示。

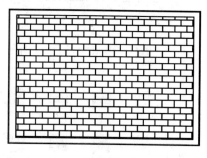

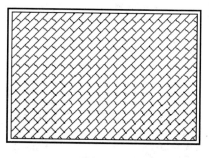

图　6-5 　　　　　　　　　　　　　　　图　6-6

"图案填充和渐变色"对话框中其他项目的含义如下。

类型:在下拉列表中包括"预定义"、"用户定义"和"自定义"三种,如图 6-7 所示。预定义的图案存储在 AutoCAD 软件附带的 acadiso. pat 文件中。"用户定义"可以临时定义填充的图案,该图案由一组平行线或相互垂直的两组交叉平行线组成。"自定义"则是表示将选用事先定义好的图案进行填充。

自定义图案:只有选择填充类型为"自定义",这个项目才有效,可以在下拉列表中选择自定义图案的名称,单击右侧的选项按钮 ⋯ ,打开"填充图案选项板"对话框,从中选择一个图案。

间距:只有选择填充类型为"用户定义",该项目

图　6-7

才有效。用于确定填充平行线之间的距离。

ISO 笔宽：用于设置笔的宽度，当打开"填充图案选项板"对话框，从中选择填充图案为 ISO 图案时，该项才有效。

图案填充原点：该区域是控制填充图案生成的起始位置。某些图案填充需要与图案填充边界上的一点对齐。默认情况下，所有图案填充原点都是当前的 UCS 原点。

使用当前原点：使用存储在 HPORIGINMODE 系统变量中的设置。默认情况下，原点设置为 0,0。下面是设置变量中 HPORIGINMODE 值产生的效果。

HPORIGINMODE＝0：相对于当前用户坐标系为新的图案填充对象设置图案填充原点。

HPORIGINMODE＝1：使用图案填充边界矩形范围的左下角来设置图案填充原点。

HPORIGINMODE＝2：使用图案填充边界矩形范围的右下角来设置图案填充原点。

HPORIGINMODE＝3：使用图案填充边界矩形范围的右上角来设置图案填充原点。

HPORIGINMODE＝4：使用图案填充边界矩形范围的左上角来设置图案填充原点。

HPORIGINMODE＝5：使用图案填充边界矩形范围的中心来设置图案填充原点。

指定的原点，选择该项目，指定新的图案填充原点。

单击以设置新的原点：单击该项的填充原点按钮，在视图中直接指定一点作为新的图案填充原点。

默认为边界范围：选中该复选框，可基于图案填充的矩形范围计算出新原点。单击箭头按钮，在下拉列表中可以选择该范围的四个角点及其中心作为图案填充的原点，如图 6-8 所示。

存储为默认原点：选中该复选框可以将新图案填充原点的值存储在 HPORIGIN 系统变量中。

原点预览：单击该按钮可以在视图中显示填充的效

图　6-8

果，按 Esc 键，返回对话框，右击确定图案的填充。

2. 定义填充的边界

在视图中可填充的对象组合非常多，所以编辑填充的几何图形可能会产生难以预料的结果。这就需要正确指定图案填充的边界。如果创建了不需要的图案填充，可以放弃操作、修剪或删除图案填充及重新填充区域。

第 1 步：单击圆形按钮 ⊘，在视图中单击确定第一个点，命令行提示"指定圆的半径或［直径(D)］＜176.3592＞"，输入"300"，按 Enter 键，创建一个圆形。用同样的方法创建另一个半径为 50 的圆形。

第 2 步：单击矩形按钮 ▭，在视图中单击确定第一个点，在命令行中输入"@500,500"，按 Enter 键，创建一个矩形。

第 3 步：单击移动按钮 ✛，选中视图中的矩形，将其移动至圆形附近，使其与圆形重叠，如图 6-9 所示。

第 4 步：单击图案填充按钮 ⊞，打开"图案填充和渐变色"对话框，单击添加拾取点按钮 ⊠，在视图中的矩形内部单击，拾取一个点作为内部点，单击十字光标位置如图 6-10 所示，内部点确定后，内部点所处的边界线呈虚线显示。

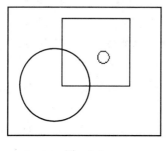

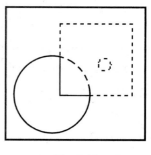

图　6-9　　　　　　　　　　　　　　图　6-10

第 5 步：按 Enter 键结束选择，在对话框中选择图案为"JIS-RC-30"，比例为"1"，如图 6-11 所示。

第 6 步：在对话框中单击"预览"按钮，视图显示出图案填充预览的效果，如图 6-12 所示。

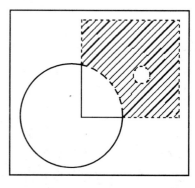

图　6-11　　　　　　　　　　　　　　图　6-12

第 7 步：单击"确定"按钮，最终效果如图 6-13 所示。

3. 选择已有图案作为填充图案

当场景已经有一个区域被填充了图案，又需要在另一个图形中填充同样的图案，并且使用新的设置时，可以使用继承性按钮。

第 1 步：打开图形文件，其中一个图形填充了图案，另一个图形未填充。

第 2 步：单击图案填充按钮 ⊞，打开"图案填充和渐变色"对话框，单击继承性按钮 ☑，暂时关闭对话框，在视图中单击图形内部的图案，命令行提示该图案的名称、比

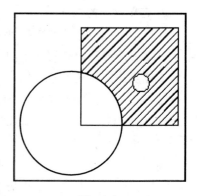

图　6-13

例、角度等内容，并提示"拾取内部点或［选择对象（S）/删除边界（B）］"，在另一个图形内部单击，按 Enter 键。

第 3 步：恢复对话框的显示，选择的图案显示在对话框内，重新设置比例为 0.25，单击"确定"按钮，即可将选择的图案填充在新的图形中，同时改变了图形比例。

4. 创建空白区域覆盖对象

区域对象是通过指定的一系列点组成多边形区域，它可以使用当前图形的背景色遮挡图形对象。

第 1 步：打开一个图形文件，如图 6-14 所示。

第 2 步：选择"绘图/区域覆盖"菜单命令。

第 3 步：在图形中依次单击，创建一个多边形，按 Enter 键，即可封闭多边形，多边形区域内显示出视图的背景白色，如图 6-15 所示。

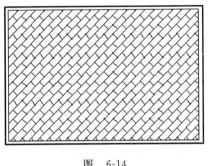
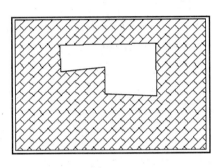

图　6-14　　　　　　　　　　　图　6-15

第 4 步：如果单击该多边形，单击按钮 ✐，则可删除该区域覆盖对象，显示出被覆盖的对象。

5. 删除填充图案

每个填充的图案都是一个实体对象，都可以执行删除操作。

单击按钮 ✐，单击填充的图案，按 Enter 键，可删除所选择的填充图案。

6.2.2　文字处理

在绘图时，不仅需要绘制图形，还经常要标注文字对图形进行说明，包括注释、说明、工艺要求等内容。这些文字可以使用户更直观地理解图形所要表达的信息。

1. 创建单行文字

第 1 步：启动单行文字命令，方法有以下三种。

方法一：在工具栏内右击鼠标，选择"文字"，弹出文字工具栏，如图 6-16 所示，单击单行文字按钮 A。

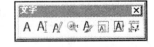

图　6-16

方法二：在命令行中输入"text"，或输入"t"，并按 Enter 键。

方法三：选择"绘图/文字/单行文字"菜单命令。

第 2 步：命令行提示："TEXT 当前文字样式：'Standard'当前文字高度：2.5"，"指定文字的起点或[对正(J)样式(S)]"，在视图中单击，确定起点的位置。

第 3 步：命令行提示："指定高度<2.5000>"，输入文字的高度为"100"，按 Enter 键。也可以在视图中单击另一个点，该点与起点之间的距离定义为文字的高度。

第 4 步：命令行提示："指定文字的旋转角度<0>"，按 Enter 键，确定默认的角度为 0。

第 5 步：输入文字"建筑平面图"，如图 6-17 所示。

第 6 步：按 Enter 键，光标移动到下一行首，继续输入数字"1：100"，如图 6-18 所示。输入数字时可转换为英文输入状态。

第 7 步：按 Enter 键，光标移动到下一行首，再次按 Enter 键，结束单行文字命令。

第 8 步：此时文字"建筑平面图"和"1：100"是两个文字对象，即每次按 Enter 键都创建了新的文字对象。

第 9 步：单击单行文字按钮 A，在视图中单击确定文字的起点，命令行提示"指定高度<2.5000>"，按 Enter 键，确定默认高度，命令行提示"指定文字的旋转角度<0>"，输入"45"，按 Enter 键。

第 10 步：输入文字"建筑平面图"，按两次 Enter 键，创建的单行文字逆时针旋转了 45°，如图 6-19 所示。

图 6-17

图 6-18

图 6-19

2. 创建多行文字

第 1 步：执行"多行文字"命令，方法有以下三种。

方法一：在"绘图"工具栏中单击多行文字按钮 A，或者在"文字"工具栏中单击多行文字按钮 A。

方法二：在命令行中输入"mtext"，或输入"mt"，并按 Enter 键。

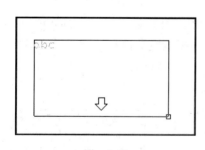

图 6-20

方法三：选择"绘图/文字/多行文字"菜单命令。

第 2 步：命令行提示："指定第一个角点"，在视图中单击确定第一个角点的位置。

第 3 步：命令行提示："指定对角点或[高度(H)/对正(J)/行距(L)/旋转(R)/样式(S)/宽度(W)]"，移动鼠标指针，在视图中可以拖曳出一个矩形框，如图 6-20 所示，单击鼠标确定文本输入框的大小。

文本输入框的宽度决定了输入文字行的长度，但文本框内输入多少行，没有限制，只要按 Enter 键，就可以增加一行。

第 4 步：文本框确定后，会自动打开"文字格式"对话框，如图 6-21 所示，用于设置文字的格式。

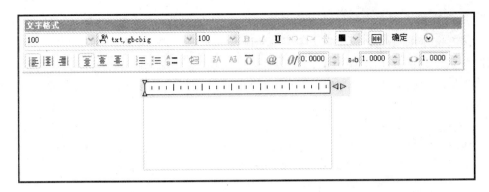

图　6-21

第 5 步：在"文字格式"对话框中选择"仿宋"，文字大小为"100"，输入文字"设计说明"，按 Enter 键，在文本框的第二行输入文字"一、设计依据"，如图 6-22 所示。

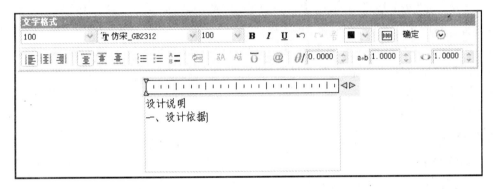

图　6-22

第 6 步：在文本框中选择文字"设计说明"，被选中的文字泛白显示，在"文字格式"对话框中单击下画线按钮 U 和粗体按钮 B，如图 6-23 所示。

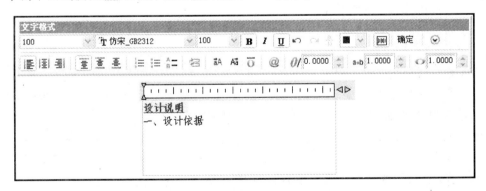

图　6-23

第 7 步：在"文字格式"对话框中单击"确定"按钮，结束多行文字操作，多行文字效果如图 6-24 所示。

在"文字格式"对话框中单击"确定"按钮，文字创建完成。

设计说明
一、设计依据

图　6-24

3. 系统变量设置文字编辑器显示效果

当多行文字编辑框中显示的文字不是实际尺寸时，可以通过设置 MTEXTFIXED 系统变量改变多行文字的显示大小和位置。

第 1 步：在命令行中输入"MTEXTFIXED"，按 Space 键，命令行提示："输入 MTEXTFIXED 的新值＜2＞"，按 Enter 键。如果角括号内数值不是 2，可以输入 2，按 Space 键。

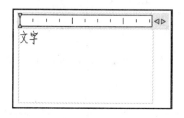

图 6-25

当前角括号内数值为 2，表示多行文字编辑器每次都出现在屏幕的左上角同一位置，而不是出现在文字放置的位置，编辑器内输入的文字显示的结果也不是实际的大小，而是放大显示。

第 2 步：单击多行文字按钮 A，在视图中单击并拖动鼠标，单击鼠标确定文本输入框的尺寸，设置的文字大小为"2.5"，输入"文字"两字，如图 6-25 所示。

第 3 步：在"文字格式"对话框中，单击"确定"按钮，结束多行文字操作，屏幕上显示多行文字的实际尺寸。

第 4 步：在命令行中再次输入系统变量"MTEXTFIXED"，按 Space 键，命令行提示："输入 MTEXTFIXED 的新值＜2＞"，输入"1"，按 Space 键。

第 5 步：重复第 2 步，此时在文字编辑器中输入的文字按实际位置、实际尺寸显示。

4. 创建特殊符号

在多行文字中插入符号或特殊字符的方法如下。

第 1 步：单击多行文字按钮 A，在视图中单击任意位置并拖曳鼠标，单击确定文本输入框的尺寸。

第 2 步：在文本输入框中输入数字，单击"文字格式"对话框中的符号按钮 @，弹出如图 6-26 所示的对话框。

第 3 步：在列表中选择任意一种符号的名称，该符号即可添加在文本框中，如图 6-27 所示。

第 4 步：如果在列表中没有所需要的符号名称，选择"其他"，打开"字符映射列表"对话框，选择一种字体，在下面的符号框中单击需要的符号，单击"选择"，选择的符号会显示在复制字符框中，单击"复制"按钮，如图 6-28 所示，关闭对话框。

第 5 步：在视图的文本输入框中右击，在弹出的菜单中选择"粘贴"，即可将选择的特殊符号插入多行文字中。

@ 0/ 0.0000 a-b 1.0000	
度数 (D)	%%d
正/负 (P)	%%p
直径 (I)	%%c
几乎相等	\U+2248
角度	\U+2220
边界线	\U+E100
中心线	\U+2104
差值	\U+0394
电相位	\U+0278
流线	\U+E101
标识	\U+2261
初始长度	\U+E200
界碑线	\U+E102
不相等	\U+2260
欧姆	\U+2126
欧米加	\U+03A9
地界线	\U+214A
下标 2	\U+2082
平方	\U+00B2
立方	\U+00B3
不间断空格 (S)	Ctrl+Shift+Spa
其他 (O)…	

图 6-26

$$5°\quad 10^2 \pm 60 \approx$$

图 6-27

5. 创建堆叠文字

堆叠文字是指类似分数的上下两组文字。只有在选定的文字中包含堆叠字符，才能创建堆叠文字。堆叠文字字符包括插入字符(^)、正向斜杠(/)和井号(♯)，堆叠文字会使左

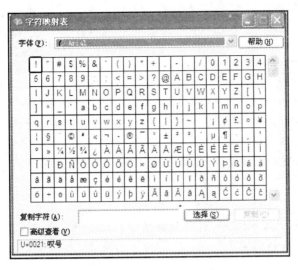

图 6-28

侧的文字堆叠在右侧的文字上面。

堆叠文字中分隔符的作用如下。

斜杠(/)：以垂直方式堆叠文字,有水平线分隔。

井号(♯)：以对角形式堆叠文字,有对角线分隔。

插入符(^)：创建公差堆叠,不用直线分隔。

第 1 步：单击多行文字按钮 **A** ,在视图中单击任意点并拖动鼠标,再次单击确定文本输入框的尺寸。

第 2 步：在文本输入框中输入"A/B",并选择文字,如图 6-29 所示。

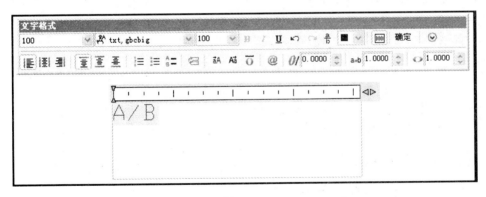

图 6-29

第 3 步：在"文字格式"对话框中单击堆叠按钮 号 ,可以看到文字有水平线分隔,如图 6-30 所示。

第 4 步：选择堆叠文字,再次单击堆叠按钮 号 ,可以取消堆叠效果。

第 5 步：删除斜杠,在其位置上输入"♯"并选择文字,如图 6-31 所示。

图 6-30

第 6 步：在文字格式中单击堆叠按钮 ᴮ/ₐ ，可以看到文字有对角线分隔，如图 6-32 所示。

图　6-31　　　　　　　　　　　　　　图　6-32

第 7 步：选择堆叠文字，再次单击堆叠按钮 ᴮ/ₐ ，取消堆叠效果。

第 8 步：删除"♯"，在其位置上输入插入符，按住 Shift＋6 组合键，并选择文字，如图 6-33 所示。

第 9 步：在"文字格式"对话框中单击堆叠按钮 ᴮ/ₐ ，可以看到文字产生了公差堆叠效果，不用直线分隔，如图 6-34 所示。

图　6-33　　　　　　　　　　　　　　图　6-34

第 10 步：在"文字格式"对话框中单击"确定"按钮，关闭并保存设置。

6. 修改文字

无论创建的是哪一种文字，都可以像对其他文字对象一样地移动、旋转、删除和复制它，并随时可以修改文字内容、格式和特性。

修改文字的内容，有以下几种方法。

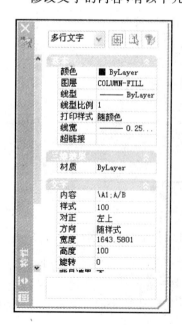

图　6-35

方法一：右击文字，在弹出的菜单中选择特性，打开特性面板，修改文字的内容以及其他特性，如图 6-35 所示。

启动特性面板，还可以单击"标准"工具栏中的对象特性按钮 ，再单击文字，特性面板中就会显示出选择对象的特性修改项目。

方法二：双击多行文字，可以重新打开"文字格式"对话框和文本矩形框，可重新添加、删除文字、重新设置文字的样式、大小、排列、字距等。双击单行文字同样可以添加删除文字。

方法三：单击"文字"工具栏中的编辑按钮 ，或者选择"修改/对象/文字/编辑"菜单命令，单击文字，即可显示出文本框和"文字格式"对话框，可以修改文字大小及其格式。

7. 缩放文字

第 1 步：执行"缩放文字"命令，有以下三种方法。

方法一：单击"文字"工具栏中的比例按钮 。

方法二：选择“修改/对象/文字/比例”菜单命令。

方法三：在命令行中输入“Scaletext”，并按 Enter 键。

第 2 步：命令行提示：“选择对象”。单击文字对象，并按 Enter 键。

第 3 步：命令行提示：“输入缩放的几点选项现有（E）/左（L）/中心（C）/中间（M）/右（R）/左上（TL）/中上（TC）/右上（TR）/左中（ML）、正中（MC）/右中（MR）/左下（BL）/中下（BC）/右下（BR）”，按 Enter 键，确定默认的基点为左。

第 4 步：命令行提示：“指定新高度或［匹配对象（M）/缩放比例（S）］＜300＞”，输入文字的新高度值，按 Enter 键。文字对象将缩放至新的高度。如果选择缩放比例，可以指定文字的缩放百分比数值，如果选择匹配对象，可以选择一个已存在的文字对象，是文字的高度与其进行匹配。

8. 查找和替换文字

AutoCAD 可以查找图形中的某组文字，并在找到指定的文字后替换为另一组文字。

第 1 步：执行“替换文字”命令，有以下三种方法。

方法一：单击“文字”工具栏中的查找按钮 ![按钮] 。

方法二：选择“编辑/查找”菜单命令。

方法三：在命令行中输入“find”，并按 Enter 键。

第 2 步：打开“查找和替换”对话框，在“查找字符串”文本框中输入需要查找的文字，在“改为”文本框中输入替换的文字，单击“查找”按钮，在“上下文”框中将显示出找得到的结果，如图 6-36 所示。

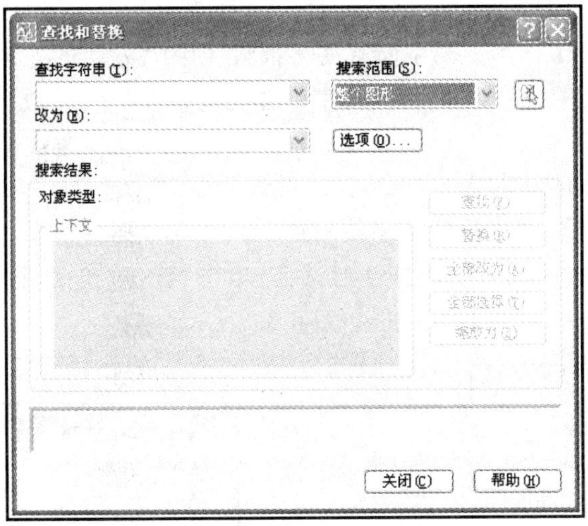

图　6-36

第 3 步：单击“替换”按钮，执行替换操作后，在“上下文”框中还会显示找到的另一个结果。单击“替换”按钮，当“上下文”框中显示“没有找到匹配项”时，单击“关闭”按钮，完成替换操作。

第 4 步：用户不一定要将找到的所有文字都进行替换。如果在上下文框中显示的不是需要替换的一组文字，可以继续单击“查找下一个”按钮，直到找出需要替换的文字对象，再执行替换操作。

9. 创建垂直、颠倒和反向文字样式

垂直、颠倒和反向文字属于文字样式，因此可以在"文字样式"对话框中设置。

第1步：执行"文字样式"命令，有以下三种方法。

方法一：单击"文字"工具栏中的文字样式按钮 A。

方法二：选择"格式/文字样式"菜单命令。

方法三：在命令行中输入"STYLE"，并按 Enter 键。

第2步：打开"文字样式"对话框，默认情况下"样式名"列表中只有一种文字样式名称供选择。在"效果"选项区域中选中"垂直"复选框，如图 6-37 所示。

图 6-37

第3步：默认情况下下列视图中所有文字都将使用此文字样式，单击"应用"按钮，再单击"关闭"按钮。这时使用该样式名称的文字都会变成垂直的效果，如图 6-38 所示。

每个后续的文字列都在上一列的右边。垂直文字旋转角度通常是 270°。

第4步：前面修改的是默认的 Standard(标准)文字样式效果。如果希望保留这个标准样式，可创建一个新样式，使以后的文字使用这个新样式名称。

在"文字"工具栏中单击按钮 A 打开对话框，单击"新建"按钮，在打开的对话框中输入新样式名称为"颠倒"，单击"确定"按钮，如图 6-39 所示。

图 6-38

图 6-39

第5步：在"文字样式"对话框中样式名下面显示的就是"颠倒"，在"效果"选项区域中选中"颠倒"复选框，再单击"应用"按钮。

第6步：单击单行文字按钮 A，在视图上单击确定起点的位置，输入文字高度为"100"，按 Enter 键，确定默认的角度为 0。输入文字 "Aa Bb Cc Dd"按两次 Enter 键。文字产生颠倒效果，如图 6-40 所示，说明新创建的文字使用了"颠倒"样式。

第 7 步：用同样的方法创建新样式"反向"，在"效果"栏中选中"反向"。

第 8 步：如果需要单独改变某一个文字对象使用的文字样式。可以单击这个文字对象，单击"标准"工具栏中的对象特性按钮 ▓ ，在打开的面板中，单击文字样式名称，此时名称右侧会显示箭头按钮 ▓ ，从下拉列表中选择样式名称"反向"。

第 9 步：视图中选择的文字对象改变了效果，显示反向效果，如图 6-41 所示。

图　6-40　　　　　　　　　　　　　　图　6-41

提示：颠倒显示字符和反向字符，这两种效果只对英文字母有效，而且只对单行文字有效。

6.2.3　表格

AutoCAD 早期版本的表格处理功能相对较弱，通常是先用手工画线方法绘制表格，然后在表格中填写文字，不仅效率低，而且文字的书写位置很难精确控制。AutoCAD 2007 软件提供了表格创建工具，可以在表格中插入注释，如文字或块。

1. 表格样式

表格是在行和列中包含数据的对象，在工程图中会大量使用表格，例如标题栏和明细表等。表格的外观有表格样式控制，因此首先创建或选择一种表格样式，然后再创建表格。

第 1 步：执行"表格样式"命令，有以下三种方法。

方法一：选择"格式/表格样式"菜单命令。

方法二：右击工具栏，在弹出的菜单中选择"样式"，打开样式工具栏，单击表格样式按钮 ▓ 。

方法三：在命令行中输入"tablestyle"，并按 Enter 键。

第 2 步：打开"表格样式"对话框，如图 6-42 所示。

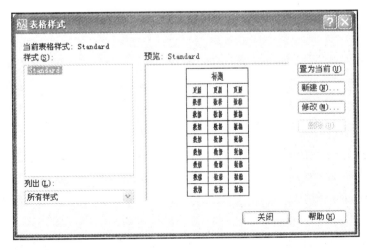

图　6-42

提示："表格样式"对话框各按钮的功能如下。

默认情况下，左侧样式列表中只有一个系统提供的 Standard 基础样式，选择这个样式，对话框的右侧显示其预览表格效果。

列出：该栏控制样式表格的内容。可以选择在样式列表中显示所有样式，或显示正在使用的样式。

置为当前：单击该按钮，可将样式列表中选择的表格样式设置为当前样式。之后创建的所有新表格都将使用此表格样式创建。

新建：打开"创建新的表格样式"对话框，可以在其中定义新的表格样式。

修改：打开"修改表格样式"对话框，可以在其中修改选择的表格样式。

删除：删除样式列表中选择的表格样式，但不能删除图形中正在使用的样式。

第 3 步：单击"新建"按钮，打开"创建新的表格样式"对话框，输入新的样式名称为"产品目录"，单击"继续"按钮，如图 6-43 所示。

第 4 步：打开"新建表格样式：产品目录"对话框，如图 6-44 所示。该对话框中有三个选项卡：数据、列标题和标题，分别用于设置数据单元、列标题或者表格标题的外观。

图　6-43

图　6-44

设置默认的文字样式、文字高度、文字颜色等特性。其中的填充颜色是指表格单元的背景色。对齐是设置表格单元中文字的对正和对齐方式：表格中的文字根据单元格的上下边界进行居中对齐、靠上对齐或靠下对齐；相对单元格的左右边界进行居中对正、左对正或右对正。

第 5 步：在"栅格线宽"右侧的下拉列表中选择宽度为"1.00mm"，单击外边框按钮 囗，即设置数据表格的外框尺寸为 1mm，如图 6-45 所示。

第 6 步：此时右侧的预览窗口会显示当前列表样式设置效果的样例，如图 6-46 所示。

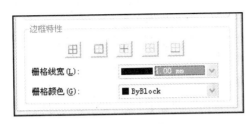

图　6-45

图　6-46

提示："数据"、"列标题"和"标题"标签边框是三个不同的部分。线框封闭的每一个格成为一个单元格，单元格内可以插入文字。

第7步：单击内边框按钮 ⊞ ，设置栅格线宽为0.2mm。

第8步：单击"列标题"标签，单击外边框按钮 ⊡ ，设置栅格线宽为1mm。单击内边框按钮 ⊞ ，设置栅格线宽为0.2mm。单击底边框按钮 ⊟ ，设置栅格线宽为0.2mm。

第9步：单击"列标题"标签，单击外边框按钮 ⊡ ，设置栅格线宽为1mm。单击内边框按钮 ⊞ ，设置栅格线宽为0.2mm。单击底边框按钮 ⊟ ，设置栅格线宽为0.2mm。

提示：

⊞（所有边框）：单击该按钮，可以在下面设置表格所有线框的线宽和颜色。

⊡（外边框）：单击该按钮，可以在下面设置表格外部线框的线宽和颜色。

⊞（内边框）：单击该按钮，可以在下面设置表格内部线框的线宽和颜色。

⊟（无边框）：单击该按钮，数据、列标题或标题将隐藏表格线框。

⊟（底边框）：单击该按钮，可以在下面设置表底部线框的线宽和颜色。

栅格线宽：单击上面的某一个边框按钮时，可以设置应用这个边界线框的线宽。如果使用粗线宽，可能需要增加单元边距。

栅格颜色：单击上面的某一个边框按钮时，就可以设置这个边界线框应用的颜色。

第10步：在"表格方向"中有两个选项，"上"和"下"，如图6-47所示。默认选择的是"下"，即向下的意思，表格为从上至下的顺序，标题栏会放置在表格的顶部；如果选择"上"，标题栏移至表格的底部，创建的是由下而上读取的表格。

提示：单元边距用于设置单元格边线框和单元格文字内容之间的间距。单元边距设置将应用于表格中的所有单元格。默认设置为0.06（英制）或1.5（公制）。

水平：设置单元格中的文字或块与单元格左右边框之间的距离。

垂直：设置单元格中的文字或块与单元格上下边框之间的距离。

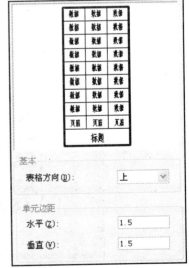

图　6-47

第 11 步：单击"确定"按钮，此时"表格样式"会话框的样式列表中会显示出新的样式名称"产品目录"的表格样式，右侧显出"产品目录"的表格样式，单击"置为当前"按钮，将选择的"产品目录"样式设置为当前样式，以后创建的所有新表格都将使用"产品目录"表格样式，如图 6-48 所示，并在当前表格样式右侧显示出"产品目录"的样式名称。

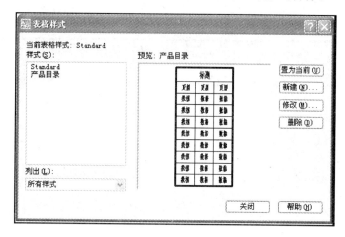

图　6-48

第 12 步：单击"关闭"按钮，结束表格样式的设置。

2. 创建表格

AutoCAD 提供了"插入表格"对话框，只需指定行和列的数目以及大小即可设置表格的格式。

第 1 步：执行"表格"命令，有以下三种方法。

方法一：单击"绘图"工具栏中的表格按钮 ⊞。

方法二：选择"绘图/表格"菜单命令。

方法三：在命令行中输入"table"并按 Enter 键。

第 2 步：打开"插入表格"对话框，如图 6-49 所示。

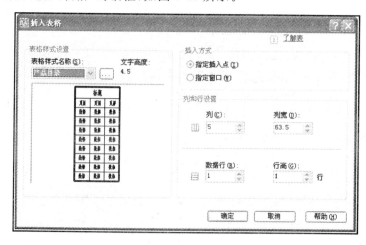

图　6-49

列表中显示的是当前使用的表格样式"产品目录",也可以从下拉列表中选择设置的任意一种表格样式,或单击按钮□,打开表格样式对话框,创建一个新的表格样式。

第 3 步:选择插入方式为"指定插入点",在视图中单击一点作为表格左上角的位置。

提示:如果选择"指定窗口"单选按钮,可以在视图中单击并移动鼠标,拖曳出表格大小和位置。

第 4 步:设置列数为 5,列宽为 50,设置数据行数为 5,行高为 2,如图 6-50 所示。

提示:列宽是指一个单元格的宽度,行高是指一个单元格的高度。

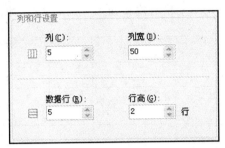

图   6-50

第 5 步:单击"确定"按钮,在命令行中提示"指定插入点",在视图中单击,创建出表格,并显示文字格式对话框,表格的上端显示列的编号,左侧显示行的编号,如图 6-51 所示。

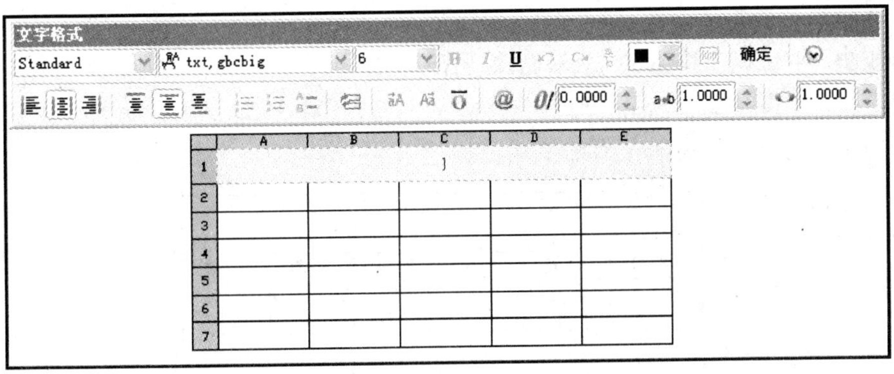

图   6-51

表格中任意单元格都可以根据行列编号命名,例如 B6,表示 B 列 6 行的单元格。

图   6-52

第 6 步:在"文字格式"对话框中设置文字的大小和字体之后,即可在单元格中输入文字,如图 6-52 所示。

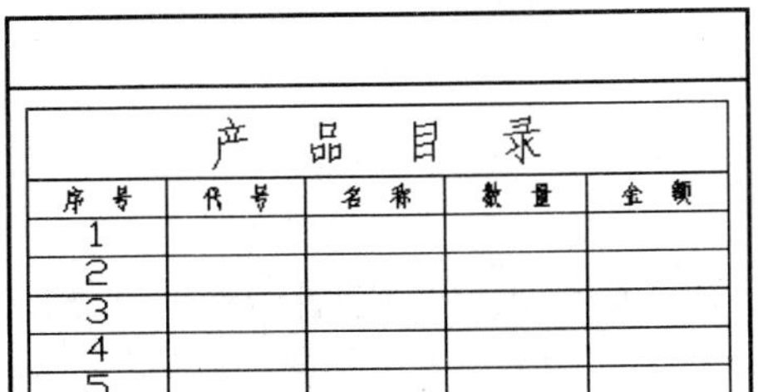

需要在下一个单元格中输入文字时,可以按 Enter 键,或按键盘上的上下左右箭头键,也可以双击这个单元格。注意,数字应在英文状态下输入。

第 7 步:在"文字格式"对话框中单击"确定"按钮,结束文字输入。

3. 修改表格

表格制成之后,可以随时修改,增加或删除列、行以及文字等。

第 1 步:单击表格中的某个单元格,如单击文字内容为"5"的单元格,再右击鼠标,在弹出的快捷菜单中选择"插入行/下方"命令,即可在选择的单元格下方插入一排新的单元格,如图 6-53 所示。

第 2 步：单击单元格 E6，右击鼠标，在弹出的快捷菜单中选择"插入列/右"命令，在选择的单元格右侧新插入一列单元格，如图 6-54 所示。

图　6-53

图　6-54

第 3 步：在视图中单击某个单元格，右击，在弹出的快捷菜单中选择"删除列"命令，选择的单元格所在的列单元格都会被删除。如果在快捷菜单中选择"删除行"命令，选择的单元格所在的行单元格都会被删除。

第 4 步：单击返回按钮 ⟲ ，取消删除列操作。

第 5 步：双击某个单元格，可重新打开"文字格式"对话框，设置文字大小和字体之后，在单元格中输入的文字将采用新的格式，如图 6-55 所示。

图　6-55

4. 计算表格中的数值

可以通过使用公式，对选择的单元格内的数值进行求和、求平均值、计数等计算操作。

（1）对表格数值求和计算

第 1 步：在产品目录表格中，单击要放置计算结果的单元格，单元格显示出虚线和夹点，如图 6-56 所示。

第 2 步：右击，在弹出的快捷菜单中选择"插入公式/求和"命令，如图 6-57 所示。

第 3 步：命令行提示："选择表单元范围的第一个角点"，在视图中单击内容为"1"的单元格，命令行提示"选择表单元范围的第二个角点"，在视图中单击内容为"2"的单元格，也可用鼠标拖曳出选择框，如图 6-58 所示。

第 4 步：此时打开"文字格式"对话框并在单元格显示求和计算公式，如图 6-59 所示。

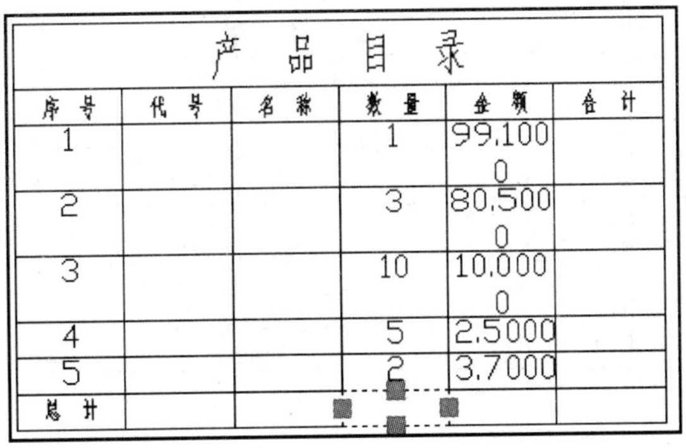

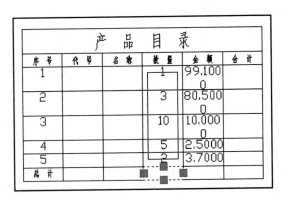

图 6-56

图 6-57　　　　　　　　　　　　　　图 6-58

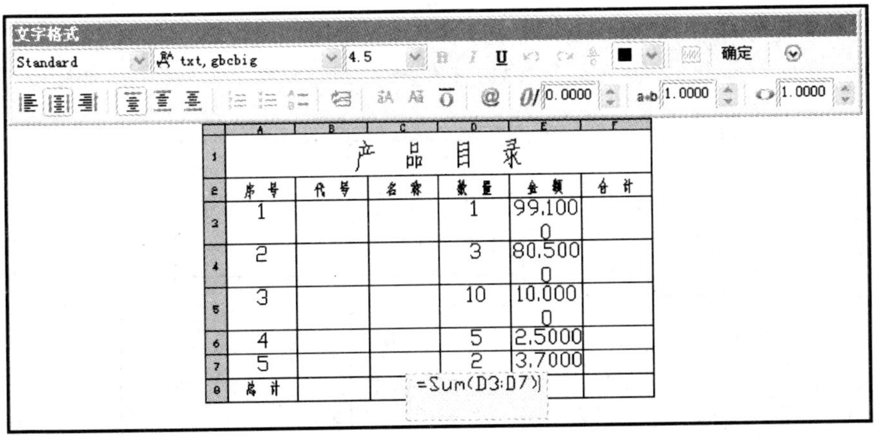

图 6-59

第 5 步：单击"文字格式"对话框中的"确定"按钮，完成求和运算，单元格中显示出求和结果"21"，如图 6-60 所示。

（2）手动输入计算公式

数值的减、乘、除和复合运算需要手动输入计算公式，才能得出结果。

产品目录					
序号	代号	名称	数量	金额	合计
1			1	99,1000	
2			3	80,5000	
3			10	10,0000	
4			5	2,5000	
5			2	3,7000	
总计			21		

图 6-60

第 1 步：在产品目录表格中，单击要放置计算结果的单元格，单元格显示出虚线和夹点，如图 6-61 所示。

产品目录					
序号	代号	名称	数量	金额	合计
1			1	99,1000	
2			3	80,5000	
3			10	10,0000	
4			5	2,5000	
5			2	3,7000	
总计			21		

图 6-61

第 2 步：右击，在弹出的快捷菜单中选择“插入公式/方程式”命令。

第 3 步：此时打开“文字格式”对话框并在单元格中显示出符号“=”，如图 6-62 所示。

	A	B	C	D	E	F
1	产品目录					
2	序号	代号	名称	数量	金额	合计
3	1			1	99,1000	
4	2			3	80,5000	
5	3			10	10,0000	
6	4			5	2,5000	
7	5			2	3,7	=
8	总计			21		

图 6-62

第 4 步：输入公式(2 * 3.7)，如图 6-63 所示。

第 5 步：单击“文字格式”对话框中的“确定”按钮，完成数量和金额运算，单元格中显示出相乘的结果“7.400”，如图 6-64 所示。

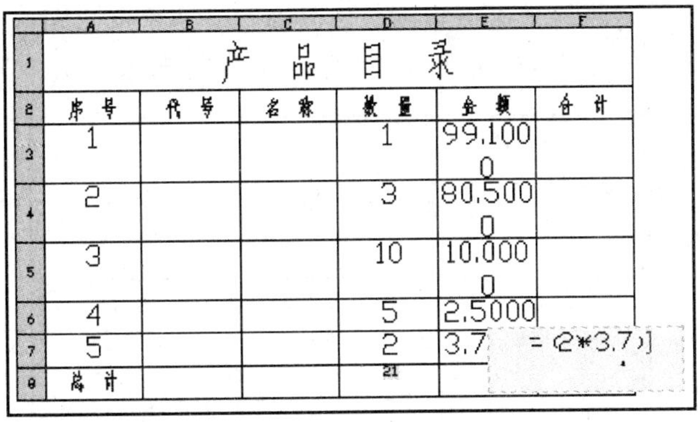

図 6-63

图 6-64

第 6 步：单击"标准"工具栏中的对象特性按钮 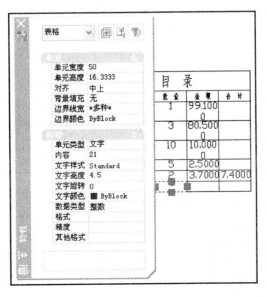，再单击一个单元格，特性面板中就会显示其他特性修改项目，修改文字内容，如图 6-65 所示。

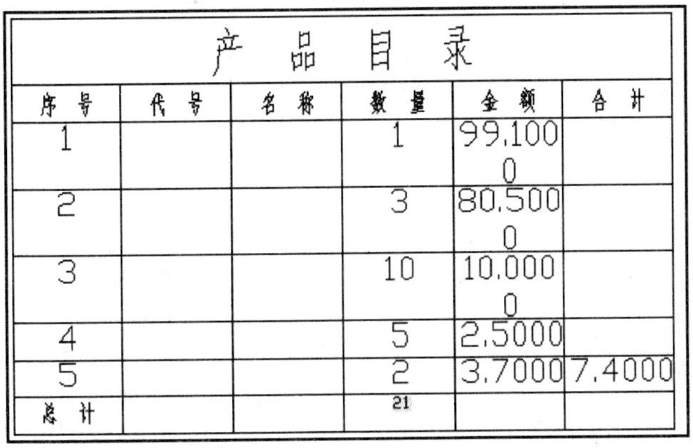

图 6-65

第 7 步：用同样的方法在特性面板中修改其他单元格中文字内容，并设置对齐方式为"居中"，单元格宽度 100，单元格高度 20，修改的结果如图 6-66 所示。

产 品 目 录					
序 号	代 号	名 称	数 量	金 额	合 计
1			1	99.1000	
2			3	80.5000	
3			10	10.0000	
4			5	2.5000	
5			2	3.7000	7.4000
总 计			21		

图 6-66

6.2.4 尺寸标注

1. 理解标注的基本概念

标注就是向图形中添加测量注释，AutoCAD 提供了尺寸标注工具，用户可以为各种对象沿各个方向创建标注。

（1）标注的组成

标注由尺寸数字（标注文字）、尺寸线、尺寸起止符号（箭头）和尺寸界线四个元素构成，如图 6-67 所示。

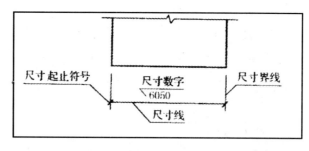

图 6-67

标注文字：用于指示测量值的字符串，可以包含前缀、后缀和公差。

尺寸线：用于指示标注的方向和范围。对于角度的标注，尺寸线是一段圆弧。

箭头：也称起止符号，显示在尺寸的两端。可以为箭头或标记指定不同的尺寸和形状。

尺寸界线：从部件延伸到尺寸线，也称为投影线。

（2）标注类型

基本的标注类型包括：线性、径向（半径和直径）、角度、坐标、弧长。其中线性标注可以是水平、垂直、对齐、旋转、基线或连续（链式）。

（3）标注的关联性

标注可以是关联的、无关联的或分解的。AutoCAD 默认情况下设置标注为关联标注。

关联标注：当与其关联的几何对象被修改时，关联标注将自动调整其位置、方向和测量值。

无关联标注：当与其测量的几何对象被修改时不发生改变。

已分解的标注：包含单个对象而不是单个标注对象的集合。

如图 6-68 所示，创建一条直线并标注。单击这一条直线，直线显示出夹点，改变直线的长度，此时的标注也会根据被测量直线的变化而调整，标注出新的尺寸，如图 6-69 所示。

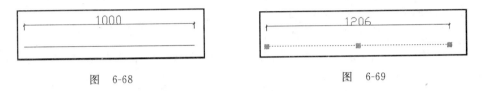

图　6-68　　　　　　　　　　　　　　　图　6-69

如果需要取消标注的关联性，创建无关联的标注，可选择"工具/选项"菜单命令。

打开"选项"对话框，单击"用户系统配置"标签，在"关联标注"选项区域中取消选中"使新标注与对象关联"复选框，如图 6-70 所示。

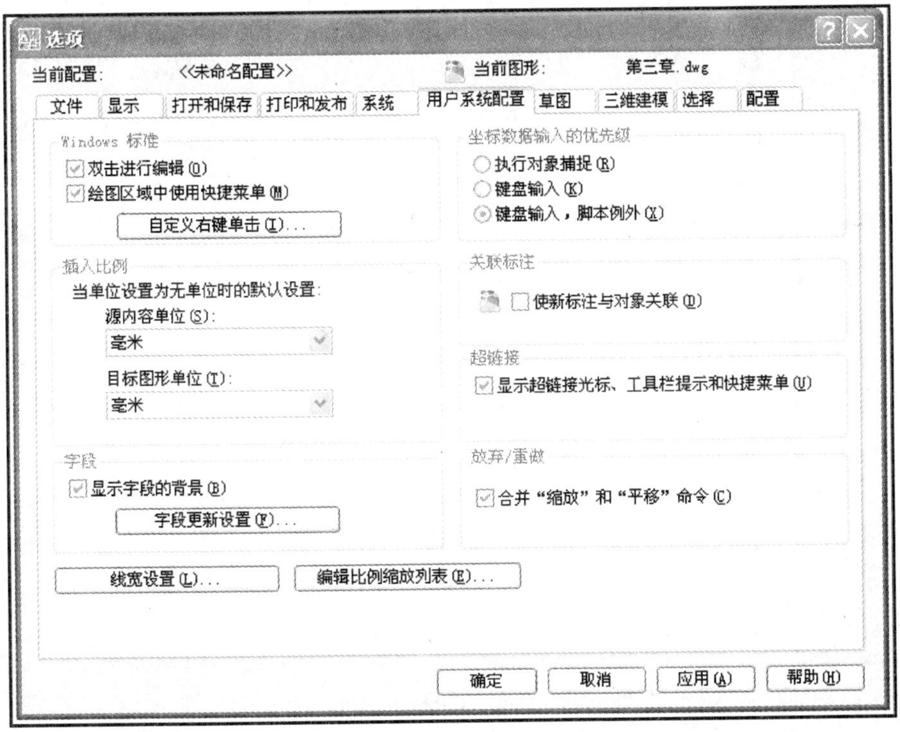

图　6-70

单击"确定"按钮，将选项设置保存到系统注册表中并关闭"选项"对话框。

图形文件中标注都将使用新设备，但已经创建的标注都将使用关联性。

创建一条直线并标注尺寸。单击这条直线，直线显示出加点，改变直线长度，此时直线的标注并没有根据直线的变化显示新的标注尺寸,如图 6-71 所示。

为了让已经创建的有关联性的标注成为无关联
的标注,可以单击分解按钮 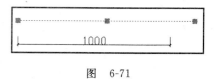,单击视图中的有关联
性的标注,即可分解该标注,使其成为无关联性的
标注。

图 6-71

2. 选择标注样式

在创建标注前应当选择适合当前图形的标注样式,否则标注的文字、箭头会不成比例。
当然用户也可以在创建完成之后,再修改这个标注的样式,设定标注样式的方法如下。

第 1 步:执行"标注样式"命令,有以下三种方法。

方法一:选择"标注/标注样式"菜单命令。

方法二:右击工具栏,在弹出的菜单中选择"标注",打开"样式"工具栏,单击标注样式
按钮 。

方法三:在命令行中输入"dimstyle",并按 Enter 键。

第 2 步:打开"标注样式管理器"对话框,如图 6-72 所示。

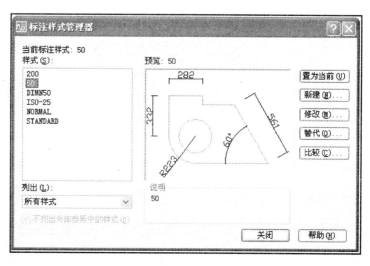

图 6-72

对话框的样式列表框中已有了系统默认的标注样式 ISO-25。

第 3 步:如要创建新的标注样式,单击"新建"按钮,打开对话框,输入新样式名为"标注 1",
如图 6-73 所示,单击"继续"按钮。

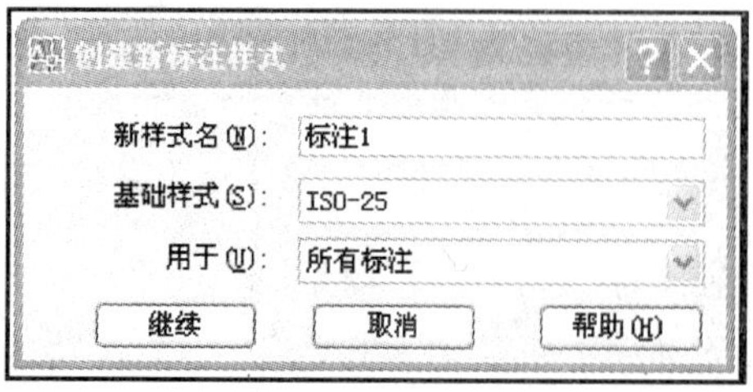

图 6-73

第 4 步:打开"新建标注样式"对话框,如
图 6-74 所示。单击"直线"标签,根据图形的大
小设置标注的尺寸线和尺寸界线的大小。

第 5 步:单击"符号和箭头"标签,设置箭头
和圆心标注的样式和尺寸。

第 6 步:单击"文字"标签,设置标注文字的
外观尺寸、放置和对齐方式等参数。

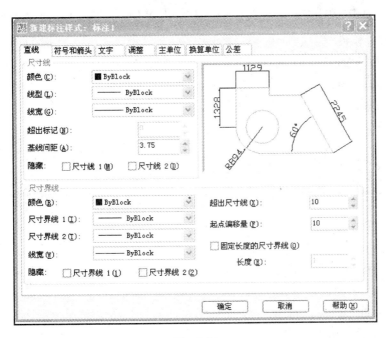

图　6-74

第 7 步：单击"调整"标签,设置文字、箭头、引线和尺寸线的位置。

第 8 步：单击"主单位"标签,设置标注单位的格式和精度,以及标注文字的前缀和后缀。例如,设置精度为 0,则创建的标注数字显示的都会是整数。

第 9 步：单击"换算单位"标签,设置标注测量值中换算单位是否显示,并设置其格式和精度。

第 10 步：单击"公差"标签,设置标注文字中公差的格式,以及是否显示。

第 11 步：设置完成之后,单击"确定"按钮,返回"标注样式管理器"对话框。"标注 1"样式名称显示在列表中,单击"标注 1"名称,单击"置为当前"按钮,在对话框左上角显示出当前标注的样式名称,如图 6-75 所示。

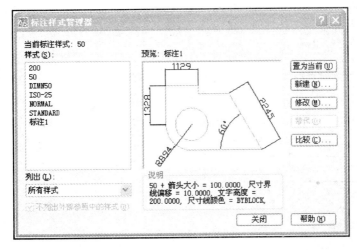

图　6-75

第 12 步：单击"关闭"按钮,标注样式设置完成,并使其应用于以后所有创建的标注。

3. 创建线性标注

第 1 步：执行"线性标注"命令,有以下三种方法。

方法一：选择"标注/线性"菜单命令。

方法二：右击工具栏,在弹出的菜单栏中选择"标注",打开"标注"工具栏,如图 6-76 所示,单击线性标注按钮 ⊢⊣。

图 6-76

方法三：在命令行中输入"dimlinear",并按 Enter 键。

第 2 步：命令行提示："指定第一条尺寸界线原点或<选择对象>",在视图状态栏中单击"对象捕捉"按钮,捕捉并单击一点。

第 3 步：命令行提示："指定第二条尺寸界线原点",捕捉并单击另一点。

第 4 步：命令行提示："多行文字(M)/文字(T)/角度(A)/水平(H)/垂直(V)/旋转(R)",移动鼠标指针,在两点之间拖曳出标注线,单击确定标注线的位置,线性标注创建完成,如图 6-77 所示。

4. 创建对齐标注

对齐标注可创建与指定位置或对象平行的标注。

第 1 步：执行"对齐标注"命令,有以下三种方法。

方法一：选择"标注/对齐"菜单命令。

方法二：在"标注"工具栏中单击对齐标注按钮 ⟍。

方法三：在命令行中输入"dimaligned",并按 Enter 键。

第 2 步：命令行提示："指定第一条尺寸界线原点或选择对象",捕捉并单击一点。

第 3 步：命令行提示："指定第二条尺寸界线原点",捕捉并单击一点。

第 4 步：命令行提示："指定尺寸线位置或多行文字(M)/文字{T}/角度(A)",移动鼠标指针,在两点之间拖曳出标注线,单击确定标注线的位置,对齐标注创建完成,如图 6-78 所示。

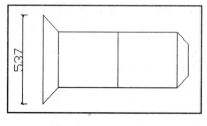

图 6-77

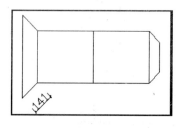

图 6-78

5. 创建基线标注和连续标注

基线标注是指从同一基线处测量的多个标注。连续标注是指首尾相连的多个标注。在创建基线标注或连续标注之前,必须创建线性、对齐或角度标注。

创建基线标注方法如下。

第 1 步:单击线性标注按钮 ⊢⊢,单击视图中的 A 点和 B 点,移动鼠标指针并单击,创建一个线性标注。

第 2 步:执行"基线标注"命令,有以下三种方法。

方法一:选择"标注/基线"菜单命令。

方法二:在"标注"工具栏中单击基线标注按钮 ⊢⊣ 。

方法三:在命令行中输入"dimbaseline",并按 Enter 键。

第 3 步:命令行提示:"指定第二条尺寸界线原点或[放弃(U)/选择(S)选择]",单击视图中的 C 点,即可创建 A 点至 C 点的尺寸标注。

第 4 步:命令行再次提示:"指定第二条尺寸界线原点或[放弃(U)/选择(S)选择]",单击视图中的 D 点,创建了 A 点至 D 点的尺寸标注。

第 5 步:按 Esc 键,结束基线标注操作。创建的基线标注如图 6-79 所示。

创建连续标注的方法。

第 1 步:单击线性标注按钮 ⊢⊢,捕捉并单击 A 点和 B 点,移动鼠标并单击,创建一个线性标注。

第 2 步:执行"连续标注"命令,有以下三种方法。

方法一:选择"标注/连续"菜单命令。

方法二:在"标注"工具栏中单击连续标注按钮 ⊢⊣ 。

方法三:在命令行中输入"dimcontinue",并按 Enter 键。

第 3 步:命令行提示:"指定第二条尺寸界线原点或[放弃(U)选择(S)]选择",单击视图中的 C 点,即可创建 B 点至 C 点的尺寸标注。

第 4 步:命令行再次提示:"指定第二条尺寸界线原点或[放弃(U)选择(S)]选择",单击视图中的 D 点,创建了 C 点至 D 点的尺寸标注。

第 5 步:按 Esc 键,结束连续标注操作。创建的连续标注如图 6-80 所示。

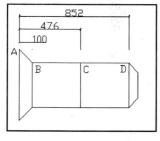

图　6-79

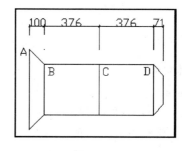

图　6-80

6. 创建半径和直径标注

第 1 步:执行"半径标注"命令,有以下三种方法。

方法一：选择"标注/半径"菜单命令。

方法二：在"标注"工具栏中单击半径标注按钮 。

方法三：在命令行中输入"dimradius"，并按 Enter 键。

第 2 步：命令行提示："选择圆弧或圆"，单击圆弧、圆或多段线弧线段。

第 3 步：命令行提示："指定尺寸线位置或[多行文字(M)/文字(T)/角度(A)]"，拖出标注在适当的位置单击，标注效果如图 6-81 所示。

提示：半径尺寸线位置不同，尺寸线也会不同，如图 6-82 所示。

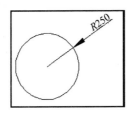

图 6-81

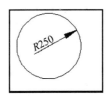

图 6-82

第 4 步：执行"直径标注"命令，有以下三种方法。

方法一：选择"标注/直径"菜单命令。

方法二：在"标注"工具栏中单击直径标注按钮 。

方法三：在命令行中输入"dimdiameter"，并按 Enter 键。

第 5 步：命令行提示："选择圆弧或圆"，单击圆弧或圆。

第 6 步：命令行提示："指定尺寸线位置[多行文字(M)/(T)/角度(A)]"，拖出标注在适当的位置单击，标注效果如图 6-83 所示。

提示：直径尺寸线位置不同，尺寸线也会不同，如图 6-84 所示。

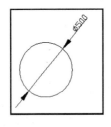

图 6-83

图 6-84

7. 创建角度标注

角度标注主要测量标注两条直线或三个点之间的角度。

第 1 步：执行"角度标注"命令，有以下三种方法。

方法一：选择"标注/角度"菜单命令。

方法二：在"标注"工具栏中单击角度标注按钮 。

方法三：在命令行中输入"dimangular"，并按 Enter 键。

第 2 步：命令行提示："选择圆弧、圆、直线或<指定顶点>"，单击图形中的直线 AB。

第 3 步：命令行提示："选择第二条直线"，单击图形中的直线 AC。

第 4 步：命令行提示："指定标注弧线位置"，移动鼠标指针拖出标注线，在适当的位置单击指定标注位置，如图 6-85 所示。

圆弧角度标注：单击角度标注按钮 △，单击一条圆弧，移动鼠标指针拖出标注线，在适当的位置单击指定标注位置。根据指定的位置不同，圆弧的角度标注位置可以在圆弧内侧或圆弧外侧，如图 6-86 所示。

圆角度标注方法如下。

第 1 步：若要创建圆的一个角度标注，应单击角度标注按钮 △，单击的这个圆上任一点作为角的第一个端点，再单击圆上第二点。

第 2 步：移动鼠标指针拖出圆角标注线，在适当的位置单击指定标注位置。根据指定的标注位置不同，圆弧标注位置可以在圆弧内侧或圆弧外侧，如图 6-87 所示。

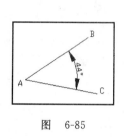
图 6-85

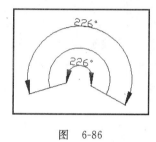
图 6-86

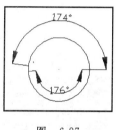
图 6-87

8. 创建弧长标注

弧长标注用于测量圆弧或多段线弧线段上的距离。弧长标注经常用于测量围绕凸轮的距离或表示电缆的长度。为区别于弧长标注和角度标注，默认情况下，弧长标注将显示一个圆弧符号，而角度标注会显示角度符号。

第 1 步：执行"弧长标注"命令，有以下三种方法。

方法一：选择"标注/弧长"菜单命令。

方法二：在标注工具栏中单击弧长标注按钮 ⌒。

方法三：在命令行中输入"dimarc"，并按 Enter 键。

第 2 步：单击视图中的圆弧，移动鼠标指针拖出弧长标注线，在适当的位置单击指定弧长标注位置，如图 6-88 所示。

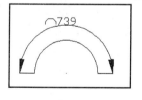
图 6-88

9. 创建圆心和中心线

为圆或圆弧创建圆心还是中心线，由用户选择的标注样式决定。

如果在"新建标注样式"或"修改标注样式"对话框的"符号和箭头"标签中，设置圆心标记为"标记"，并设置了大小，如图 6-89 所示。单击圆心标记按钮 ⊕，再单击圆，圆内就会创建两条十字交叉线作为圆心标记。

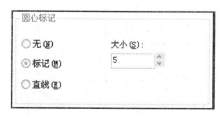
图 6-89

如果在"新建标注样式"或"修改标注样式"对话框的"符号和箭头"选项卡中，设置圆心标记为"直线"，单击圆心标记按钮 ⊕，再单击圆，会创建出两条十字交叉的虚线作为圆的中心线。

10. 添加形位公差

形位公差标志特征的形状、轮廓、方向、位置和跳动的允许偏差。可以通过特征控制框来添加形位公差,这些框中包含单个标注的所有公差信息。特征控制框至少由两个组件组成。特征控制框中包含一个几何特征符号,标志应用公差的几何特征,例如位置、轮廓、形状、方向或跳动。形状公差控制直线度、平面度、圆度和圆柱度,轮廓控制直线和表面。

单击"标注"工具栏中的公差按钮 ⊞ ,打开"形位公差"对话框,输入公差值,单击符号或公差黑色方块,打开"特征符号"对话框,如图 6-90 所示,选择一个符号。

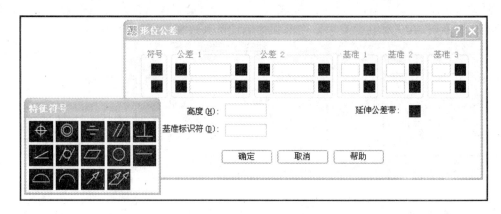

图 6-90

单击"确定"按钮,并在视图中单击确认公差位置,公差标注如图 6-91 所示。

11. 创建引线

在设计图纸中,需要一些说明或注释,为了明确表示注释的是哪一个图形,需要使用引线将文字与图形对象结合起来。

创建引线标注有以下两种方法。

方法一:在"标注"工具栏中单击快速引线按钮 ✎ 。

方法二:选择"标注/引线"菜单命令,在视图中单击一点确定第一个引线点,即引线的箭头位置,拖出引线在适当的位置单击,确定引线的第二点,再次单击确定引线的第三点。

在命令行中输入说明或注释的文字,按 Enter 键,也可以输入多行文字,按两次 Enter 键。创建的引线效果如图 6-92 所示。

图 6-91   图 6-92

12. 修改现有标注

在"标注"工具栏中单击标注样式按钮 ✎ ,打开"标注样式管理器"对话框,单击"修改"按钮,在"修改标注样式"对话框中可以修改标注设置,其方法与在"新建标注样式"对话框中进行设置的方法相同。这种方法将改变当前图形文件中所有应用该标注样式的标注对象特征。

　　如果需要单独改变某一个标注的样式特征，或标注的文字，可以单击该标注对象，再单击"标注"工具栏中的对象特征按钮　，在打开的特征面板中修改各项目。

　　在"标注"工具栏中单击编辑标注文字按钮　，单击标注对象，拖曳时可以动态更新标注文字至任意位置，如图 6-93 所示。

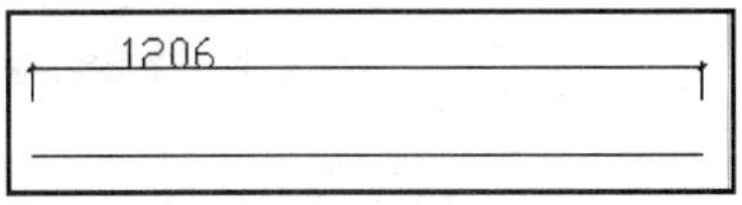

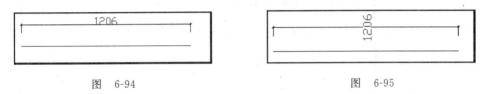

图　6-93

　　选择"默认"，将标注文字移回默认位置，如图 6-94 所示。

　　选择"角度"，命令行提示："输入标注文字的角度"，输入角度"90"后按 Space 键，标注数值旋转 90°，如图 6-95 所示。

图　6-94　　　　　　　　　　　　　　　　　图　6-95

6.3　任务实施

任务 6.1 的实施：给楼梯台阶填充实体颜色和渐变色

　　在绘图过程中，有许多区域填充的不是图案，而是一种颜色，例如墙体、立柱等。填充渐变色时，能够体现出光照在平面上而产生的过渡颜色效果。常使用的渐变色填充在二维图形中来表示实体。颜色与渐变色填充结合使用，能使客户更加容易地看清设计意图。

　　第 1 步：绘制楼梯台阶，如图 6-96 所示。

　　第 2 步：单击图案填充按钮　，打开"图案填充和渐变色"对话框，单击"添加：拾取点"按钮，分别在两个封闭的区域内部单击，按 Enter 键。

　　第 3 步：在对话框中单击图案名称右侧的按钮，打开"图案填充选项板"对话框，从中选择图案名称"LOSID"，这是一个黑色实体填充图案，单击"预览"按钮，可以看到楼梯填充为黑色的效果，如图 6-97 所示。

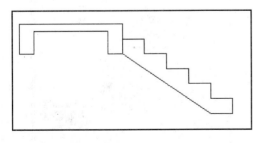

图　6-96

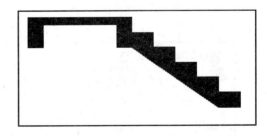

图　6-97

第 4 步：在视图中单击可恢复对话框的显示，单击上方的"渐变色"标签，显示出渐变色的面板，如图 6-98 所示。

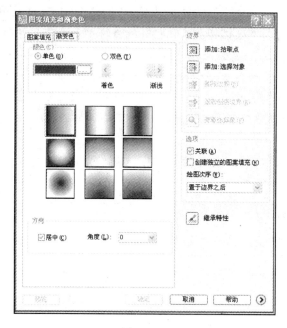

图　6-98

第 5 步：单击第一种渐变色图案方块，选择填充方式为"单色"，单击下面的按钮，打开"颜色"对话框，选择蓝色作为填充色，将按钮右侧的渐变滑块移至右侧渐浅的位置，表现蓝色根据选择的渐浅效果进行填充。

第 6 步：单击"预览"按钮，可以看到楼梯填充为蓝色，并从左向右逐渐变淡，最终变为白色，如图 6-99 所示。

第 7 步：在视图中单击，恢复对话框的显示，选择填充方式为"双色"，单击下面的"颜色1"按钮，打开"选择颜色"对话框，选择一种颜色；再单击"颜色 2"按钮，打开"选择颜色"对话框，选择相同的颜色，如图 6-100 所示。

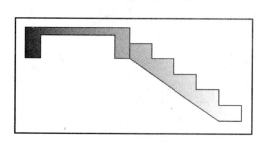

图　6-99

图　6-100

第 8 步：单击"预览"按钮，可以看到楼梯填充为一种新的颜色，如图 6-101 所示。

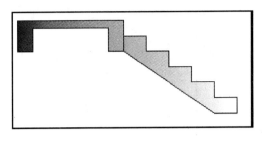

图　6-101

第 9 步：在视图中单击，恢复对话框的显示，分别单击"颜色 1"和"颜色 2"按钮，指定不同的颜色，如图 6-102 所示。

第 10 步：单击"预览"按钮，可以看到楼梯填充了两种颜色产生的渐变效果，如图 6-103 所示。

图　6-102

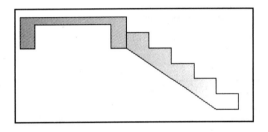

图　6-103

任务 6.2 的实施：填充和标注砖墙基础图形

绘制一个砖墙基础图形，如图 6-104 所示。

第 1 步：选择"标注/线性"菜单命令，在状态栏中单击"对象捕捉"按钮，在图形上捕捉并单击一点，再移动十字光标捕捉并单击另一点。

第 2 步：移动鼠标指针，在两点之间拖出标注线，单击确定标注线的位置，直线标注创建完成。用同样的方法，标注出图形的所有尺寸，如图 6-105 所示。

第 3 步：选择"绘图/图案/填充"菜单命令，单击添加拾取点按钮，暂时关闭对话框，单击图形上端的两个封闭区域，该区域边界呈虚线显示，按 Enter 键即可恢复显示对话框。单击图案右侧的下三角形按钮，在下拉列表中可以选择填充图案的名字"JIS-LC-20"，如图 6-106 所示。

第 4 步：单击"确定"按钮，选择的图案被填充在选择的区域中，如图 6-107 所示。

第 5 步：由于图案设置的是默认的比例值，在当前的图形中图案比较密集，可单击填充的图案，右击，在弹出的菜单中选择"特性"，打开特性窗口，单击图案参数栏中"比例"参数，输入"3"，如图 6-108 所示。

第 6 步：关闭特性窗口，按 Esc 键，取消图案的选择。

第 7 步：选择"绘图/图案填充"菜单命令，单击"添加拾取点"按钮，暂时关闭对话框，单击图形下端的两个封闭区域，按 Enter 键，即可恢复显示对话框。

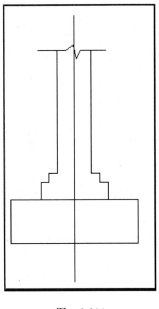

图　6-104

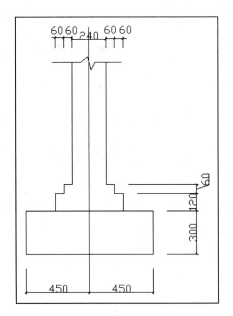

图　6-105

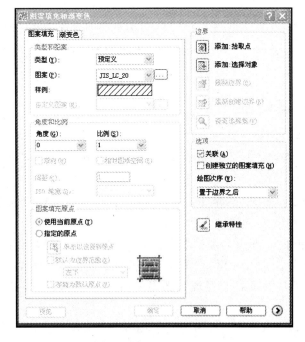

图　6-106

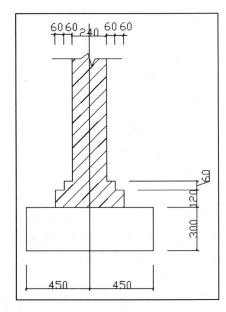

图　6-107

　　单击图案右侧的下三角按钮,在下拉菜单中可以选择填充图案的名字"AR-CONC",比例设置为 1.5。

　　第 8 步:单击"确定"按钮,选择的图案被填充在了选择的区域中,如图 6-109 所示。

图　6-108

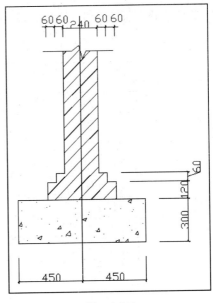

图　6-109

习　　题

一、问答题

（1）怎样改变填充图案的大小比例？

（2）怎样标注平方符号？

（3）表格列的编号是数字还是字母？

（4）标注尺寸时必须启动对象捕捉功能吗？

二、绘图题

（1）为一个基础图形填充图案，标注尺寸，如图 6-110 所示，填充的图案和标注尺寸分别放置在不同的图层中。

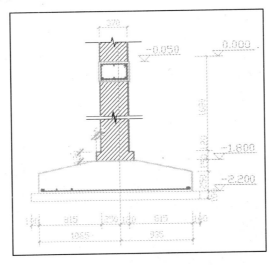

图　6-110

（2）绘制表格并插入文字，如图 6-111 所示。

梁 钢 筋 表

编号	柱筋 G	规格	长度	根数	重量
①	380 ⌐ 3340 ⌐ 380		4100	6	95
②	210 ⌐ 3420 ⌐ 210		3840	2	9
③	210 ⌐ 1490		1700	2	4
⑪	210 ⌐ 900		1110	2	3
⑬	215 □ 540		1750	50	54
⑭	3480		3480	2	11
⑮	⌐ 1350 ⌐		1500	2	3
⑯	⌐ 320 ⌐		446	8	2
总重					181

图 6-111

第 7 章

打印和发布图形

本章主要介绍了 AutoCAD 2007 的图形集发布、各种图形打印方法以及与打印图形相关的图纸比例的设置,在学习打印图纸之前,可以学习一些打印机设置方法,以方便对物理图纸打印的理解。

本章主要内容

- 打印页面设置。
- 启动和退出 AutoCAD 2007。
- 调整 AutoCAD 2007 的工作界面。

7.1 任务导入与问题的提出

在 AutoCAD 图形绘制完成后,最终目的是要将绘制的图形输出成为物理图纸、在 Web 或 Internet 上发布。而如何实现这一目的呢?

任务导入

AutoCAD 模型和布局都是可以进行图形打印的,在图纸打印中需要设置很多打印参数,其中出图比例是最容易混淆的地方。有两个地方可以对出图比例进行设置,一个是在绘制图形时在图形内部设置绘图比例,一个是在打印出图时设置出图比例。绘图比例我们可以在绘制图形文件时标记在图形文件中的,打印出图比例则不会记录在打印文件中。但绘制图形时常常按 1∶1 绘制图形文件,这就要求在打印图纸时调整打印出图比例了。

任务:在模型空间中以 1∶100 打印图纸

图 7-1 所示为按 1∶1 比例绘制的建筑图形,如何实现在模型空间中 1∶100 打印输出呢?

问题与思考

- 什么是绘图比例?
- 什么是出图比例?
- 哪些地方可以设定出图比例?

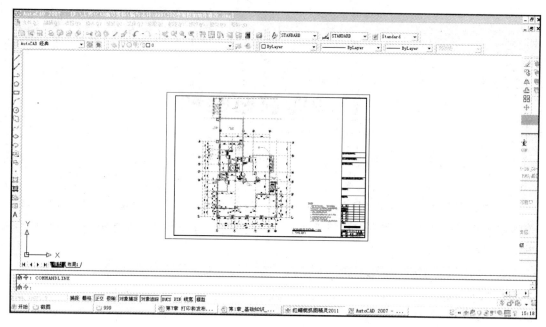

图　7-1

- 打印出图的方式有哪些？
- 什么是图形集？

7.2　知　识　点

7.2.1　打印图形

图形绘制完成后，需要在打印机上输出图形，这是绘图工作最重要的组成部分之一。在绘图窗口中包括模型空间和图纸空间。这两个空间都可以打印出图，在打印之前都必须进行页面设置。

1. 打印页面设置

页面设置就是对打印设备等影响最终输出外观以及输出格式的所有设置的集合。使用页面设置管理器将一个页面设置完成后并保存，这样就可以在以后随时调用，或者将这个命名的页面设置应用到多个布局中，也可以应用到其他的图形文件中。必须分别对模型空间和图纸空间进行打印页面设置，而且最终打印时，也只能使用自身的页面设置进行打印输出，模型空间无法选用图纸空间的页面设置进行打印，同样，图形空间也无法选用模型空间的页面设置进行打印。

（1）在模型空间中创建新页面设置

第 1 步：打开一个图形文件，处于模型空间时，选择"文件/页面设置管理器"菜单命令，打开"页面设置管理器"对话框，如图 7-2 所示。

第 2 步：单击"新建"按钮，打开"新建页面设置"对话框，如图 7-3 所示。

在"新建页面设置"的文本框中输入"设置 1"，并选择要使用的"基础样式"为"模型"。

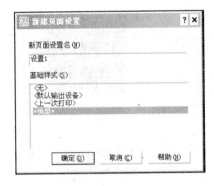

图　7-2　　　　　　　　　　　　　　　图　7-3

第 3 步：单击"确定"按钮，打开"页面设置"对话框，如图 7-4 所示。

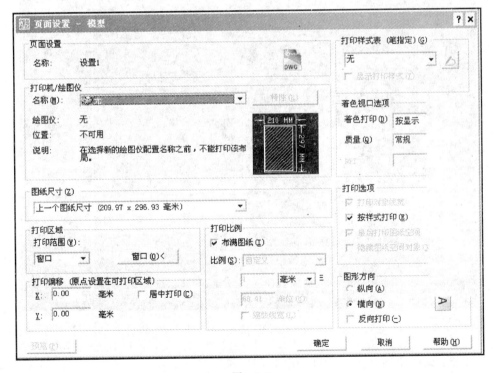

图　7-4

第 4 步：在"打印机/绘图仪"选项组中，单击"名称"下拉列表框的下三角按钮，在弹出的列表中选择打印机或者绘图仪名称。

第 5 步：单击"图纸尺寸"下拉列表框的下三角按钮，在弹出的列表中选择图纸尺寸。

第 6 步：当选择一个打印图纸尺寸之后，上面的局部预览图会精确显示图纸尺寸，如图 7-5 所示，其中的阴影区域是有效打印区域。

第 7 步：在"打印区域"选项组中，单击"打印范围"下拉列表框右侧的下三角按钮，弹出列表，如图 7-6 所示。

图 7-5

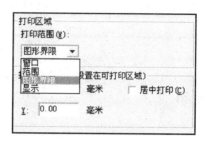

图 7-6

第 8 步：选择打印范围为"窗口"，单击"窗口"按钮，在界面的命令行中提示"指定第一个角点"，在视图中单击确定第一个角点位置与对角点位置或输入坐标值，如图 7-7 所示。线框内就是打印的范围。

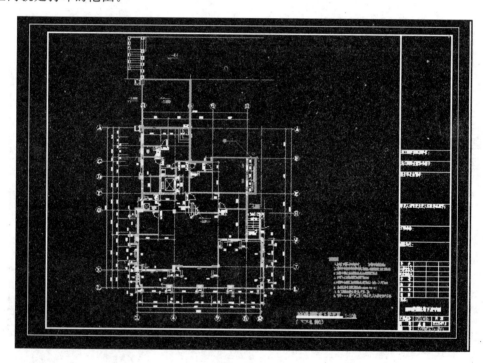

图 7-7

第 9 步：此时重新打开对话框，在"打印区域"栏中增加一个"窗口"按钮，如图 7-8 所示。

第 10 步：单击"窗口"按钮，在视图中会看到打印区域以亮色显示，而其他非打印区域会以暗色显示，如图 7-9 所示。

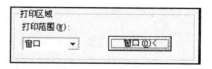

图 7-8

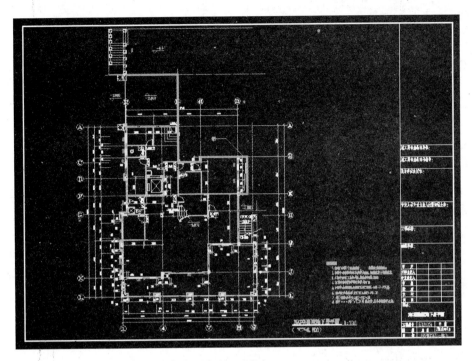

图　7-9

第 11 步：在视图中单击并拖曳鼠标，拖出一个新的矩形线框，线框内就是新的打印区域。

第 12 步：新的打印区域设置完成之后，会重新打开对话框，在"打印区域"选项组中单击下三角按钮，在下拉列表中还可以重新选择打印范围为"范围"。选择"范围"选项，能够打印当前空间内的所有几何图形，无论它们是否显示在视图中。

第 13 步：选择"范围"选项以后，将打印图形中的所有对象。单击对话框左下角的"预览"按钮，打开预览窗口，其中显示的图形就是最终打印的外观效果，如图 7-10 所示。

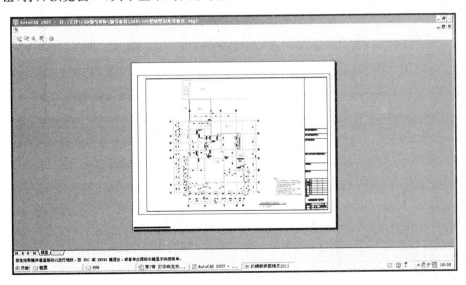

图　7-10

第 14 步：单击"关闭"按钮，退出预览并返回到"页面设置"对话框。

第 15 步：在"打印区域"选项组中单击下三角按钮，在下拉列表中还可以重新选择打印范围为"图形界限"。

第 16 步：单击"预览"按钮，在预览窗口中检查最终打印的外观效果。

第 17 步：单击"关闭"按钮，退出预览并返回到"页面设置"对话框。

第 18 步：在"打印区域"下单击下三角按钮，在下拉列表中还可以重新选择打印范围为"显示"，即设置打印区域为绘图窗口中显示的所有对象，没有显示的对象将不打印。

第 19 步：在"打印偏移"栏中选中"居中打印"，单击"预览"按钮，在预览窗口中检查最终打印的外观效果。选中"居中打印"，系统会自动计算 X 偏移值和 Y 偏移值，在图纸上将指定的打印区域放置在图纸的中间位置进行打印。

图　7-11

第 20 步：单击"关闭"按钮，退出预览并返回到打印对话框。

第 21 步：在打印偏移下，取消选中"居中打印"复选框，输入 X 轴偏移值为"100"，Y 轴偏移值为"50"，如图 7-11 所示。

第 22 步：单击"预览"按钮，在预览窗口中检查最终打印的外观效果，如图 7-12 所示。

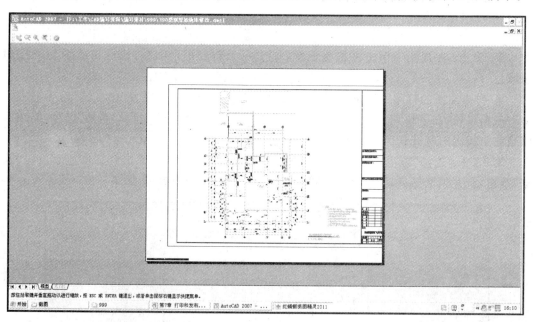

图　7-12

第 23 步：单击"关闭"按钮，退出预览并返回到打印对话框，选中"居中打印"。

第 24 步：在"打印比例"项目下，默认选中"布满图纸"，此时系统会缩放打印图形将其布满所选图纸尺寸，同时下面会显示出缩放的比例因子，如图 7-13 所示。如果取消了对"布满图纸"的选中状态，则可以单击"比例"下拉列表框右侧的下三角按钮，在弹出

图　7-13

的列表中选择一个比例,或输入比例。

第 25 步:在对话框的"打印样式"下拉列表框中,单击下三角按钮,在下拉列表框中选择打印样式表名称。一般情况下由于使用的是黑白打印机,因此应当选择一个黑白打印样式 monchrome.stb,单击 按钮,弹出"打印样式编辑器"对话框,如图 7-14 所示。如果用户的打印机是黑白的,而选择了彩色的打印样式或者没有选择打印样式,打印机将会将彩色样式转换为灰色,那么打印出来的图形颜色将以深浅不一的灰度显示。

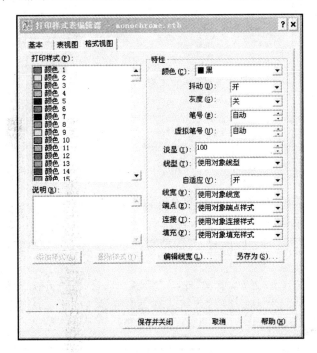

图　7-14

第 26 步:在"着色视口选项"栏下,选择"着色打印"方式和"质量",如图 7-15 所示。

第 27 步:在"打印选项"栏下,根据需要选择一种打印方式,默认状态下选中"按样式打印",如图 7-16 所示。

第 28 步:在"图形方向"栏下,选择打印的图形方向为"横向"或者"纵向",如图 7-17 所示。

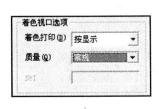

图　7-15　　　　　　　图　7-16　　　　　　　图　7-17

第 29 步:至此页面设置完成,单击"确定"按钮,关闭页面设置对话框。

第 30 步:在"页面设置管理器"对话框中,新建的"设置 1"页面设置名称显示在列表中,单击"设置 1",再单击"置为当前"按钮,应用"设置 1",如图 7-18 所示。

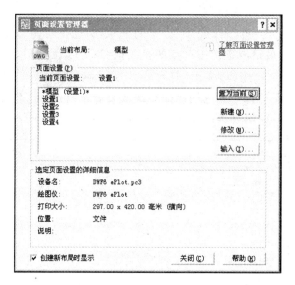

图　7-18

第 31 步：单击"关闭"按钮，结束新建页面设置工作。

（2）在图纸空间中创建新页面设置

在图纸空间中创建新的页面设置，与模型空间中的方法和设置内容基本相同。具体操作如下。

第 1 步：打开一个图形文件，单击"布局"标签。选择"插入/布局/创建布局向导"菜单命令，打开"创建布局-开始"对话框，在"输入新布局的名称"文本框内输入"平面图"，单击"下一步"按钮，如图 7-19 所示。

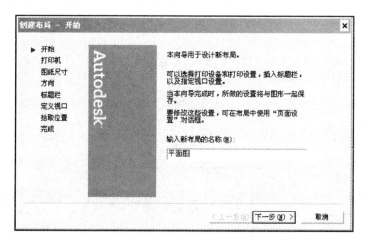

图　7-19

第 2 步：在"创建布局-打印机"对话框中，选择打印机名称，单击"下一步"按钮，如图 7-20 所示。

第 3 步：在"创建布局-图纸尺寸"对话框中，选择图纸尺寸，单击"下一步"按钮，如图 7-21 所示。

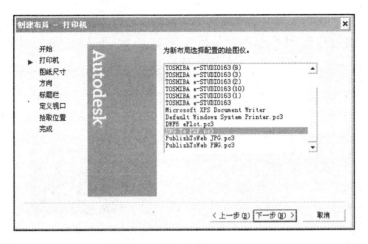

图　7-20

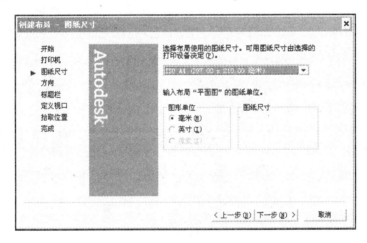

图　7-21

第 4 步：在"创建布局-方向"对话框中，选择图纸方向，单击"下一步"按钮，如图 7-22 所示。

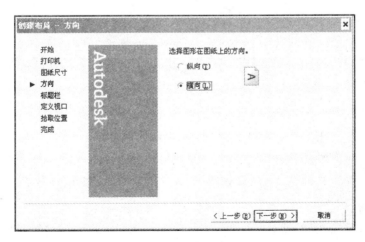

图　7-22

第 5 步：在"创建布局-标题栏"对话框中，选择图纸的标题栏，可以选择系统提供的标题栏，也可以由用户自己制定，用块的形式插入，单击"下一步"按钮，如图 7-23 所示。

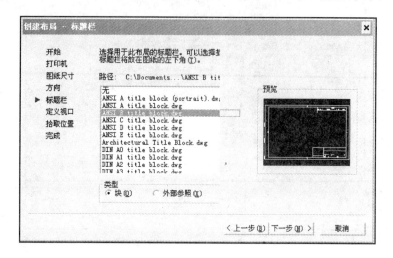

图　7-23

第 6 步：在"创建布局-定义视口"对话框中，选择图纸空间中有几个视口，以及视口的比例，单击"下一步"按钮，如图 7-24 所示。

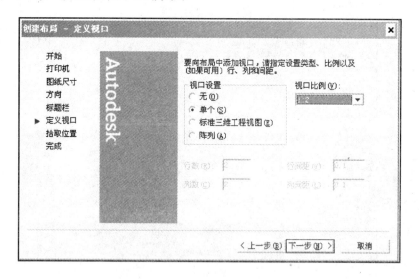

图　7-24

第 7 步：在"创建布局-拾取位置"对话框中，单击"选择位置"按钮，如图 7-25 所示。在视图中点单击并拖曳出一个矩形框，单击，一个视口创建完成。

第 8 步：在对话框中单击"完成"按钮，如图 7-26 所示。

第 9 步：新的平面图布局显示在视图中，就可以开始在平面图布局中标注尺寸了。

2. 打印输出

打印页面设置完成后，就可以开始打印图形了。

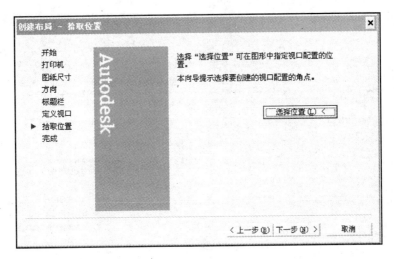

图　7-25

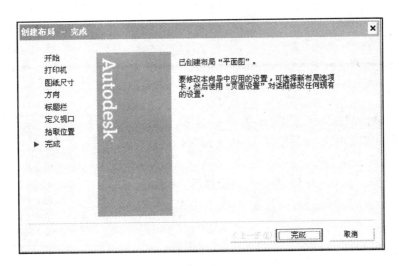

图　7-26

（1）在模型空间中打印输出

第 1 步：执行"打印"命令，有以下三种方法。

方法一：在工具栏中单击"打印"按钮。

方法二：选择"文件/打印"菜单命令。

方法三：在命令行中输入"plot"，并按 Enter 键。

第 2 步：打开"打印"对话框。默认情况下，对话框中隐藏了部分内容，单击右下角的箭头按钮，打开对话框全部内容，会发现"打印"对话框与"页面设置"对话框基本相同，如图 7-27 所示。在页面设置名称中已经有了前面创建的"设置 1"样式，单击页面设置可以继续对"设置 1"进行修改。单击"添加"按钮，还可以创建新的页面设置样式。

第 3 步："打印"对话框中增加了"打开打印戳记"复选框，右侧按钮可设置打印戳记，如图 7-28 所示。

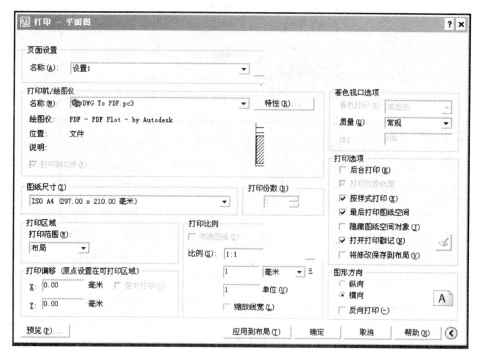

图　7-27

第 4 步：单击"打印戳记"按钮，打开对话框，如图 7-29 所示。选择打印戳记中包含的信息项目，例如"图形名"、"日期和时间"、"打印比例"等。

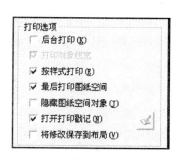

第 5 步：单击"高级"按钮，打开"高级选项"对话框，如图 7-30 所示，设置打印戳记的位置和字体、大小等，单击"确定"按钮。

第 6 步：在"打印"对话框中，单击"确定"按钮，打印出图，图纸的左下角有打印戳记，如图 7-31 所示。

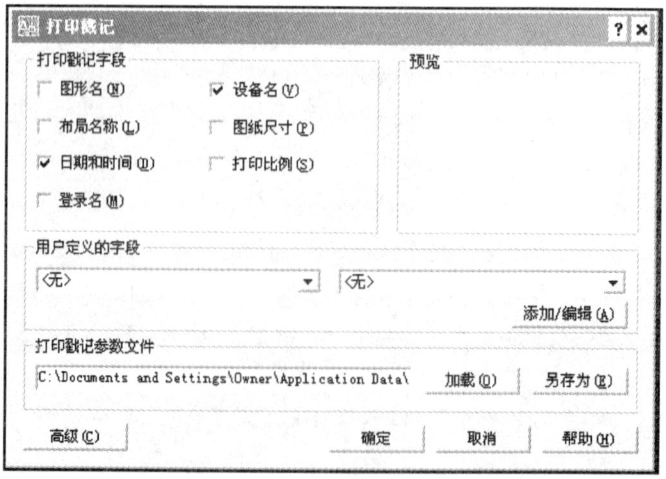

图　7-28

图　7-29

图　7-30

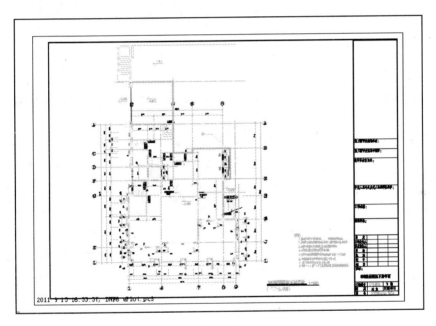

图　7-31

（2）在图纸空间中多比例打印输出

在图纸空间中的打印方法与模型空间中的打印方法基本相同，一般情况下用户在模型空间绘制图形时使用的是真实尺寸，在进行标注时，会发现标注尺寸的文字和箭头大小，看不清楚。这是由于图形的尺寸非常大，标注的尺寸与图形相比太小了。因此，就必须将标注尺寸设置得大一些，使其与图形相适合。但用户在图纸空间中打印时，会在图纸上创建多个视口，并且各视口以不同的比例显示图形，这时模型空间中创建的尺寸标注，也会因为视口的比例不同，使标注显示的比例产生大小差异，导致打印出来的一张图纸中有多种标注尺寸。为了使一张图纸中尺寸标注相同，就不应当在模型空间中创建标注，而应当在布局选项卡中测量并标注尺寸。

第1步：打开一个图形文件，单击布局选项卡，进入图纸空间，如图 7-32 所示。

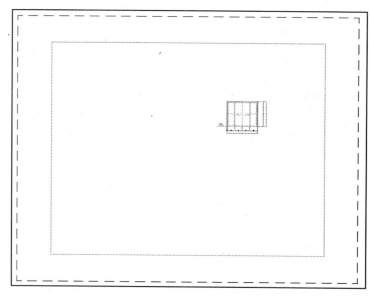

图　7-32

默认情况下布局选项卡中会有一个视口，在页面中虚线表示实际可打印区域，也就是图形界限。

提示：如果该布局选项卡中没有选择一个页面设置，在进入布局选项卡时，会打开页面设置管理器对话框，提示用户选择一个布局页面设置或创建一个新的页面设置并应用在该布局上。

第2步：单击视口线框，线框显示出夹点，该夹点呈红色显示，向上拖曳夹点并单击，缩小视口尺寸，如图 7-33 所示。

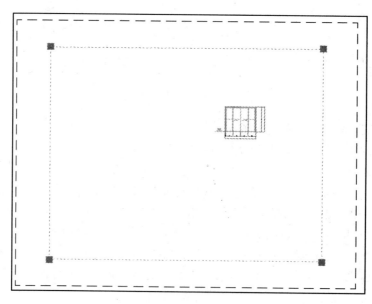

图　7-33

第 3 步：双击视口内部，激活该视口，单击范围输入按钮，视口中显示出所有图形，如图 7-34 所示。

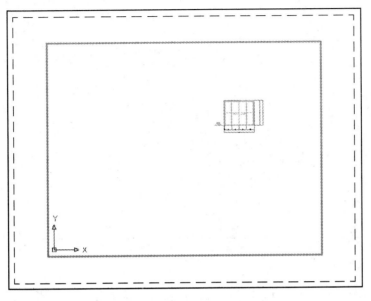

图　7-34

第 4 步：选择"视图/视口/一个视口"菜单命令，在图纸上单击并拖曳出一个线框单击，即可创建一个新的视口，如图 7-35 所示。

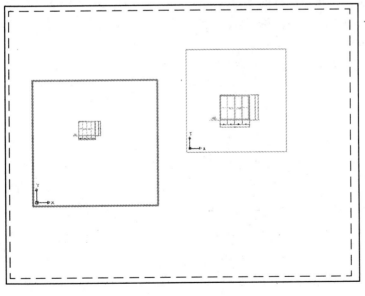

图　7-35

第 5 步：在新视口内部双击，激活新视口，使用窗口缩放工具，框选窗口图形，将其放大显示在新建视口中，如图 7-36 所示。

第 6 步：单击"删除"按钮，单击选择所有的标注对象，再右击，删除标注。

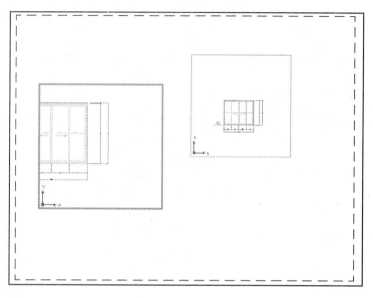

图　7-36

第 7 步：选择"标注/标注样式"菜单命令，在打开的对话框中选择样式名称，单击"修改"按钮，在打开的"修改"对话框中单击"调整"标签，在选项卡标注特征比例项目下，选中"将标注缩放到布局"，单击"确定"按钮。

此时就会根据当前模型空间视口和图纸空间之间的比例确定比例因子。

第 8 步：在两个视口之外的空白处双击，取消对布局选项卡中的视口选择。

第 9 步：单击"线性标注"按钮，单击状态栏中的"对象捕捉"按钮，开始捕捉图形上的端点并标注尺寸。

尺寸标注完成后的效果如图 7-37 所示。

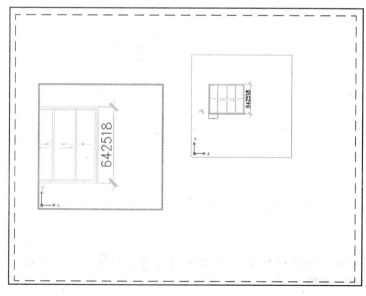

图　7-37

可以看到虽然没有选择任何一个视口,但可以捕捉图形上的端点创建标注对象,并且两个不同显示比例的视口标注的比例相同。

如果选择一个视口,在这个视口中进行标注,效果与图 7-38 没有区别。

第 10 步:视口的边框不需要打印,单击视口边框,在图层工具栏中选择一个图层,例如"视口"图层,即可将视口线框设置在该图层上。

提示:这个图层不能有任何图形,如果当前的场景中没有这样的图层,参照 5.2.1 小节内容创建新图层。通常视口线框放置在 Defpoints 图层中,该图层不可打印。

第 11 步:单击"图层特性管理器"按钮,打开对话框,在"视口"图层的右侧单击打印设置按钮,该按钮转变为截止打印图标,这样就取消了视口边框的打印,如图 7-38 所示。

状	名称	开	冻结	锁定	颜色	线型	线宽	打印样式	打	冻	冻	说明
	ZXX				9	CONTIN...	—— 默认	Color_9				
	地坪线				青	CONTIN...	—— 默认	Color_4				
	家具				11	CONTIN...	—— 默认	Color_7				
	家具1				白	CONTIN...	—— 默认	Color_7				
	洁具				121	CONTIN...	—— 默认	Color				
	框架柱				白	CONTIN...	—— 默认	Color				
	露台				253	CONTIN...	—— 默认	Color				
	落水管				白	CONTIN...	—— 默认	Color_7				
	门窗编号				洋红	CONTIN...	—— 默认	Color_6				
	面积计算				181	CONTIN...	—— 默认	Color				
	签字				黄	CONTIN...	—— 默认	Color_3				
	墙__实线				绿	CONTIN...	—— 默认	Color_3				
	墙__虚线				绿	DASH	—— 默认	Color_3				
	视口				绿	CONTIN...	——	Color				
	填充				8	CONTIN...	—— 默认	Color_9				
	完成面				洋红	CONTIN...	—— 默认	Color_6				
	屋而				洋红	CONTTN	—— 默认	Color				

捕捉图像

图 7-38

第 12 步:单击"视口"图层名右侧的黄色灯泡,变成蓝色,单击"确定"按钮,关闭对话框。此时视图中取消了视口线框的显示,如图 7-39 所示。

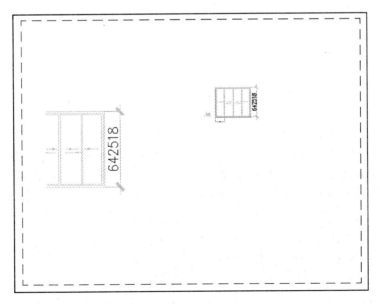

图 7-39

第 13 步：在图纸空间中不仅可以创建并放置视口对象，还可以添加标题栏以及文字对象等。

（3）在图纸空间中按 1∶100 比例打印图形

在模型空间需要按比例打印图形时，可以在打印对话框中设置打印比例，但在布局空间中设置了视口，这时打印设置对话框中的打印比例，是将布局选项卡中的视口及其只显示的图形作为一个整体图形对象，控制的是这个视口打印比例，而不是视口内部显示的图形打印比例。通常建筑图形会在模型空间中按照实际尺寸进行绘制，在布局空间图形会缩小显示图纸的视口内部。

第 1 步：单开一个文件，单击"布局"标签，进入布局空间，单击"打印"按钮，打开"打印"对话框，选择打印机名称，选择图纸为 A3，单击"应用到布局"按钮，单击"取消"按钮。

第 2 步：此时布局空间的图纸大小改变了，视口在图纸上的位置也会改变，单击视口边界线，显示出蓝色夹点，单击并拖曳夹点，可以改变视口的大小及位置。修改完成后，按 Esc 键，取消选择。

第 3 步：在视口内部双击，视口边界线会粗细显示，说明已经启动视口内部操作状态，单击"实时缩放"按钮，在视口缩放显示图形，如图 7-40 所示。

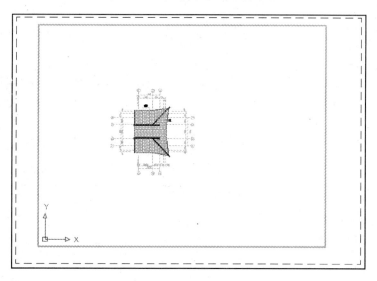

图　7-40

第 4 步：在命令行中输入"z"，或单击比例缩放按钮，按 Space 键，命令行提示"指定窗口的角点，输入比例因子（nX 或 nXP），或者指定窗口的角点，输入比例因子（nX 或 nXP），或者 [全部(A)/中心(C)/动态(D)/范围(E)/上一个(P)/比例(S)/窗口(W)/对象(O)]＜实时＞"，输入"0.01xp"，按 Space 键，此时视口内部的图形缩放效果如图 7-41 所示。

第 5 步：单击"打印"按钮，打开"打印"对话框，设置打印比例为 1∶1，单击"打印"按钮，打印输出的图纸与布局选项卡上的效果相同。

此时测量图纸上的图形尺寸，测量的尺寸与标注尺寸会相差 100 倍。即图纸上 1 毫米等于实际尺寸的 100mm，标注为 3800mm 的直线，测量尺寸为 38mm，它代表实际的 3800mm。

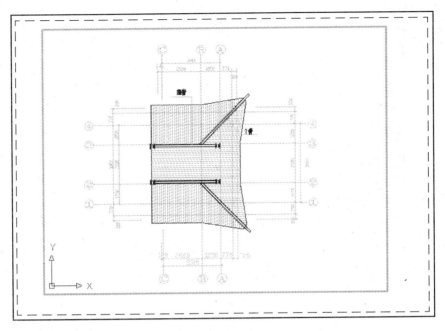

图　　7-41

7.2.2　发布电子图形集

AutoCAD 的图形成果除了打印机打印输出还可以采用可以在 Web 或者 Internet 上发布的文件格式输出，这就是 DWF 电子文件。每个 DWF 文件可包含一张或多张图纸，称为单页 DWF 文件和多页 DWF 文件。而将多张图纸集合在一个 DWF 文件中出图也就是发布电子图形集。

1. 打印单页 DWF 文件

如何输出含有一张图纸的 DWF 文件呢？可以直接使用"打印"命令来实现，方法如下。

第 1 步：打开一个图形文件，在模型或布局中，单击"打印"按钮，打开"打印"对话框。

第 2 步：在"打印"对话框中，打印机/绘图仪选择"DWF6 eplot. pc3"，根据需要为 DWF 文件选择打印设置，单击"确定"按钮后，打开"浏览打印文件"对话框，选择一个位置并输入打印的电子文件名称为"∗. dwf"形式，如图 7-42 所示，单击"保存"按钮。

（1）当提示打印完成之后，可以单击"打印信息"按钮，打开对话框，查看打印信息，如图 7-43 所示。

（2）当打印完毕后，右击"打印信息"按钮，在弹出的菜单中选择"查看 DWF 文件"命令。此时打开 Autodesk DWF Viewer 浏览器，显示出刚打印的图形集，在浏览器中看到的图形就是真实打印效果。当然也可以直接在保存文件夹中双击打开 DWF 文件，如图 7-44 所示。

2. 打印多页 DWF 文件

如何使一个 DWF 文件包含多张图纸呢？这就需要通过图纸集管理器，合并图形集合，以 DWF 文件的形式发布整个图形集，具体操作方法如下。

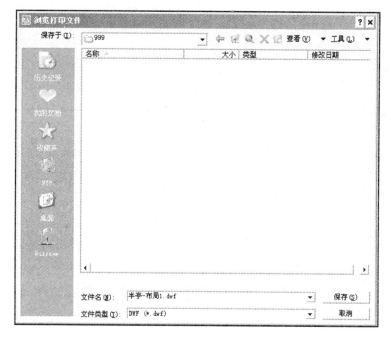

图　7-42

图　7-43

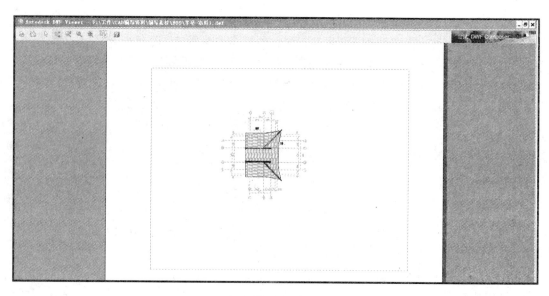

图　7-44

第 1 步：打开一个图形文件，页面设置完成之后，单击"发布"按钮，打开对话框，在"发布到"栏下，选中"DWF 文件"，如图 7-45 所示。对话框列表中单击一个名称，再单击"删除图纸"按钮，可从图纸列表中删除当前选定的图纸。单击"添加图纸"按钮，显示选择图形对话框，从中可以选择要添加到图纸列表的图形文件。

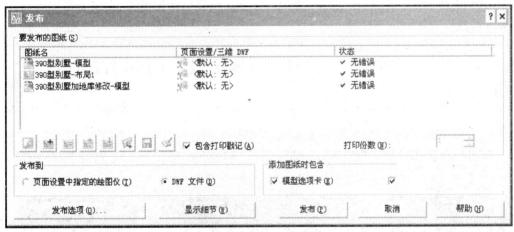

图　7-45

第 2 步：单击"发布选项"按钮，打开"发布选项"对话框，如图 7-46 所示。从中可以指定发布图纸时 DWF 文件和打印文件将保存的位置。还可以指定其他的发布选项。

第 3 步：在"发布"对话框中，单击"发布"按钮，打开对话框，选择一个文件夹，文件名称的形式为"＊.dwf"，单击"选择"按钮，开始创建电子图形集。当发布作业完成之后，就会在

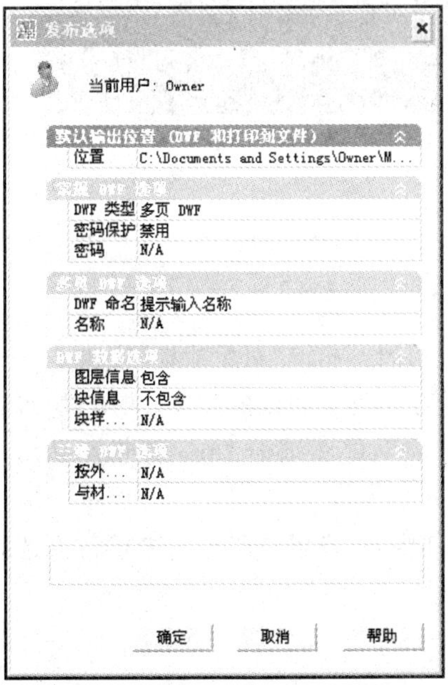

图　7-46 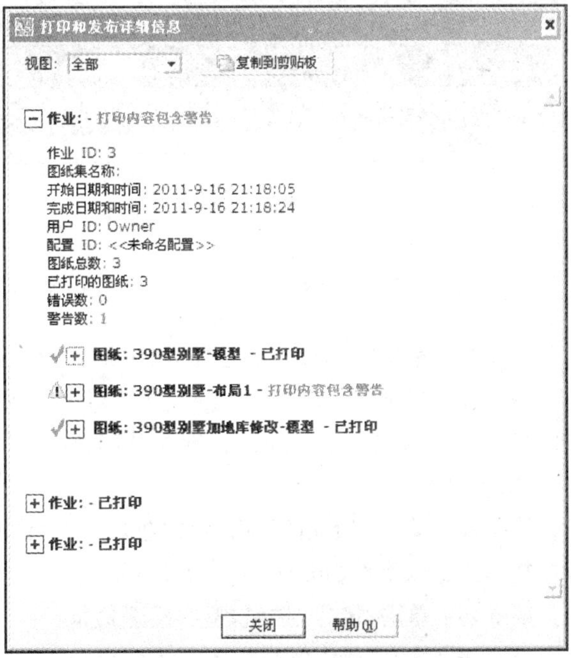　　　　　　　　　　　　　　　　图　7-47

右下角显示完成信息。

第 4 步：单击"打印和发布详细信息"按钮，打开"打印和发布详细信息"对话框，显示打印信息，如图 7-47 所示。

第 5 步：右击"打印信息"按钮，在弹出的快捷菜单中选择"查看 DWF 文件"命令。此时打开 Autodesk DWF Viewer 浏览器，浏览器显示出刚打印的图形集，在浏览器中看到的图形和真实打印的效果是一样的。

7.3 任务实施：在模型空间中以 1：100 打印图纸

第 1 步：选择"文件"命令，打开素材文件"290b 型别墅.dwg"，选择模型空间，如图 7-48 所示。

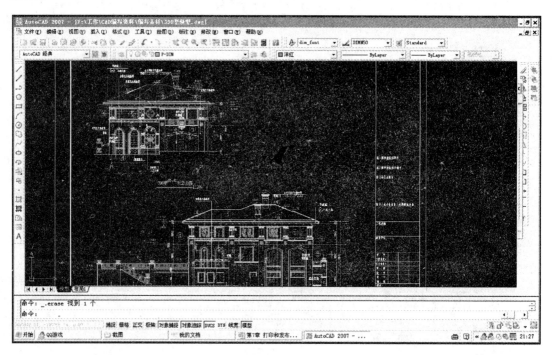

图 7-48

第 2 步：单击"实时缩放"按钮，将图形在视口调整到最佳，打开"对象捕捉"按钮。

第 3 步：单击"打印"按钮，在"打印"对话框中选择打印机和图纸的尺寸，取消对"布满图纸"的选中，选中"居中打印"。设置打印比例为"1：100"，即图纸的 1mm 等于实际尺寸的 100mm。

第 4 步：单击右下角的"更多"按钮，打开对话框全部内容，设置打印样式表项目下选择黑白打印样式表名称"monochrome.stb"。

第 5 步：单击"窗口"按钮，捕捉图形边框。

第 6 步：单击"预览"按钮，预览效果如图 7-49 所示。满意后，单击预览窗口中的"打印"按钮，即可打印输出图纸。

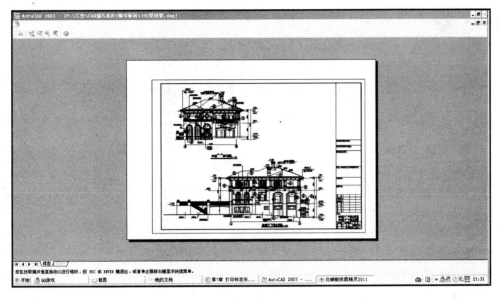

图　7-49

习　题

选择题

1. 为什么要自行添加绘图仪？（　　）

    A. 操作系统本身没有打印设置

    B. 操作系统自带的打印机精度不够

    C. 操作系统自带的打印机可打印尺寸不够大

    D. 操作系统自带的打印机不能打印 AutoCAD 的文件

2. 关于视口下列说法错误的是？（　　）

    A. 视口一般不显示在"模型"窗口中

    B. 在视口范围内的图形才能被打印出来

    C. 删除视口后图形会从配置模型中消失

    D. 在视口中不能调整图形

3. 关于图纸集的说法错误的是？（　　）

    A. 图纸集可以自行建立或者应用样例建立

    B. 图纸集可以将不同来源的图纸集合输出

    C. 图纸集的图纸来源可以是如何位置

    D. 图纸集一旦建立就不能修改

第 8 章

建筑平面图的绘制

本章主要介绍建筑平面图的基本知识和建筑平面图的绘制步骤。要求熟练掌握建筑平面图的绘制方法和绘制步骤,掌握某住宅楼的二至四层建筑平面图的整个绘制过程。墙体用多线命令绘制,并用多线编辑命令修改。修改"T"字形相交的墙体时应注意选择墙体的顺序。门和窗先制作成块,再插入。如果在其他的图形中需要多次用到门块和窗块,可以用"wblock"命令将其定义成外部块,再用"插入块"命令插入到当前图形中。楼梯用直线、矩形、偏移、阵列等命令绘制。

本章主要内容

- 建筑平面图的基本知识。
- 建筑平面图的绘制步骤。

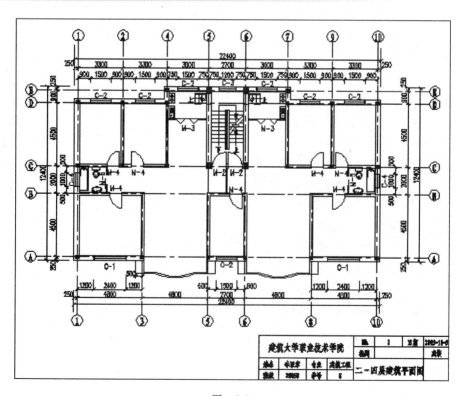

图 8-1

8.1　任务导入与问题的提出

任务导入

本章将以图 8-1 所示的某住宅楼二至四层建筑平面图为例,详细讲述建筑平面图的绘制过程。

问题与思考

- 建筑平面图的基本知识有哪些?
- 建筑平面图的绘制步骤是怎样的?

8.2　知　识　点

8.2.1　建筑平面图的设计原则

表示建筑物水平方向房屋各部分内容及其组合关系的图纸为建筑平面图。由于建筑平面图能突出地表达建筑的组成和功能关系等方面内容,因此一般建筑设计都先从平面设计入手。在平面设计中还应从建筑整体出发,考虑建筑空间组合的效果,照顾建筑剖面和立面的效果和体型关系。在设计的各阶段中,都应有建筑平面图纸,但其表达的深度不尽一样。

8.2.2　建筑平面图设计内容

(1) 承重和非承重墙、柱(劈柱)、轴线和轴线编号、内外门窗位置和编号、门的开启方向、房间名称或编号和房间的特殊要求(如洁净度、恒温、防爆、防火等)。

(2) 柱距(开间)、跨度(进深)尺寸、墙身厚度、柱(壁柱)宽、深和轴线关系尺寸。

(3) 轴线间尺寸、门窗洞口尺寸、分段尺寸、外包总尺寸。

(4) 变形缝位置尺寸。

(5) 卫生器具、水池、台、橱、柜、隔断等位置。

(6) 电梯(并注明规格)、楼梯位置和楼梯上下方向示意及主要尺寸。

(7) 地下室、地沟、地坑、必要的机座、各种平台、夹层、入孔、墙上预留孔洞、重要设备位置尺寸与标高等。

(8) 铁轨位置、轨距和轴线关系尺寸、吊车类型、吨位、跨距、行驶范围、吊车梯位置等。

(9) 阳台、雨篷、台阶、坡道、散水、明沟、通气竖道、管线竖井、烟囱、垃圾道、消防梯、雨水管位置及尺寸。

(10) 室内外地面标高、楼层标高(底层地面标高为±0.000)。

(11) 剖切线及编号(一般只注在底层平面)。

(12) 有关平面节点详图或详图索引号。

（13）指北针（画在底层平面）。

（14）平面尺寸和轴线，如为对称平面可省略重复部分的尺寸，楼层平面除开间、跨度等主要尺寸，轴线编号外，与底层相同的尺寸可省略。楼层标准层可共用一平面，但需注明层次范围及标高。

（15）根据工程性质及复杂程度，应绘制复杂部分的局部放大平面图。

（16）建筑平面较长时，可分区绘制，但需在各分区底层平面上绘出组合示意图，并明显表示出分区编号。

（17）屋顶平面可缩小比例绘制，一般内容有墙、檐口、天沟、坡度、雨水口、屋脊（分水线）、变形缝、楼梯间、水箱间、电梯间、天窗及天窗挡风板、屋面上人孔、检修梯、室外消防梯及其他构筑物，详图索引号、标高等。

8.3 任务实施：绘制建筑平面图

1. 设置绘图环境

（1）使用样板创建新图形文件，如图 8-2 所示。

图 8-2

（2）设置绘图区域。

选择"格式/图形界限"菜单命令，根据命令行提示进行操作，将图形界限设置为 42000mm×29700mm 的长方形区域。

（3）放大图框线和标题栏。

单击"修改"工具栏中的"缩放"命令按钮，输入指定比例因子为 100，将图框线和标题栏放大 100 倍。

（4）显示全部绘图区域。

（5）修改标题栏中的文本。

（6）修改图层。

（7）设置线型比例。

（8）设置文字样式和标注样式。

（9）完成设置并保存文件。

注意：虽然在开始绘图前，已经对图形单位、界限、图层等进行了设置，但是在绘图过程中，仍然可以对它们进行修改，以避免在绘图时因设置不合理而影响绘图。

2. 绘制轴线

设置当前层为"轴线"层，用直线命令绘制第一条横轴及纵轴，再用偏移或复制命令完成其他的轴线，如图 8-3 所示。

3. 绘制墙体

（1）锁定"轴线"层，选择"墙体"层为当前层。

（2）设置多线样式。

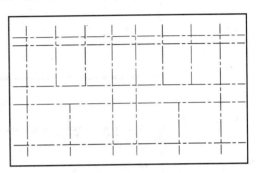

图　8-3

选择"格式/多线样式"菜单命令，弹出"多线样式"对话框。设置"370"墙体的样式，"新建多线样式"对话框如图 8-4 所示。

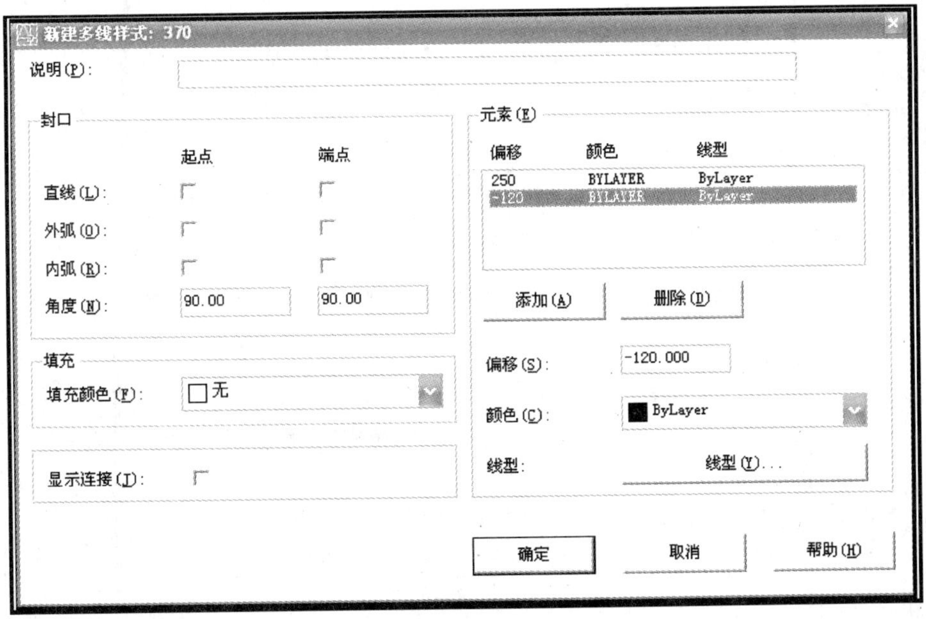

图　8-4

"180"、"60"及"370-1"墙体的"新建多线样式"对话框如图 8-5～图 8-7 所示。

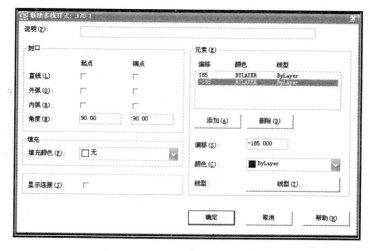

图 8-5

图 8-6

图 8-7

（3）绘制及修改墙体。

在墙体层运用多线命令绘制墙体,绘制时结合对象追踪命令使用,采用正中对齐,并将多线比例设置为 1,如图 8-8～图 8-11 所示。

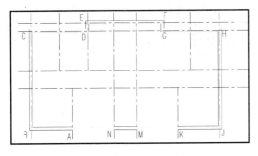

图 8-8　"370"墙体绘制结果

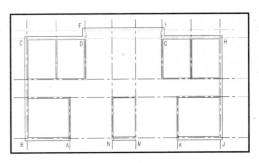

图 8-9　"180"墙体绘制结果

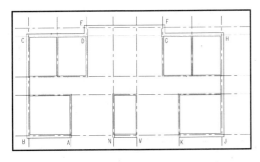

图 8-10　"60"墙体绘制结果

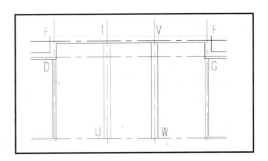

图 8-11　"370-1"墙体绘制结果

修改墙体:关闭"轴线"层。选择"修改/对象/多线"菜单命令,弹出"多线编辑工具"对话框,如图 8-12 所示。多线编辑可以将十字接头、丁字接头、角接头等修正为如图 8-12 所示的形式。

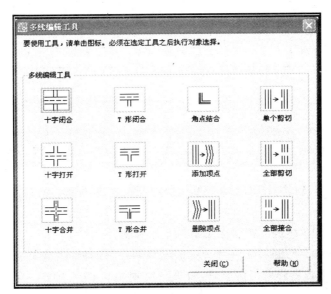

图　8-12

修改"丁"字相交的墙体时,应注意选择多线的顺序,如果修改结果异常,可以改变单击多线的顺序。修改后效果如图 8-13 所示。

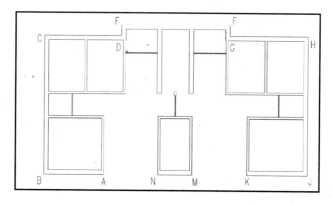

图　8-13

4. 绘制柱子

(1) 运用矩形命令绘制柱子轮廓线。

(2) 将柱子图案填充。

(3) 尺寸相同的柱子可以用复制命令来完成。同理也可以绘制出其他尺寸不同的柱子,如图 8-14 所示。

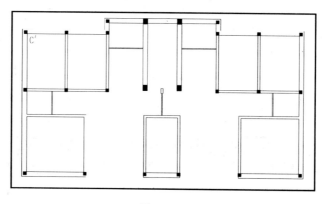

图　8-14

5. 绘制其他部分

(1) 绘制卫生间器具:浴盆、坐便、洗脸盆。利用矩形、圆、椭圆、直线、圆角、偏移等命令完成。

(2) 绘制厨房器具:炉台、厨洗盆。利用矩形、圆、直线、偏移、填充等命令完成,如图 8-15 所示。

(3) 另外一户的卫生间和厨房运用镜像命令绘制。

(4) 运用直线命令绘制门窗洞口一端的墙线,再用偏移命令偏移复制出另外一侧的墙线,最后再运用修剪命令修剪门窗洞口,如图 8-16 所示。

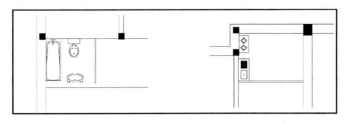

图　8-15

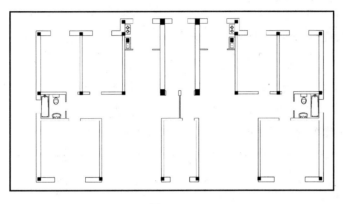

图　8-16

6. 绘制和插入门、窗图形块

（1）绘制窗图形块。

将 0 层设置为当前层。运用直线命令绘制一个长为 1000，宽为 100 的矩形，并运用偏移命令在内部绘制两条直线，偏移距离为 33，并创建"窗"块。

运用"插入块"命令将"窗块"插入到窗洞口中，如图 8-17 和图 8-18 所示。

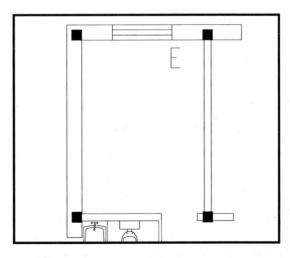

图　8-17

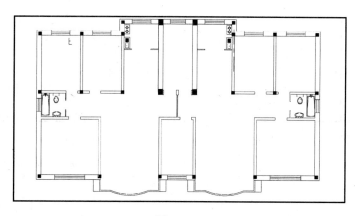

图　8-18

（2）绘制和插入门图形块。

门洞口的制作方法与窗洞口基本一致，主要运用"直线"命令绘制洞口两边的墙线，运用修剪、延伸命令来修剪洞口。门的尺寸及其修剪如图 8-19 所示。

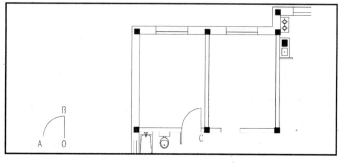

图　8-19

插入全部门后如图 8-20 所示。

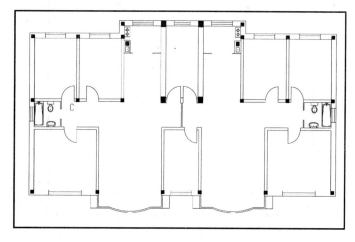

图　8-20

卫生间推拉门的绘制如图 8-21 所示。

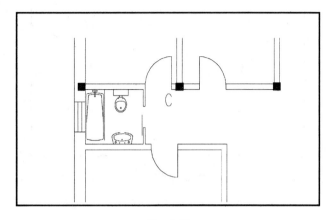

图 8-21

厨房门的绘制如图 8-22 所示。

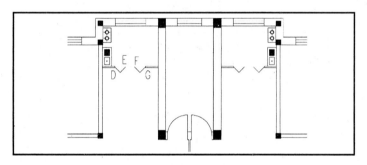

图 8-22

7. 绘制阳台

绘制图 8-1 中③～⑤轴线和⑥～⑧轴线之间的阳台,如图 8-23 和图 8-24 所示。

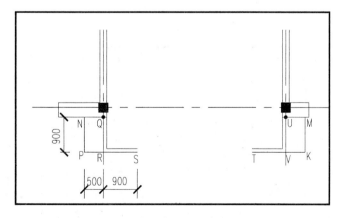

图 8-23

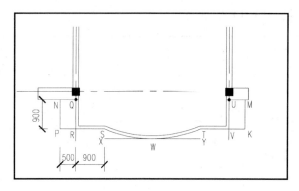

图 8-24

8. 标注文本

（1）标注水平方向文字。

将"文本"层设置为当前层，"数字"样式设置为当前的文字样式。运用"单行文字"命令标注文本，水平方向文字的"旋转角度"为 0，如图 8-25 所示。

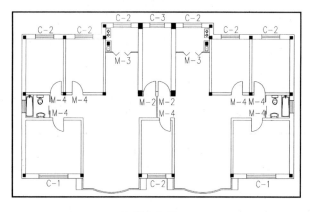

图 8-25

（2）标注垂直方向的文字，如图 8-26 所示。

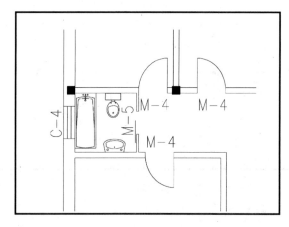

图 8-26

9. 绘制楼梯

运用"直线"命令绘制折断线,并运用"修剪"命令修剪。楼梯的方向运用"多段线"命令绘制。

扶手运用"矩形及偏移"命令绘制,踏步运用"直线及阵列"命令绘制,如图 8-27 和图 8-28 所示。

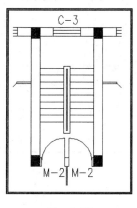 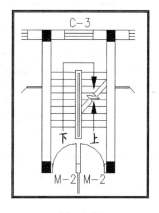

图　8-27　　　　　　　　　图　8-28

10. 标注尺寸

将当前层设置为"尺寸标注"层,运用"线性标注"命令及"连续标注"命令标注尺寸,如图 8-29 所示。

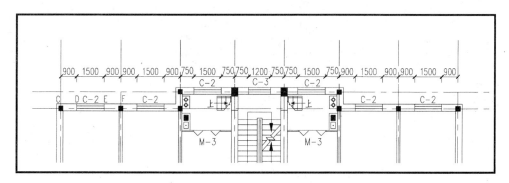

图　8-29

细部尺寸标注如图 8-30 所示。

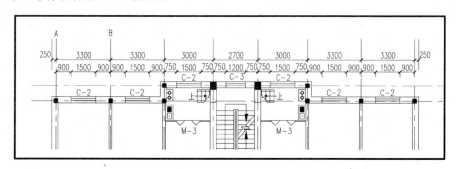

图　8-30

轴线间尺寸标注如图 8-31 所示。

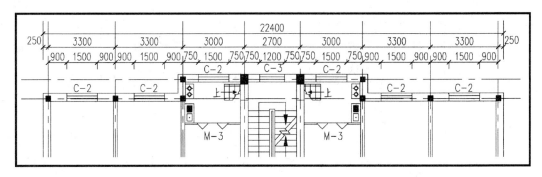

图　8-31

整体尺寸标注如图 8-32 所示。

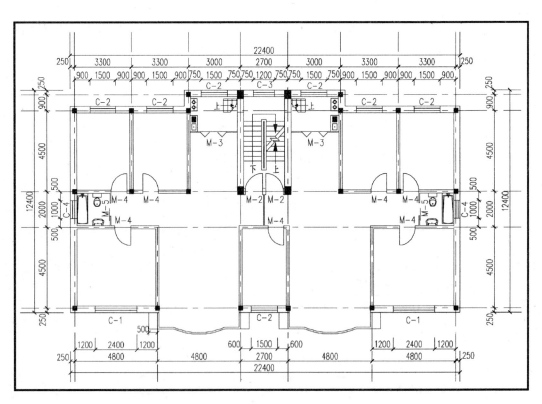

图　8-32

11. 标注轴号

用"圆"命令在绘图区的任一空白位置绘制一个直径为 800 的圆,用"单行文字"命令在圆的中心位置写一个高度为 500 的字"1",如图 8-33 所示。

图 8-33

运用"复制"命令复制轴号①,如图 8-34 所示。

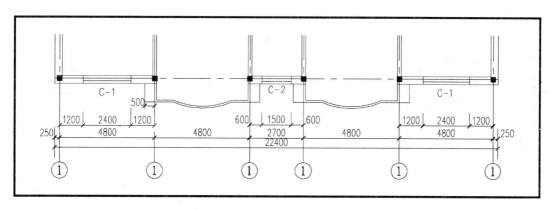

图 8-34

运用"文字修改"命令修改轴号,如图 8-35 所示。

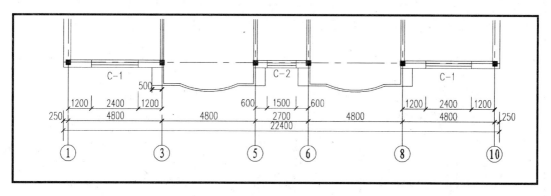

图 8-35

同理,可以复制并修改其他的轴号,最终效果如图 8-36 所示。

12. 设置图框和标题栏

打开"标题栏"层,调整图框线和标题栏的位置,如图 8-37 所示。

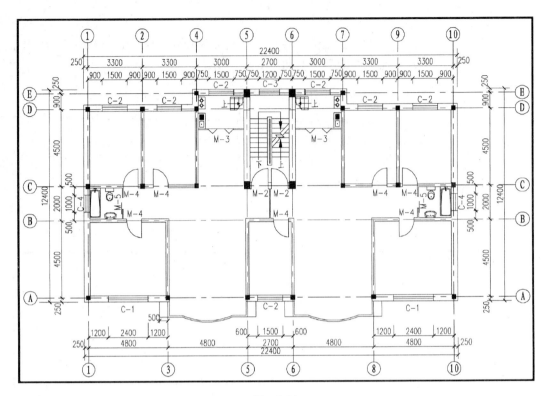

图　8-36

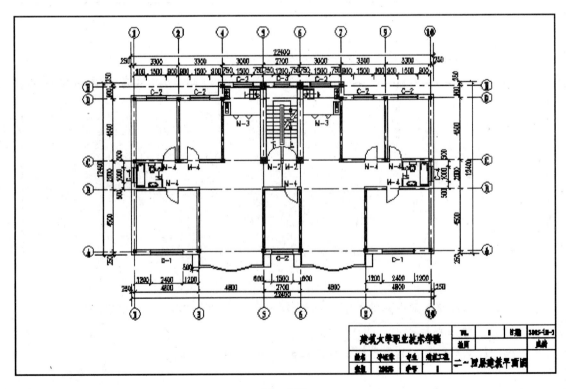

图　8-37

习　题

绘图题

绘制图 8-38 所示的某建筑的首层平面图。

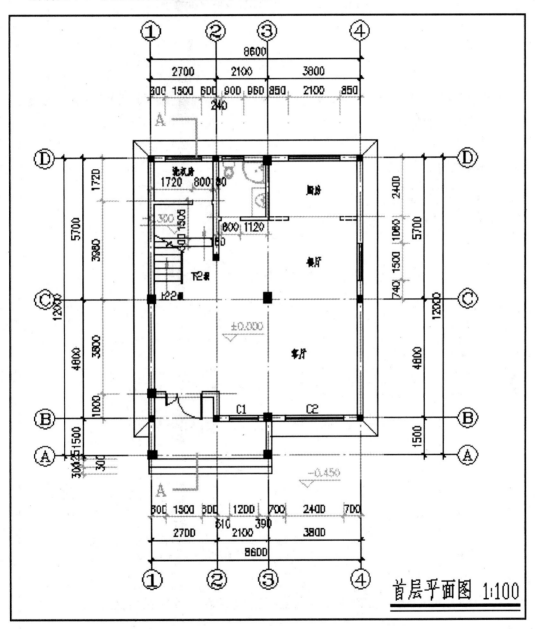

图　8-38

建筑立面图的绘制

本章主要介绍建筑立面图的基本知识和建筑立面图的绘制步骤。要求熟练掌握建筑立面图的绘制方法和绘制步骤。

本章主要内容

- 建筑立面图的基本知识。
- 建筑立面图的绘制步骤。

9.1 任务导入与问题的提出

任务导入

本章将以图 9-1 所示的住宅楼立面图为例,详细讲述建筑立面图的绘制过程及方法。

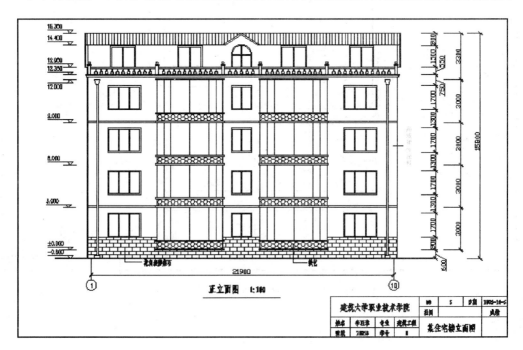

图 9-1

问题与思考

- 建筑立面图的基本知识有哪些?
- 建筑立面图的绘制步骤是怎样的?

9.2　知　识　点

9.2.1　建筑立面图的设计原则

建筑立面图是将建筑的不同侧表面,投影到垂直投影面上而得到的正投影图。它主要表现建筑的外貌形状,反映屋面、门窗、阳台、雨篷、台阶等的形式和位置,建筑垂直方向各部分高度,建筑的艺术造型效果和外部装饰做法等。根据建筑型体的复杂程度,建筑立面图的数量也有所不同。一般分为正立面、背立面和侧立面,也可按建筑的朝向分为南立面、北立面、东立面和西立面,还可以按轴线编号来命名立面图名称,这对平面形状复杂的建筑尤为适宜。在施工中,建筑立面图主要是作建筑外部装修的依据。

1. 立面的比例尺度

尺度正确、比例谐调,是立面完整的重要方面。

2. 立面的虚实与凹凸

建筑立面的构成要素中,窗、空廊、凹进部分以及实体中的透空部分,常给人以通透感,可称之为"虚";墙、柱、栏板、屋顶等给人以厚重封闭的感觉,可称为"实"。

3. 立面的线条处理

线条有位置、粗细、长短、方向、曲直、繁简、凹凸等变化,能由设计者主观上加以组织、调整,而给人不同的感受。

4. 立面的色彩与质感

色彩与质感是材料固有特性。对一般建筑来说,由于受其功能、结构、材料和社会经济条件限制,往往主要通过材料色彩的变化使其相互衬托与对比来增强建筑表现力。

5. 重点与细部处理

由于建筑功能和造型的需要,建筑立面中有些部位需要重点处理,这种处理会加强建筑表现力,打破单调感。

建筑立面需要重点处理部位有建筑物主要出入口、楼梯、形体转角及临街立面等。可采用高低大小、横竖、虚实凹凸、色彩质感等对比。

9.2.2　建筑立面图设计内容

(1) 建筑物立面的外观特征、形状及凹凸变化。

(2) 建筑物各主要部位的形状、位置、尺寸及标高,如室内外地面、窗台、雨篷等处的标高及门窗洞的高度尺寸等。

(3) 立面图两端或分段定位轴线及编号。

(4) 外墙面装修材料、构造做法及施工要求。

9.3 任务实施：绘制建筑立面图

1. 设置绘图环境

（1）使用样板创建新图形文件。

单击"标准"工具栏中的新建命令按钮 ▢ ，弹出"创建新图形"对话框。从"选择对象"列表框中选择第 8 章建立的样板文件"A3 建筑图模板.dwt"，单击"确定"按钮，进入 AutoCAD 2007 绘图界面。

（2）设置绘图区域。

选择"格式/图形界限"菜单命令，设置左下角坐标为"0,0"，指定右上角坐标为"42000,29700"。

（3）放大图框线和标题栏。

单击"修改"工具栏中的缩放按钮 ▢ ，选择图框线和标题栏，指定 0,0 点为基点，指定比例因子为 100。

（4）显示全部作图区域。

单击"标准"工具栏中的窗口缩放按钮，单击"全部缩放"按钮，显示全部作图区域。

（5）修改标题栏中的文本。

第 1 步：双击标题栏，弹出"增强属性编辑器"对话框。

第 2 步：在"增强属性编辑器"的"属性"选项卡下的列表框中顺序单击各属性，在下面的"值"文本框中依次输入相应的文本。

第 3 步：单击"确定"按钮，标题栏文本编辑完成后如图 9-2 所示。

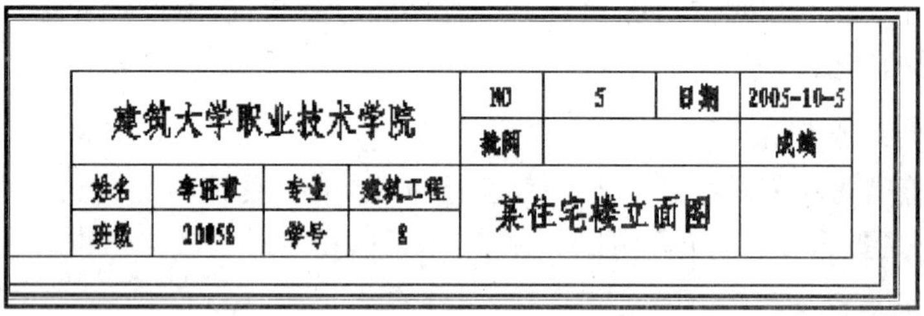

建筑大学职业技术学院	NO	5	日期	2005-10-5
	批阅			成绩
姓名 李延尊 专业 建筑工程		某住宅楼立面图		
班级 2005B 学号 8				

图 9-2

（6）修改图层。

第 1 步：单击"图层"工具栏中的"图层管理器"按钮 ▨ ，弹出"图层特性管理器"对话框，单击"新建"按钮，新建两个图层：辅助线和立面。

第 2 步：设置颜色。设置辅助线层颜色为红色。

第 3 步：设置线型。将"辅助线"层的线型设置为"CENTER2"，"立面"层的线型保留默认的"Continuous"实线型。

第 4 步：单击"确定"按钮，返回到 AutoCAD 作图界面。

（7）设置线型比例。

在命令行输入线型比例命令 LTS 并按 Enter 键，将全局比例因子设置为 100。

（8）设置文字样式和标注样式。

第 1 步：本例使用"A3 建筑图模板.dwt"中的文字样式。"汉字"样式采用"仿宋_GB2312"字体，宽度比例设为 0.8，用于书写汉字；"数字"样式采用"Simplex.shx"字体，宽度比例设为 0.8，用于书写数字及特殊字符。

第 2 步：选择"格式/标注样式"菜单命令，弹出"标注样式管理器"对话框，选择"建筑"标注样式，然后单击"修改"按钮，弹出"修改标注样式：建筑"对话框，将"调整"标签中"标注特征比例"中的"使用全局比例"修改为 100。单击"确定"按钮，返回"标注样式管理器"对话框，单击"关闭"按钮，完成标注样式的设置。

图　9-3

2. 绘制辅助线

（1）打开"住宅正立面图.dwg"文件，进入 AutoCAD 2007 的绘图界面。

（2）将"辅助线"层设置为当前层。单击状态栏中的"正交"按钮，打开正交状态。

（3）通过单击"绘图"工具栏中的直线按钮 ，执行直线命令，在图幅内适当的位置绘制水平基准线和竖直基准线。

（4）按照图 9-3 和图 9-4 所示的尺寸，利用偏移命令，绘制出全部辅助线。

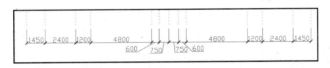

图　9-4

（5）绘制完成的辅助线如图 9-5 所示。

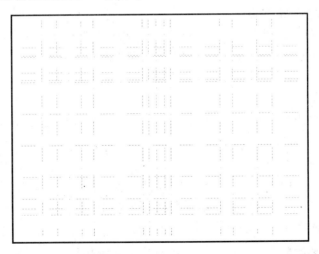

图 9-5　绘制完成的辅助线

3. 绘制底层和标准层的轮廓线

（1）将"立面"图层设为当前层，单击状态栏中的"对象捕捉"按钮，打开对象捕捉方式，然后设置捕捉方式为"端点"和"交点"方式。

（2）绘制地坪线。

单击"绘图"工具栏中的多线段按钮 ，捕捉水平基准线的左端点 A 作为起点，输入 w 并按 Enter 键设置线宽为 50，捕捉水平基准线的右端点 D，按 Space 键结束命令。

绘制完成的地平线如图 9-6 所示。

（3）绘制底层和标准层的轮廓线。

按 Space 键重复多段线命令，捕捉辅助线的左下角交点 B 作为起点，输入 w 并按 Enter 键设置线宽为 30，依次捕捉辅助线相应交点 E、F、C，按 Space 键结束命令。绘制好的底层和标准层轮廓线如图 9-6 所示。

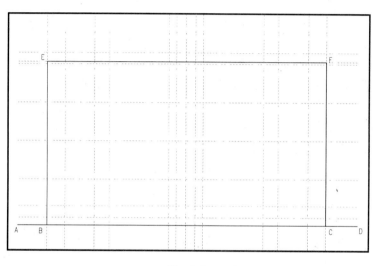

图　9-6

4. 绘制底层和标准层的窗

在绘制窗户之前，先观察一下这栋建筑物上一共有多少种类的窗户，在 AutoCAD 2007 作图的过程中，每种窗户只需绘制出一个，其余都可以利用 AutoCAD 2007 的复制命令或阵列命令来实现。

绘制窗户的步骤如下。

（1）将"立面"层设为当前层，同时单击状态栏中的"对象捕捉"按钮，选择"交点"和"垂足"捕捉方式。

（2）绘制底层最左面的窗。

第 1 步：绘制窗户的外轮廓线。单击"绘图"工具栏中的矩形按钮 ，捕捉辅助线上点 G 作为第一个角点的位置，输入窗外轮廓线右上角的相对坐标"@2400,1700"，按 Space 键完成的窗户外轮廓线 HIJG 的绘制，如图 9-7 所示。

第 2 步：绘制内轮廓线。单击"修改"工具栏中的偏移按钮 ，输入偏移距离 80 并按 Enter 键，然后选择窗外轮廓线 HIJG 并向内侧偏移，按 Space 键结束命令。完成的窗户内轮廓线见图 9-7。

第 3 步：利用已知尺寸绘制窗扇。

第 4 步：单击"修改"工具栏中的分解按钮 ，将窗的内轮廓线分解。

第 5 步：单击"修改"工具栏中的偏移按钮 ，设置偏移距离为 695，利用窗内轮廓线左右两侧线条偏移出表示窗棂的线段 LM 和 NO。

第 6 步：按 Space 键重复偏移命令，输入偏移距离 50，偏移出表示窗棂的另外两条线段。绘制完底层最左侧的窗如图 9-7 所示。

（3）用相同的方法，绘制出中间的小窗，中间小窗的尺寸如图 9-8 所示，绘制完成后如图 9-9 所示。

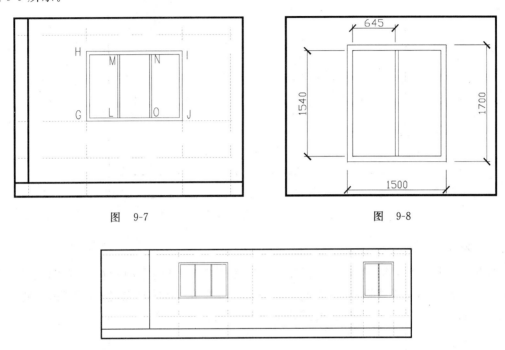

图　9-7　　　　　　　　　　　　　　　图　9-8

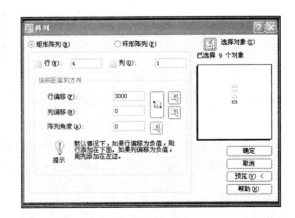

图　9-9

（4）阵列出立面图中各层左侧的窗和中间的小窗。

单击"修改"工具栏中的阵列命令按钮 ，弹出"阵列"对话框，单击"选择对象"按钮，框选前面绘制的两个窗，右击返回到"阵列"对话框，"阵列"对话框的设置如图 9-10 所示。

图　9-10

然后单击"确定"按钮,完成后效果如图 9-11 所示。

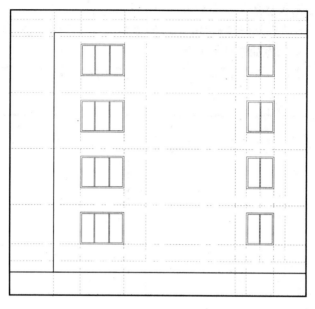

图　9-11

（5）镜像出右侧的窗。

关闭"辅助线"层,单击"修改"工具栏中的镜像按钮 ⚎ ,选中左侧所有的窗,捕捉轮廓线顶边线的中点作为镜像线第一点,到底边捕捉垂足作为镜像线第二点,按两次 Enter 键。绘制完成后打开"辅助线"层,此时立面图如图 9-12 所示。

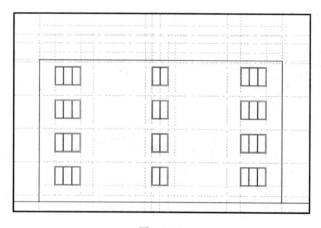

图　9-12

注意：在立面图中,由于窗户都应符合国家标准,所以可以提前绘制一些一定模数的窗户,然后按照前面章节讲述的方法保存成图块,在需要的时候直接插入即可。

5. 绘制阳台

在本章的立面图中,底层和标准层的阳台样式相同,分布也十分有规律,所以可以先绘制出一个阳台,然后采用"阵列"和"复制"命令把阳台放置到合适的位置。

首先绘制一个阳台,其尺寸如图9-13所示。

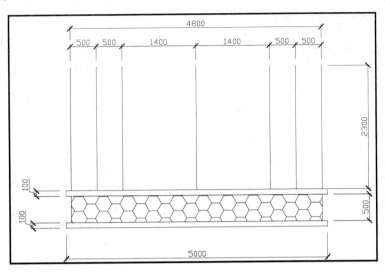

图 9-13

(1) 将"立面"层设为当前层。打开"正交"方式,选择"端点"和"中点"对象捕捉方式。

(2) 绘制阳台的下侧护板。

第1步:绘制下护板。单击"绘图"工具栏中的矩形按钮 ▭,命令行提示如下:捕捉辅助线上底层左侧阳台左下角位置 P 作为第一个角点,按尺寸输入相对坐标@5000,100 指定另一角点的位置。

第2步:将护板向左移100。单击"修改"工具栏中的移动按钮 ✛,选择刚才绘制的矩形,再在绘图区任意位置单击,将该矩形向左移动100。

(3) 利用下护板复制出阳台的上侧护板。单击"修改"工具栏中的复制按钮 ❀,选择刚才绘制的下侧护板,按 Space 键结束选择,在任意位置单击作为基点,复制并向上移动600。

(4) 单击"绘图"工具栏中的直线按钮 ✏,绘制出阳台上下护板之间的连接,完成后如图9-14所示。

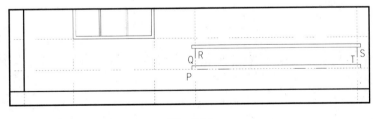

图 9-14

(5) 绘制阳台的装饰铁艺。

第1步:单击"绘图"工具栏中的填充按钮 ▨,弹出"图案填充和渐变色"对话框。

第2步:选择"类型和图案"选项区域中的"HONEY"样例,比例设置为50。

第3步:单击"添加:拾取点"按钮 ⊞,切换到绘图界面,在上下护板及连接线 QRST 内单击,指定填充区域,然后按 Space 键返回到"图案填充和渐变色"对话框,如图 9-15 所示。

图　9-15

第 4 步:单击"确定"按钮即完成阳台装饰铁艺的绘制,效果如图 9-16 所示。

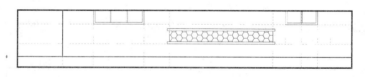

图　9-16

(6) 使用"直线"命令和"偏移"命令绘制阳台窗玻璃上的分隔线,完成后的单个阳台效果见图 9-13。

(7) 使用"阵列"和"复制"命令绘制其他阳台,关闭"辅助线"层,此时的立面图如图 9-17所示。

6. 绘制雨水管

雨水管是用来排放屋顶积水的管道,雨水管的上部是梯形漏斗,下面是一个细长的管道,底部有一个矩形的集水器。雨水管的绘制步骤如下。

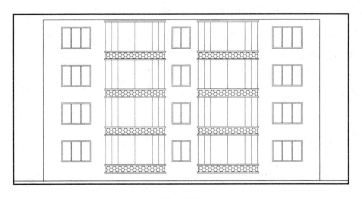

图　9-17

（1）绘制左侧的雨水管。

第 1 步：将"立面"层设为当前层，关闭"辅助线"层。设置对象捕捉方式为"端点"、"中点"和"交点"捕捉方式。

第 2 步：单击"绘图"工具栏中的直线按钮 ／，按住 Shift 键，然后右击，选择快捷菜单中"捕捉自"命令，捕捉到底层和标准层轮廓线的左上角 E，输入相对坐标"@500，－200"，按 Enter 键确定梯形漏斗顶边线的起点，然后向右画 400，并依次由相对坐标绘制梯形漏斗其他边线，最后输入 c，按 Enter 键闭合直线。

绘制完的梯形漏斗如图 9-18 所示。

第 3 步：绘制雨水管干管的左边线。按 Space 键重复直线命令，按住 Shift 键，右击，选择快捷菜单中的"自"命令，捕捉到梯形漏斗的左下角 U，输入相对坐标"@50，0"按 Enter 键，确定雨水管左边线的顶端位置，然后向下画 12050，按 Enter 键结束直线命令。

第 4 步：绘制雨水管干管的右边线。单击"修改"工具栏中的偏移按钮 ，输入偏移距离 100，按 Enter 键，选中雨水管左边线 UV，在右侧单击，然后按 Enter 键结束命令。

绘制完的雨水管干管如图 9-19 所示，立面图如图 9-20 所示。

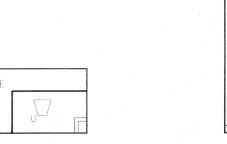

图　9-18　　　　　　　　　　　　　　　图　9-19

第 5 步：绘制雨水管下端的集水器。单击"绘图"工具栏中的矩形按钮 ▭，按住 Shift 键，然后右击，选择快捷菜单中的"捕捉自"命令，捕捉到雨水管干管左下角位置，输入相对坐标"@−150,0"，按 Enter 键，确定底部矩形集水器的左上角位置，由相对坐标"@400，−200"确定集水器的右下角位置，完成左侧雨水管的绘制。

（2）利用"镜像"命令绘制出右侧的雨水管。

单击"修改"工具栏中的镜像按钮 ⚎，捕捉轮廓线顶边中点为镜像线的第一点，捕捉轮廓线底边中点为镜像线的第二点，然后按 Enter 键结束命令。

绘制完雨水管后的立面图如图 9-20 所示。

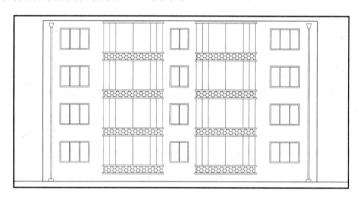

图　9-20

7. 绘制墙面装饰

（1）绘制花岗岩蘑菇石贴面。

花岗岩蘑菇石贴面的绘制应先画出边界线，然后再利用"图案填充"命令完成绘图。

第 1 步：将"立面"层设为当前层，打开"辅助线"层，设置对象捕捉方式为"端点"、"中点"和"交点"捕捉方式。

第 2 步：利用"直线"命令画出花岗岩蘑菇石贴面的上边界。单击"绘图"工具栏中的直线按钮 ╱，捕捉底层窗下缘辅助线与轮廓线的左交点 W 作为第一点，捕捉底层窗下缘辅助线与轮廓线的右交点 X 作为下一点，按 Enter 键结束直线命令，如图 9-21 所示。

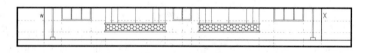

图　9-21

第 3 步：关闭"辅助线"层，单击"修改"工具栏中的修剪按钮 ╱，将花岗岩蘑菇石贴面上边界与雨水管和阳台相交的多余段修剪掉。绘制完的花岗岩蘑菇石贴面上边界，如图 9-22 所示。

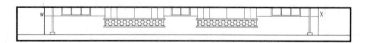

图　9-22

第 4 步：利用"图案填充"命令完成花岗岩蘑菇石贴面的绘制。单击"修改"工具栏中的"图案填充"按钮 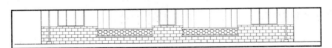，弹出"图案填充和渐变色"对话框，如图 9-23 所示。

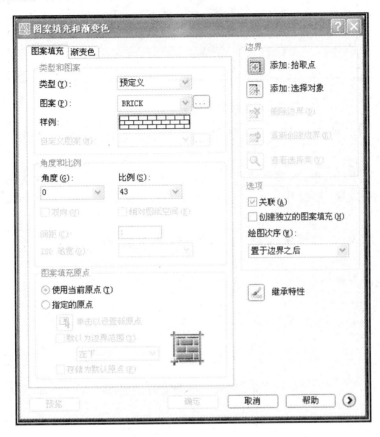

图　9-23

第 5 步：单击"图案"下拉列表后面的按钮 [⋯]，或者单击"样例"后面的填充图案，弹出"填充图案选项板"对话框，单击"其他预定义"选项卡，从中选择"BRICK"图案。然后单击"确定"按钮，重新回到"图案填充和渐变色"对话框。

第 6 步：单击"添加：拾取点"按钮 ，进入绘图界面。在需要填充的多个闭合的区域内单击，选择填充区域完毕后，按 Enter 键或右击结束选择，重新弹出"图案填充和渐变色"对话框。在"比例"下拉列表框中修改要填充图案的比例为 3，最后单击"确定"按钮，完成花岗岩蘑菇石贴面的填充，填充结果如图 9-24 所示。

图　9-24

（2）绘制分隔线。

分隔线的绘制比较简单，使用"直线"命令、"修剪"命令、"复制"命令即可完成。

第 1 步：打开"辅助线"图层，单击"绘图"工具栏中的直线按钮 ／，捕捉图 9-25 所示的交点 Y 作为第一点,捕捉图 9-25 所示的交点 Z 作为下一点,按 Enter 键结束"直线"命令。

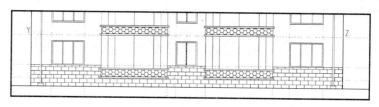

图　9-25

第 2 步:关闭"辅助线"层,单击"修改"工具栏中的修剪按钮 ┷,修剪掉所绘直线与雨水管相交的部分。

第 3 步:打开正交方式,关闭对象捕捉方式,单击"修改"工具栏中的复制按钮 ❀,选择刚绘出的三段分隔线,复制并向上移动 100,按 Space 键结束命令,绘制完一、二层间的分隔线。

第 4 步:按 Space 键重复"复制"命令,将分隔线复制到四层阳台下相应位置,完成三、四层间分隔线的绘制。

绘制完花岗岩蘑菇石贴面后,效果如图 9-26 所示。

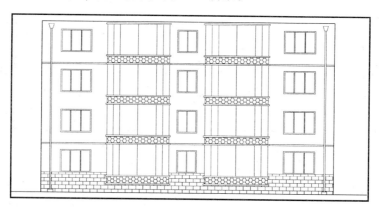

图　9-26

8. 绘制屋檐

(1) 将"立面"层设为当前层,关闭"辅助线"层,同时打开状态栏中的"对象捕捉"按钮,选择"端点"、"中点"和"交点"对象捕捉方式。

(2) 画一个尺寸为 22600×100 的矩形。单击"绘图"工具栏中的矩形按钮 ▭,在任意位置单击,输入相对坐标"@22600,100"并按 Enter 键。

(3) 单击"修改"工具栏中的移动按钮 ✛,将该矩形移动到正确位置。捕捉矩形底边的中点作为基点,捕捉到轮廓线顶边 EF(见图 9-6)的中点作为第二点。

(4) 采用相同的方法,画一个尺寸 22700×50 矩形,将它移到第(2)、(3)步中所画的矩形上面,使二者相临边的中点重合,完成屋檐的绘制。

到此为止,底层和标准层上的立面图已经完成,如图 9-27 所示。

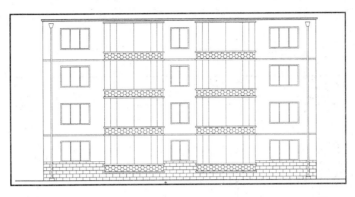

图　9-27

9. 绘制阁楼装饰栅栏

（1）绘制立柱。

第 1 步：将"立面"层设置为当前层,打开"辅助线"层,设置对象捕捉方式为"端点"、"中点"、"交点"和"象限点"捕捉方式。

第 2 步：画立柱的主干矩形。单击"绘图"工具栏中的矩形按钮 ☐,捕捉到屋檐顶边线与最左侧辅助线的交点 Z(见图 9-28),输入相对坐标"@200,650",按 Enter 键,画出立柱的主干矩形。

第 3 步：利用"矩形"命令,分别画尺寸为 300×50 和 200×50 的两个矩形,再利用"移动"命令,捕捉稍大矩形底边中点为基点,将矩形移动到主干矩形顶边的中点。同理将小矩形移动到大矩形的顶部。

第 4 步：画立柱顶部的球体。单击"绘图"工具栏中的圆按钮 ⊘,在任意位置单击作为圆心,输入圆的半径为 80 并按 Enter 键。

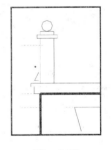

图　9-28

第 5 步：单击"修改"工具栏中的移动按钮 ✛,将立柱顶部的球体移动到适当位置。绘制完成的一个立柱如图 9-28 所示。

第 6 步：单击"修改"工具栏中的复制命令按钮 ⌗,选择立柱后进行多重复制,画出其余立柱。

第 7 步：单击"修改"工具栏中的移动按钮 ✛,将最右侧立柱移动到与侧面右山墙面对齐,完成后如图 9-29 所示。

图　9-29

（2）绘制扶手。

第 1 步：将"立面"层设置为当前层,打开正交方式。

第 2 步：以扶手定位辅助线与各立柱的交点为端点画直线。单击"绘图"工具栏中的直线按钮 ✏,捕捉图 9-29 所示的 A 点作为第一点,捕捉图 9-29 所示的 B 点作为第二点,按 Space 键结束命令。再按 Space 键重复该命令,完成扶手上边界的绘制。

第 3 步：关闭"辅助线"层，单击"修改"工具栏中的复制命令按钮 🔖，选择扶手上边界向下复制出下边界。

绘制完扶手后的装饰栅栏如图 9-30 所示。

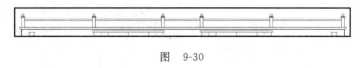

图　9-30

（3）绘制装饰柱。

第 1 步：将"立面"层设置为当前层，关闭正交方式。

第 2 步：单击"绘图"工具栏中的样条曲线命令按钮 〜，在图 9-31 所示位置绘制一条样条曲线。

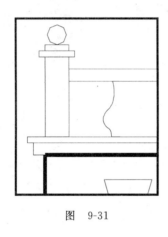 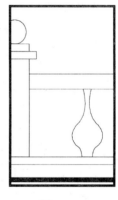

图　9-31　　　　　　　　　　　图　9-32

第 3 步：单击"修改"工具栏中的镜像按钮 ⚊，选中所绘的样条曲线，打开正交方式，以适当的竖直方向为对称轴镜像出装饰柱的右半部分，如图 9-32 所示。

第 4 步：单击"绘图"工具栏中的直线按钮 ✎，连接两条样条曲线上部的端点，以便创建块时确定插入点的位置。

第 5 步：单击"绘图"工具栏中的"创建块"按钮 🔳，弹出"块定义"对话框。将整个装饰柱定义成名为"chg"的块。"块定义"对话框设置如图 9-33 所示。

第 6 步：选择"绘图/点/定数等分"菜单命令，选择左面第一段栏杆的下边线，输入 B（插入块）选项并按 Enter 键，输入块名"chg"按 Enter 键，输入段数 12 按 Enter 键，绘制完左面第一段栏杆下的装饰柱。

第 7 步：按与第 6 步相同的方法，依次用"定数等分"的方式在其他段栏杆下插入"chg"块，分段数分别为 12、6、12 和 12，则绘制完整阁楼装饰栅栏，效

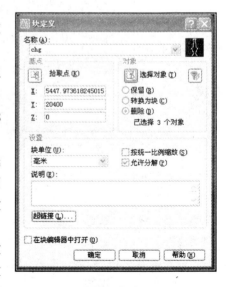

图　9-33

果如图 9-34 所示。

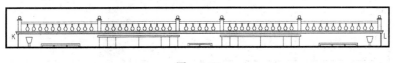

图　9-34

10. 绘制阁楼轮廓线和坡屋面

（1）修改底层和标准层轮廓线。

单击"修改"工具栏中的打断按钮 □，将底层和标准层轮廓线的顶边线 KL 段（见图 9-34）删除。

（2）绘制阁楼轮廓线。

第 1 步：将"立面"层设置为当前层，打开"辅助线"层，设置对象捕捉方式为"端点"、"中点"和"交点"捕捉方式。

第 2 步：单击"绘图"工具栏中的多段线按钮 ⌐，以 30 的线宽沿图 9-35 所示 KMNOPQR、XWVUTSL 各点画出阁楼轮廓线，其中，在 R(S)点向左(右)偏移 200。

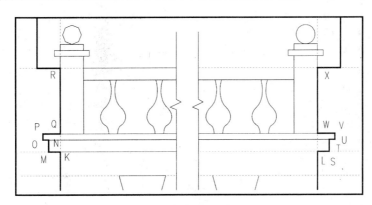

图　9-35

阁楼轮廓线绘制完成后的效果如图 9-36 所示。

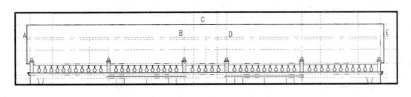

图　9-36

（3）绘制坡屋面。

第 1 步：利用"直线"命令，画出阁楼屋面边缘线的直线部分 AE（见图 9-36）。

第 2 步：用同样方法画出阁楼侧墙外边线。

第 3 步：利用"直线"命令、"偏移"命令（偏移距离为 100）和"修剪"命令，绘制出阁楼老虎窗屋面的边缘线，如图 9-37 所示。

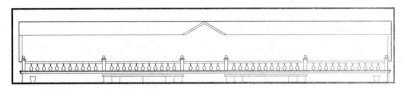

图　9-37

第 4 步：利用"填充"命令绘制阁楼屋面瓦，"图案填充与渐变色"对话框如图 9-38 所示。

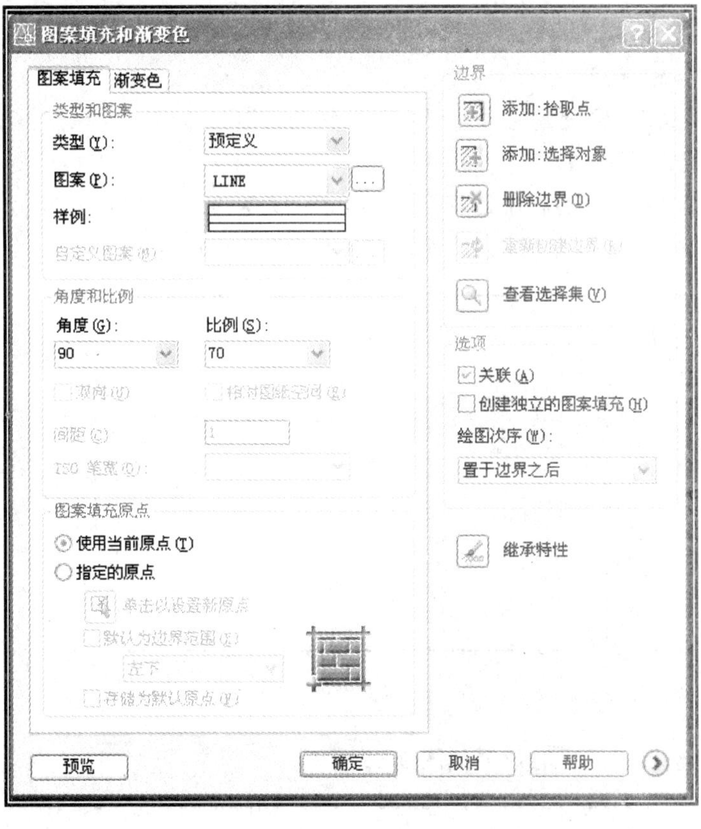

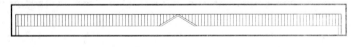

图　9-38

阁楼屋面瓦的绘制完成后如图 9-39 所示。

图　9-39

11. 绘制阁楼方窗和老虎窗

（1）绘制阁楼两侧的四个方窗。

第 1 步：将当前图层设置为"立面"层，对象捕捉方式设置为"中点"捕捉方式。

第 2 步：在立面图中空白区域画一个 1800×1500 的矩形作为窗框的外边线。

第 3 步：将该矩形向内偏移 80,并利用"分解"、"删除"和"延伸"命令,画出窗框的内边线。

第 4 步：利用"偏移"命令将窗框两侧内边线各向内偏移 795,绘制出窗档。完成单个窗的绘制,如图 9-40 所示。

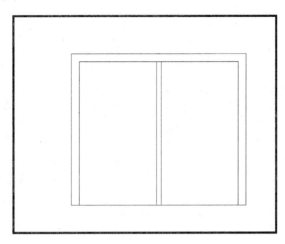

图　9-40

第 5 步：利用"复制"命令,以窗下框的中点为基点将已完成的窗进行多重复制,复制到相应装饰栏杆上边线的中点上,再将原方窗删除,完成四个方窗的绘制,如图 9-41 所示。

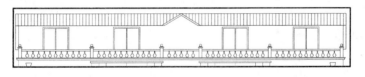

图　9-41

(2) 绘制老虎窗。

第 1 步：打开"辅助线"层,将当前图层设置为"立面"层,打开正交方式,对象捕捉方式设置为"端点"、"中点"和"交点"捕捉方式。

第 2 步：为了方便绘制弧形的老虎窗,临时增加一条辅助线。单击"修改"工具栏中的"偏移"按钮 ⬚,指定偏移距离 750,选择辅助线 BFD,向下偏移,按 Space 键结束命令。

第 3 步：画圆弧形老虎窗框的外边线。单击"绘图"工具栏中的圆弧按钮 ⌒,打开对象捕捉,捕捉到 G 点为圆弧的起点,捕捉到 F 点作为圆弧的第二个点,捕捉到 H 点作为圆弧的终点,如图 9-42 所示。

圆弧形老虎窗框的外边线绘制完成后如图 9-43 所示。

第 4 步：利用"偏移"命令将圆弧形老虎窗框外边线向内偏移 80。

第 5 步：利用"直线"命令连接外边线上剩余的两条线段,即图 9-42 中的 GI 和 HJ,完成老虎窗框外边线的绘制。

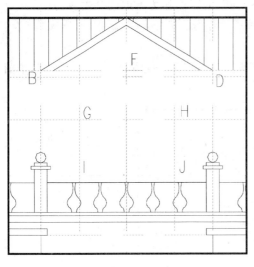

图 9-42

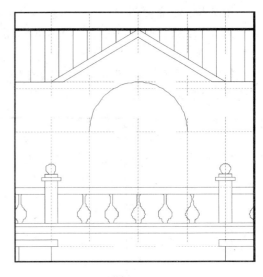

图 9-43

第6步：将刚绘制完的两段外边线直线段向内各偏移80，完成老虎窗框内边线的绘制。如图9-44所示。

第7步：利用"直线"命令连接圆弧形老虎窗框内边线的两个端点，再向下偏移50画出水平窗档。

第8步：利用"偏移"命令将老虎窗框外边线的直线部分（见图9-42中GI和HJ对应的直线段）向内部各偏移725。

第9步：关闭"辅助线"层。利用"延伸"命令和"修剪"命令对窗档进行修改，完成老虎窗的绘制，效果如图9-45所示。

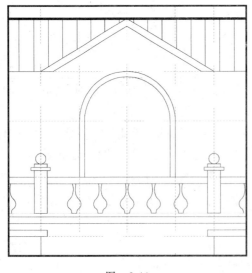

图 9-44

图 9-45

（3）单击"标准"工具栏中的"保存"按钮，保存文件。

至此，立面图已全部绘制完成，效果如图9-46所示。

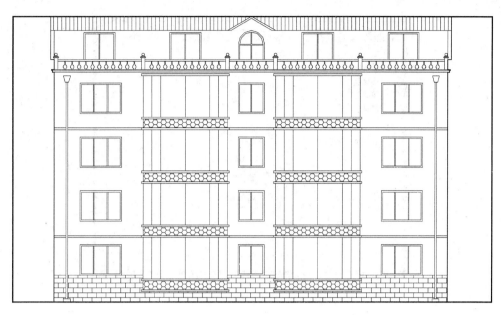

图　9-46

12. 尺寸标注

（1）绘制标高参照线。

关闭"辅助线"层，将"尺寸标注"层设为当前层，综合应用"直线"命令、"修剪"命令和"偏移"命令，根据已知的标高尺寸绘制出表示标高位置的参照线。

（2）创建带属性的标高块。

第 1 步：将 0 层设为当前层，利用"直线"命令在空白位置绘制出标高符号，如图 9-47 所示。

第 2 步：选择"绘图/块/定义属性"菜单命令，弹出"属性定义"对话框。

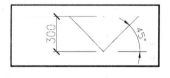

图　9-47

第 3 步：在"属性定义"对话框的"属性"选项区域中设置"标记"文本框为"BG"、"提示"文本框为"请输入标高"、"值"文本框为"％％p0.000"。选中"插入点"选项区域中的"在屏幕上指定"复选框。选中"锁定块中的位置"复选框。在"文字选项"选项区域中设置文字高度为 300。此时，"属性定义"对话框如图 9-48 所示。

第 4 步：单击"属性定义"对话框中的"确定"按钮，返回到绘图界面，然后指定插入点在标高符号的上方，完成"BG"属性的定义。此时，标高符号如图 9-49 所示。

第 5 步：单击"绘图"工具栏中的创建块命令按钮 ，弹出"块定义"对话框，输入块名称为"bg"，单击"选择对象"按钮，返回到绘图方式，选中标高符号和定义的属性"BG"，右击弹出"块定义"对话框，单击"拾取点"按钮，捕捉标高符号三角形下方的顶点为插入点，又返回到"块定义"对话框，在"对象"选项区域中选择"删除"单选按钮，此时的"块定义"对话框如图 9-50 所示。

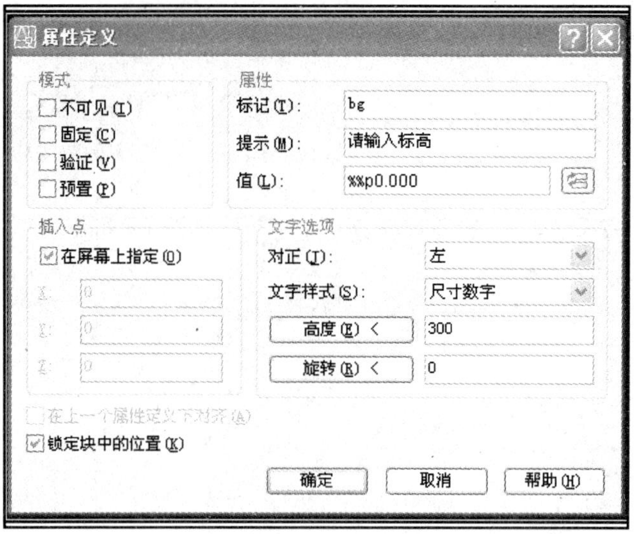

属性定义

模式
☐ 不可见 (I)
☐ 固定 (C)
☐ 验证 (V)
☐ 预置 (P)

属性
标记 (T): bg
提示 (M): 请输入标高
值 (L): %%p0.000

插入点
☑ 在屏幕上指定 (O)
X: 0
Y: 0
Z: 0

文字选项
对正 (J): 左
文字样式 (S): 尺寸数字
高度 (E) < 300
旋转 (R) < 0

☐ 在上一个属性定义下对齐 (A)
☑ 锁定块中的位置 (K)

确定   取消   帮助 (H)

图   9-48

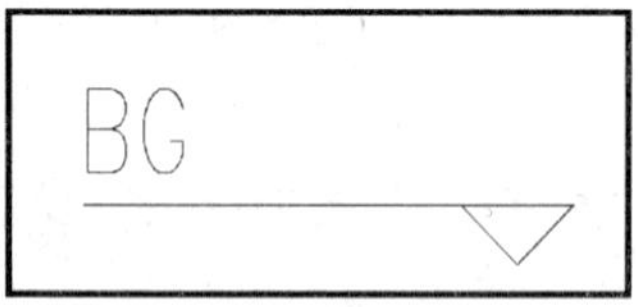

BG

图   9-49

块定义

名称 (A):
bg

基点
拾取点 (K)
X: 9586.440408904113
Y: 15424.55701913883
Z: 0

对象
选择对象 (T)
○ 保留 (R)
○ 转换为块 (C)
● 删除 (D)
已选定 1 个对象

设置
块单位 (U): 毫米
☐ 按统一比例缩放 (S)
☑ 允许分解 (P)
说明 (E):

超链接 (L)...

☐ 在块编辑器中打开 (O)

确定   取消   帮助 (H)

图   9-50

第6步：单击"块定义"对话框中的"确定"按钮，返回到绘图界面，所绘制的标高符号被删除。定义完带属性的标高块，名为"bg"。

(3) 插入标高块，完成标高标注。

第1步：将"尺寸标注"层设置为当前层，打开"端点"和"中点"捕捉方式。

第2步：单击"绘图"工具栏中的"插入块"按钮，弹出"插入"对话框，在"名称"下拉列表中选择"bg"，选中"插入点"选项区域中的"在屏幕上指定"复选框。此时的"插入"对话框如图9-51所示。

图　9-51

第 3 步：单击"插入"对话框中的"确定"按钮，返回到绘图界面。
命令行提示如下：

命令：_insert
指定插入点或 [基点(B)/比例(S)/X/Y/Z/旋转(R)/预览比例(PS)/PX/PY/
PZ/预览旋转(PR)]://捕捉到 - 0.600 标高参照线的中点。
输入属性值
请输入标高 <?.000>: - 0.600 //输入属性值 - 0.600

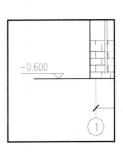

图　9-52

按 Enter 键完成一个标高尺寸的标注，如图 9-52 所示。
第 4 步：按 Enter 键重复"插入块"命令，用同样方法标注出其
他的标高尺寸。标高标注完成后的立面图如图 9-53 所示。

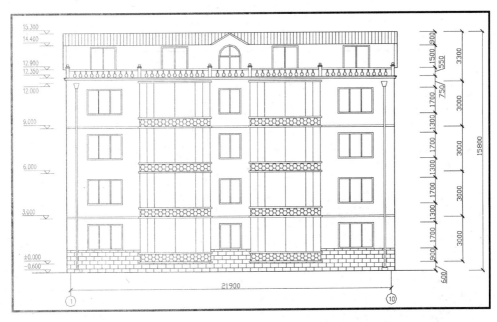

图　9-53

习   题

绘图题

绘制图 9-54 所示的某建筑的南立面图。

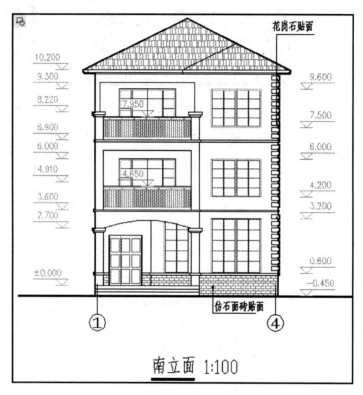

图   9-54

第 10 章

建筑剖面图的绘制

本章着重介绍建筑剖面图的基本知识和绘制方法,并绘制一幅完整的建筑剖面图。绘制建筑剖面图首先要设置绘图环境,再绘制出辅助线,然后分别绘制各种图形元素,一般情况下,墙线和楼板用"多线"命令绘制,门窗和梁综合利用"块"操作、"复制"命令和"阵列"命令绘制,绘制楼梯时用"阵列"命令能大大加快绘图效率。剖面图的标注方法与立面图的标注方法类似。同时,必须注意建筑剖面图必须和建筑总平面图、建筑平面图、建筑立面图相互对应。

本章主要内容

- 建筑剖面图的基本知识。
- 建筑剖面图的绘制步骤。

10.1 任务导入与问题的提出

任务导入

本章将以图 10-1 所示的剖面图为例,详细讲述建筑剖面图的绘制过程及方法。

问题与思考

- 建筑剖面图的基本知识有哪些?
- 建筑剖面图的绘制步骤是怎样的?

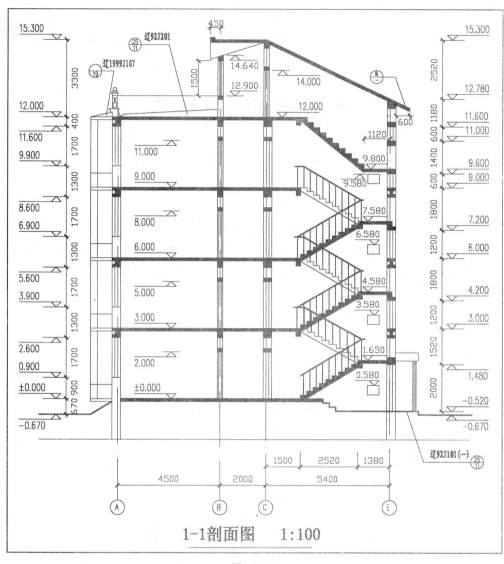

1-1剖面图　1:100

图　10-1

10.2　知　识　点

10.2.1　建筑剖面图的设计原则

　　建筑剖面图是依据建筑平面图上标明的剖切位置和投影方向,假定用垂直方向的切平面将建筑切开后而得到的正投影图。沿建筑宽度方向剖切后得到的剖面图称横剖面图;沿建筑长度方向剖切后得到的剖面图称纵剖面图;将建筑的局部剖切后得到的剖面图称局部剖面图。建筑剖面图主要表示建筑内部在垂直方向的布置情况,反映建筑的结构形式、分层情况、材料做法、构造关系及建筑竖向部分的高度尺寸等。

10.2.2　建筑剖面图设计内容

建筑剖面设计的主要内容为：房间竖向的形状、比例、层数、组合各部分高度、采光通风、空间利用等。房间层高和净高的确定依据是：室内家具设备、人体活动、采光通风、结构类型、照明、技术条件及室内空间比例等要求。

建筑剖面图主要表示建筑物内部垂直方向的高度、楼层分层、垂直空间的利用以及简要的结构形式和构造方式等情况。

（1）剖切到的各部位的位置、形状，如室内外地面、楼板层、屋顶层、内外墙、楼梯梯段等。

（2）剖切到的可见部分，如楼梯栏杆和扶手、踢脚线、门窗。

（3）内外墙的尺寸及标高。

（4）墙体的定位轴线、编号。

（5）详图索引符号。

10.3　任务实施：绘制建筑剖面图

1. 设置绘图环境

（1）使用样板创建新图形文件。

单击"标准"工具栏中的"新建"按钮 ，弹出"创建新图形"对话框。单击"使用样板"按钮，从"选择对象"列表框中选择"A3 建筑图模板.dwt"，单击"确定"按钮，进入 AutoCAD 2007 绘图界面。

（2）设置绘图区域。

选择"格式/图形界限"命令，设置左下角坐标为(0,0)，指定右上角坐标为 42000,29700。

（3）放大图框线和标题栏。

单击"修改"工具栏中的缩放按钮 ，选择图框线和标题栏，指定(0,0)点为基点，指定比例因子为 100。

（4）显示全部作图区域。

单击"标准"工具栏中的"窗口缩放"按钮，单击下拉列表中的"全部缩放"按钮，显示全部作图区域。

（5）修改标题栏中的文本。

第 1 步：在标题栏上双击，弹出"增强属性编辑器"对话框。

第 2 步：在"增强属性编辑器"的"属性"选项卡下的列表框中顺序单击各属性，在下面的"值"文本框中依次输入相应的文本。图名文本为"住宅楼剖面图"，图纸编号为 8。其他同图 9-2。

第 3 步：单击"确定"按钮，完成标题栏文本的编辑。

（6）修改图层。

第 1 步：单击"图层"工具栏中的图层管理器按钮 ，弹出"图层特性管理器"对话框，单击"新建"按钮，新建四个图层：楼板、楼梯、阳台、梁。

第 2 步：对原图层进行修改，将"轴线"层重命名为"辅助线"。

第 3 步：设置颜色。将"门窗"层的默认颜色设置为"0,87,87"，将"尺寸标注"层的颜色修改为蓝色，将"其他"层的颜色设置为白色。并对四个新建图层设置颜色。

第 4 步：设置线型和线宽。将"墙体"层的线宽设置为"默认"，四个新建图层的线型保留默认的"Continuous"实线型，其线宽均为"默认"。设置好的"图层特性管理器"对话框如图 10-2 所示。

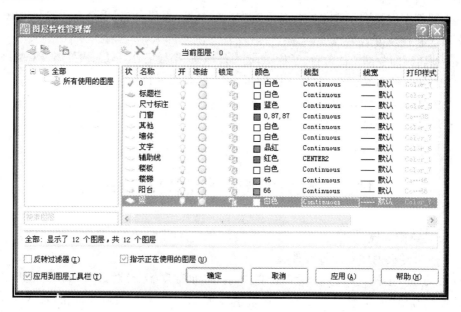

图　10-2

第 5 步：单击"确定"按钮，返回到 AutoCAD 作图界面。

（7）设置线型比例。

在命令行输入线型比例命令 LTS 并按 Enter 键，将全局比例因子设置为 100。

注意：在扩大了图形界限的情况下，为使点画线能正常显示，须将全局比例因子按一定比例放大。

（8）设置文字样式和标注样式。

第 1 步：本例使用"A3 建筑图模板.dwt"中的文字样式。"汉字"样式采用"仿宋_GB2312"字体，宽度比例设为 0.8，用于书写汉字；"数字"样式采用"Simplex.shx"字体，宽度比例设为 0.8，用于书写数字及特殊字符。

第 2 步：选择"格式/标注样式"命令，弹出"标注样式管理器"对话框，选择"建筑"标注样式，然后单击"修改"命令按钮，弹出"修改标注样式：建筑"对话框，将"调整"选项卡中"标注特征比例"中的"使用全局比例"修改为 100。然后单击"确定"按钮，退出"修改标注样式：建筑"对话框，再单击"标注样式管理器"对话框中的"关闭"按钮，退出"标注样式管理器"对话框，完成标注样式的设置。

2. 绘制辅助线

（1）单击状态栏中的"正交"按钮，打开正交状态。

（2）利用"图层"工具栏中的图层列表框将"辅助线"层设置为当前层。

（3）单击"绘图"工具栏中的直线按钮 ，执行"直线"命令，在图幅内适当的位置绘制水平基准线和竖直基准线。

（4）按照图 10-3 所示的尺寸，利用"偏移"命令将水平基准线及偏移后的水平辅助线按由下至上的顺序进行偏移，得到水平的辅助线，完成后如图 10-4 所示。

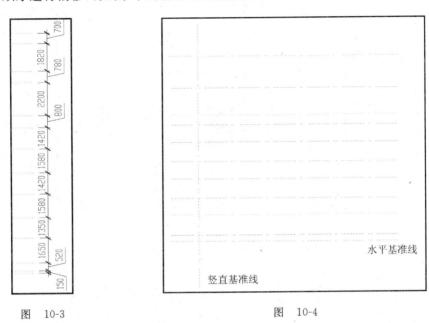

图 10-3　　　　　　　　　　　　　　　图 10-4

（5）按照图 10-5 所示的尺寸，利用"偏移"命令将竖直基准线及偏移后的竖直辅助线按由左至右的顺序进行偏移，得到竖直的辅助线。方法与绘制水平辅助线相同，不再赘述。

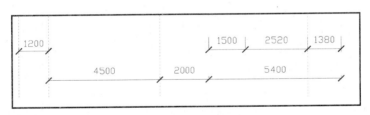

图 10-5

绘制完竖直辅助线后，效果如图 10-6 所示。

（6）为了方便绘图，还需要将图 10-6 所示辅助线中多余的部分修剪掉，并添加阁楼楼梯底部的竖直辅助线 CD（CD 与最右侧辅助线 AB 的间距为 1120），完成后如图 10-7 所示。具体方法如下。

第 1 步：打开正交方式，关闭对象捕捉方式，单击"绘图"工具栏中的直线按钮 ，在左上角需修剪的边界位置画一竖直的直线 EF，如图 10-7 所示。

第 2 步：单击"修改"工具栏中的修剪按钮 ，选择图 10-7 所示的直线 EF 和 IJ 为修剪边界，将左上角多余的线段 MN、OP、GH、IJ 和 KL 修剪掉。

第 3 步：单击"修改"工具栏中的删除按钮 ，将图 10-7 中作为边界的竖直线段 EF

图　10-6

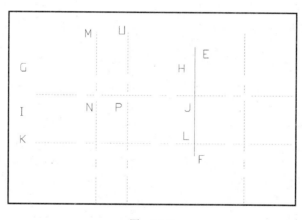

图　10-7

删除。

　　第 4 步：单击"修改"工具栏中的偏移按钮，将图 10-7 所示的竖直辅助线 AB 向左侧偏移 1120。

　　第 5 步：单击"修改"工具栏中的修剪按钮，对辅助线中多余线段进行修剪，达到图 10-7 所示的效果，完成辅助线的绘制。

　　（7）单击"标准"工具栏中的保存按钮 保存文件。

3. 建立多线样式

　　墙体、楼板、楼梯休息平台和屋面一般用多线命令绘制，本章的剖面图中，涉及两种墙体，楼梯间和外墙均为 370 墙，内墙均为 240 墙，楼板、楼梯休息平台和屋面厚度统一为

120。绘制前应首先设置多线样式,建立 240 墙和 370 墙及 LB(楼板)三种多线样式。这部分工作也可以在绘图环境中进行设置。

(1) 选择"格式/多线样式"命令,弹出"多线样式"对话框。

(2) 单击"多线样式"对话框中的"新建"按钮,弹出"创建新的多线样式"对话框,在文本框中输入新样式名为"370",如图 10-8 所示。

图　10-8

(3) 单击"创建新的多线样式"对话框中的"继续"按钮,退出"创建新的多线样式"对话框并弹出"新建多线样式"对话框,对其进行如下设置。

第 1 步:在"说明"文本框中输入"370 墙线"。

第 2 步:设置上边的线元素偏移为"250"、下边的线元素偏移为"-120"。

第 3 步:其他选项均为默认值。

设置完的"新建多线样式"对话框如图 10-9 所示。

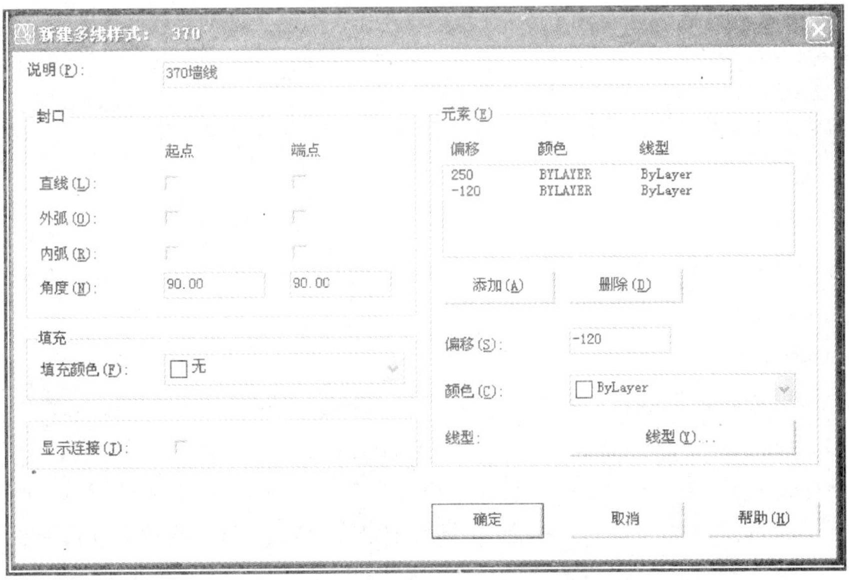

图　10-9

(4) 单击"新建多线样式"对话框中的"确定"按钮,退出"新建多线样式"对话框,返回到"多线样式"对话框,完成"370"墙线样式的设置。

(5) 重复第(1)~(3)步,设置"240"墙线样式和"LB"楼板样式。相应的"新建多线样式"对话框设置如下。

"240"墙线样式:"说明"为"240 墙样式";上边的线元素偏移为"120"、下边的线元素偏移为"－120"。

"LB"楼板样式:"说明"为"楼板样式";上边的线元素偏移为"0"、下边的线元素偏移为"－120"。

三种多线样式设置完后的"多线样式"对话框如图 10-10 所示。

图　10-10

(6) 单击"多线样式"对话框中的"确定"按钮,退出"多线样式"对话框,完成设置。

4. 绘制墙体

(1) 将"墙体"层设置为当前层。

(2) 打开正交方式,关闭对象捕捉,在最下边的水平基准线 QR 下约 1000 处画一条基线 ST。如图 10-12 所示。

(3) 利用"多线"命令绘制墙体。

第 1 步:设置对象捕捉为"端点"、"交点"捕捉方式。

第 2 步:输入"ml",按 Enter 键,执行"多线"命令,修改对正类型为无、比例为 1、当前样式为"370",捕捉辅助线交点 U(见图 10-11),再捕捉辅助线交点 V(见图 10-11),按 Enter 键结束命令。

第 3 步:按 Space 键重复"多线"命令,捕捉辅助线交点 W(见图 10-11),捕捉辅助线交点 X(见图 10-11),按 Enter 键结束命令。

第 4 步:按 Space 键重复"多线"命令,捕捉辅助线交点出 Z(见图 10-11),捕捉辅助线交点 Y(见图 10-11),按 Enter 键结束命令。

第 5 步:重复第(2)步,设置多线样式为 240,然后重复第(3)步,捕捉辅助线交点 A 和 W(见图 10-11),再一次重复第(3)步,捕捉辅助线交点 B 和 C(见图 10-11)。

利用"多线"命令绘制完的墙体及其与辅助线的关系如图 10-12 所示。

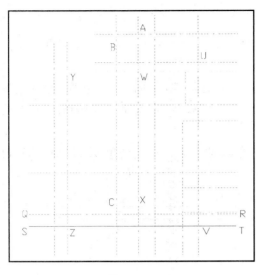

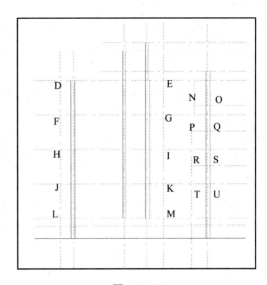

图　10-11　　　　　　　　　　　图　10-12

5. 绘制楼板和楼梯休息平台

（1）将"楼板"层设置为当前层,设置对象捕捉方式为"端点"、"交点"捕捉方式。

（2）利用"多线"命令绘制楼板。

绘制方法与画墙体的方法相同,但多线样式为"LB",多次重复"多线"命令,分别沿图 10-12 中辅助线的交点 DE、FG、HI、JK、LM 绘制楼板。

（3）利用"多线"命令绘制楼梯休息平台。

与上面画楼板的方法相同,利用"多线"命令,使当前样式为"LB"画出图 10-12 中 NO、PQ、RS、TU 之间的休息平台。

利用"多线"命令绘制完的墙体、楼板及楼梯休息平台后的效果如图 10-13 所示。

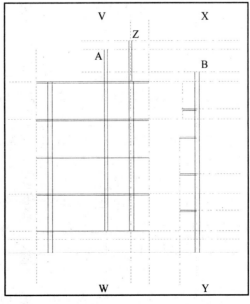

图　10-13

6. 绘制阁楼剖面

本章的剖面图实例中,由于阁楼剖面与楼板厚度相同,因此将它绘制在"楼板"层。

(1) 添加辅助线。

第1步:将"辅助线"层设置为当前层,关闭对象捕捉方式。将图 10-13 中阁楼位置左侧的辅助线 VW 向左偏移 450,将最右侧的辅助线 XY 向右偏移 850,添加两条辅助线,作为阁楼剖面的左右边界。

第2步:打开对象捕捉方式,设置捕捉方式为"交点"捕捉方式,利用"直线"命令和"延伸"命令绘制屋面的辅助线 ZG。

添加完辅助线 CE、EF、ZG 的结果如图 10-14 所示。

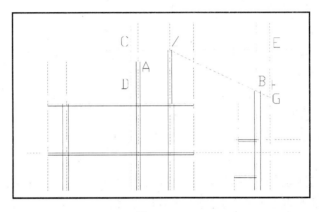

图　10-14

(2) 将"楼板"层设置为当前层,设置对象捕捉为端点、交点捕捉方式。

(3) 利用"多线"命令绘制阁楼剖面。

输入"ml",按 Enter 键,执行"多线"命令,捕捉辅助线的交点 C(见图 10-14)作为起点,捕捉辅助线的交点 Z(见图 10-14),再捕捉辅助线的交点 G(见图 10-14),按 Enter 键结束命令,完成阁楼剖面基本图形的绘制。

(4) 利用"直线"命令、"延伸"命令和"矩形"命令绘制老虎窗上面屋面的余下部分。

第1步:单击"绘图"工具栏中的直线按钮 /,捕捉辅助线交点 Z(见图 10-14)附近阁楼剖面下边线与 240 墙的左交点作为起点,捕捉辅助线的交点 A(见图 10-14),然后按 Enter 键结束命令。

第2步:单击"修改"工具栏中的延伸按钮 --/,将直线 ZA(见图 10-14)延伸到 CD 上,交点为 H 点(见图 10-14)。

第3步:利用"直线"命令连接 CH(见图 10-14)。

第4步:单击"绘图"工具栏中的矩形按钮 ▭,捕捉 C 点(见图 10-15),以相对坐标 @200.100,确定矩形的另一个角点。

此时的剖面图及与辅助线的关系如图 10-15 所示。

7. 绘制地坪线

(1) 将"其他"层设置为当前层,将正交方式和对象捕捉方式打开,设置对象捕捉方式为

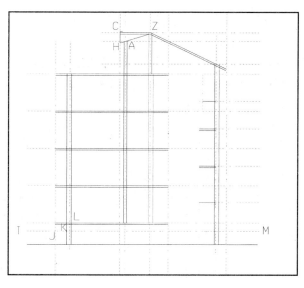

图　10-15

"交点"和"端点"捕捉方式。

（2）利用"多段线"命令分别绘制室外和室内的地坪线,同时画出楼梯底层第一梯段的踏步和雨篷前面的台阶。

单击"绘图"工具栏中的多段线按钮，捕捉到地坪线左侧的起点 I（见图 10-15）,设置线宽为 30,依次捕捉图 10-15 中的 J 点和 K 点,按 Enter 键结束命令。

按 Space 键重复"多段线"命令,捕捉到地坪线左侧的起点 L,向右画 8880,再向下画 173、向右画 280、向下画 173、向右画 280、向下画 174、向右画 3590,再向下画 150,然后捕捉到 M 点（见图 10-15）。

关闭"辅助线"层,绘制完地坪线后的剖面图如图 10-16 所示。

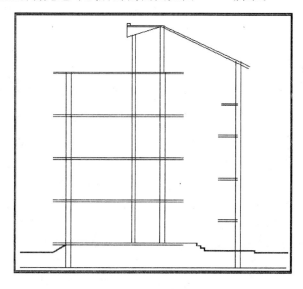

图　10-16

8. 修改剖面图已绘制部分

图 10-16 所示的剖面图还非常粗糙,且不符合建筑制图规范,因此必须对其进行必要的修改。

(1) 单击"修改"工具栏中的分解按钮 ,将全部多线进行分解。

(2) 单击"修改"工具栏中的修剪按钮 ,将所有多余部分修剪掉。

(3) 单击"修改"工具栏中的延伸按钮 ,对某些较短的线段延伸到边界。

(4) 单击"绘图"工具栏中的直线按钮 ,将所有需填充的区域都绘制成闭合状态。

修改后的剖面图如图 10-17 所示。

(5) 单击"绘图"工具栏中的填充按钮 ,对楼板和坡屋面的剖切面进行填充。

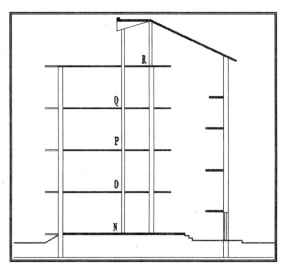

图　10-17

9. 绘制门

第 1 步:关闭"辅助线"层,设置"门窗"层为当前层,设置对象捕捉方式为"端点"、"中点"和"交点"捕捉方式。

第 2 步:单击"绘图"工具栏中的矩形按钮 □,在任意位置画一个 240×2000 的矩形。

第 3 步:按 Space 键重复"矩形"命令,在附近画一个 370×2000 的矩形。

第 4 步:按 Space 键重复"矩形"命令,在附近再画一个 120×2000 的矩形。

第 5 步:单击"修改"工具栏中的复制按钮 ,以底边的中点为基点复制 120×2000 的矩形,共复制两个,同时分别移动到 240×2000 矩形和 370×2000 矩形的底边中点上,再单击"修改"工具栏中的删除按钮 ,删除第 4 步所画的 120×2000 的矩形。所绘制的两种类型的门如图 10-18 所示。

第 6 步:单击"修改"工具栏中的复制按钮 ,将所绘的 240 墙上的门多重复制到相应的位置。

第 7 步:单击"修改"工具栏中的复制按钮 ,将所绘的 370 墙

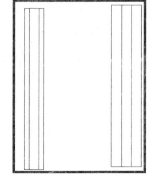

图　10-18

的门重复复制到相应的位置。

第 8 步：单击"修改"工具栏中的删除按钮 🖋，删除第 2 步至第 5 步所画的门。

绘制完门后的剖面图如图 10-19 所示。

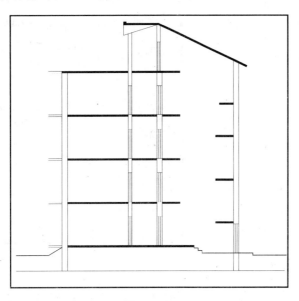

图　10-19

10. 绘制窗

本章所绘剖面图中，窗的类型比较多，适合用"插入块"的方式绘制。相同的窗还可用"阵列"或"复制"命令完成。下面说明窗的绘制步骤。

(1) 建立窗块。

第 1 步：设置 0 层为当前层，单击"绘图"工具栏中的矩形按钮 ▭，在绘图区任意位置画一个 100×1000 的矩形。

第 2 步：单击"修改"工具栏中的分解按钮 🖋，将 100×1000 的矩形分解。

第 3 步：单击"修改"工具栏中的偏移按钮 🖾，设置偏移距离为 33，将 100×1000 矩形的左右边界分别向矩形内偏移，画出窗的形状，如图 10-20 所示。

第 4 步：单击"绘图"工具栏中的创建块按钮 🖾，弹出"块定义"对话框。

第 5 步：在"块定义"对话框中的"名称"文本框中输入名称为"ch"，单击"块定义"对话框中的"拾取点"按钮，退出"块定义"对话框，返回到绘图窗口，捕捉窗图形的左下角为插入点，又弹出"块定义"对话框，再单击"选择对象"按钮，返回到绘图窗口，框选窗图形，右击返回到"块定义"对话框，此时的"块定义"对话框如图 10-21 所示。

第 6 步：选择"块定义"对话框中的"删除"单选项，再单击对话框中的"确定"按钮，完成了窗块"ch"的创建任务。

(2) 插入窗块。

左侧 370 墙上各层的窗相同，可只画出底层的，其他的用"阵列"或"复制"命令画出。右侧 370 墙和阁楼 240 墙上的窗画法与左侧的相同。

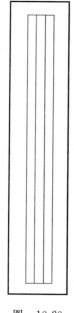

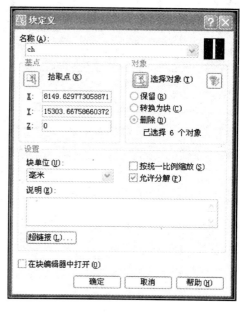

图　10-20　　　　　　　　　　　　　图　10-21

第1步：将"门窗"层设为当前层，单击"绘图"工具栏中的"插入块"按钮，弹出"插入"对话框，选择块名为"ch"，设置 x 方向比例为 3.7，y 方向的比例为 1.7，其他设置不变。

第2步：单击"插入"对话框中的"确定"按钮，返回到绘图界面，命令行提示如下。

```
命令：_insert
指定插入点或
[基点(B)/比例(S)/X/Y/Z/旋转(R)/预览比例(PS)/PX/PY/PZ/预览旋转(PR)]:_from
//按住 Shift 键，右击，选择"自"命令
基点：<偏移>：@0,900
//捕捉底层阳台楼面与左侧外墙的交点 S(见图 10-22)，输入相对坐标@0,900，并按 Enter 键
```

绘制完成底层左侧 370 墙上的窗，如图 10-22 所示。

第3步：重复第1步、第2步，插入阁楼 240 外墙上的窗，在"插入"对话框中输入 x 方向比例为 2.4，y 方向比例为 1.5，窗的底边距楼地面仍为 900，完成后如图 10-23 所示。

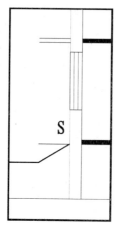

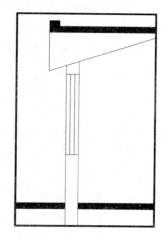

图　10-22　　　　　　　　　　　　　图　10-23

第4步：打开"辅助线"层，重复第1步、第2步，插入右侧370外墙上高为1200的窗，在"插入"对话框中输入x方向比例为3.7，y方向比例为1.2，窗底边与二楼地面辅助线平齐，完成后如图10-24所示。

第5步：重复第1步、第2步，插入右侧370外墙上高为1200的窗，在"插入"对话框中输入x方向比例为3.7，y方向比例为0.6，窗底边与楼地面辅助线平齐，完成后如图10-25所示。

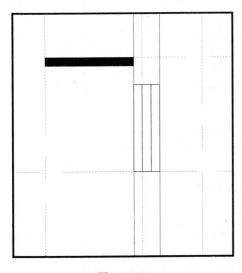

图　10-24

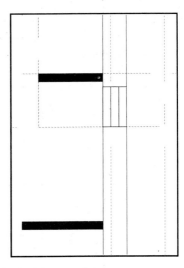

图　10-25

（3）阵列出其他的窗。

第1步：单击"修改"工具栏中的阵列命令按钮，弹出"阵列"对话框，单击"选择对象"按钮，退出"阵列"对话框返回到绘图窗口，选择底层左侧外墙上的窗，确定后又弹出"阵列"对话框，选择"矩形阵列"单选项，设置"行"为4，"列"为1，"行偏移"为3000，"列偏移"为0，完成后的对话框如图10-26所示。

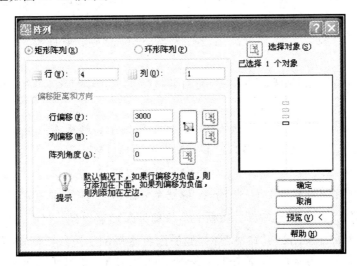

图　10-26

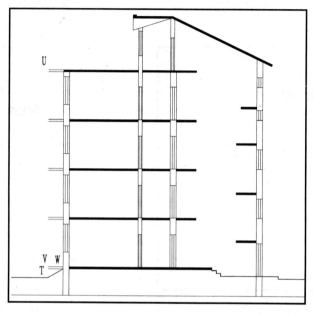

第 2 步：单击"阵列"对话框中的"确定"按钮，绘制完左侧外墙上窗。

第 3 步：单击"修改"工具栏中的复制按钮 ，利用"复制"命令画出右侧外墙上所有的窗。

绘制完窗后的剖面图如图 10-27 所示。

图   10-27

11. 绘制阳台

本章所绘剖面图中，阳台未被剖切，其画法比较简单，阳台的楼板可直接作为室外墙面上的装饰线。阳台的外轮廓线和弧形窗的边界线可直接用直线命令和复制命令绘制。阳台的窗台线只需画出一条，其他的用阵列命令阵列即可完成。下面说明阳台的绘制步骤。

（1）关闭"辅助线"层，将"阳台"层设置为当前层，设置对象捕捉方式为"端点"捕捉方式。

（2）选择所有表示阳台楼板的双线，利用"图层"工具栏中的图层列表框将其图层改为"阳台"层。

（3）单击"绘图"工具栏中的直线按钮 ，捕捉底层阳台楼板左下角点 T（见图 10-27）和阳台屋面右上角点 U（见图 10-27），绘制完阳台的外轮廓线。

（4）打开正交方式，单击"修改"工具栏中的复制按钮 ，选择阳台的外轮廓线 TU，右击结束选择，复制并向右偏移 300，按 Enter 键结束复制命令，绘制弧形窗的边界。

（5）单击"修改"工具栏中的修剪按钮 ，修剪掉弧形窗边界与楼板相交的部分。

（6）按 Space 键重复"复制"命令，选择底层阳台楼板的上边线 VW（见图 10-27），右击结束选择，单击任一点为基点，复制并向上偏移 600，按 Enter 键结束复制命令，绘制完底层阳台的窗台线 XY（见图 10-28）。

（7）单击"修改"工具栏中的阵列按钮 ⊞，选择底层阳台的窗台线 XY(见图 10-29)阵列 4 行 1 列，行偏移距离为 3000，列偏移距离为 0，完成所有阳台窗台线的绘制。绘制完的阳台如图 10-29 所示。

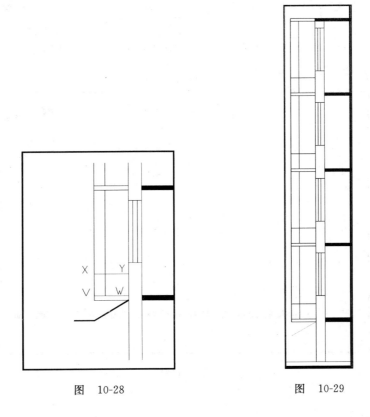

图 10-28   图 10-29

12. 绘制平屋顶和装饰栅栏

（1）关闭"辅助线"层，将"其他"层设置为当前层。设置对象捕捉方式为"端点"、"中点"捕捉方式。

（2）单击"绘图"工具栏中的矩形按钮 ▢，画三个尺寸分别为 240×200、340×100、440×50 的小矩形。然后分别单击"修改"工具栏中的移动按钮 ✛，将三个矩形移动到剖面图屋顶左上角的位置，上下叠放在一起，构成如图 10-30 所示的状态。

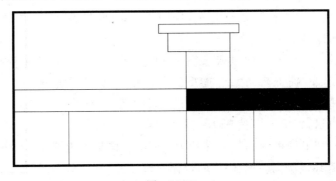

图 10-30

（3）单击"修改"工具栏中的修剪按钮 ，修剪三个矩形，只留下外轮廓线。绘制完女儿墙。

（4）将"阳台"层设置为当前层，单击"绘图"工具栏中的直线按钮 ，利用"端点"和"交点"捕捉，绘制出阳台顶的坡屋面。

（5）将"其他"层设置为当前层，单击"绘图"工具栏中的直线按钮 ，绘制出平屋顶上的坡屋面线。

（6）利用上一章中绘制装饰栏杆的方法绘制出装饰栅栏立柱和栏杆。

绘制完成的平屋顶和装饰栅栏如图 10-31 所示。

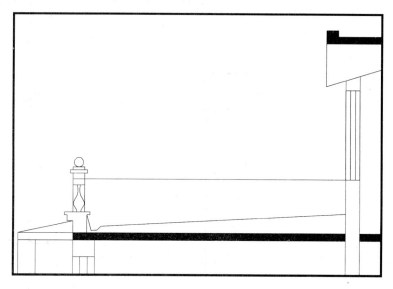

图　10-31

13. 绘制雨篷

雨篷顶盖是一个 1000×350 的矩形，雨篷顶盖底面标高在外门上 150 处，圆柱可用几条竖直的平行线表示。绘制步骤如下：

（1）打开正交方式，将"其他"层设置为当前层，设置对象捕捉方式为"端点"和"交点"捕捉方式。

（2）单击"绘图"工具栏中的矩形按钮 ，按住 Shift 键，右击，在弹出的菜单中单击"捕捉自"命令，捕捉到底层右外门与墙外边线的右上交点 Z（见图 10-33），以相对坐标@0,150确定矩形的左下角，再输入右上角的相对坐标"@1000,350"，按Enter 键，完成雨篷顶盖的绘制。

（3）单击"绘图"工具栏中的直线按钮 ，按住 Shift 键，右击，在弹出的菜单中选择"捕捉自"命令，捕捉到雨篷顶盖的右下角 A（见图 10-33），以相对坐标"@-100,0"确定直线的起点，再输入下一点的相对坐标"@0,2150"，再按 Enter 键退出直线命令。

（4）单击"修改"工具栏中的偏移按钮 ，设置偏移距离为 50，将刚才所绘制的直线依次向左偏移三条，绘制完圆柱。

绘制完的雨篷如图 10-32 所示。

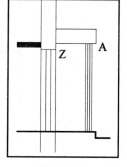

图　10-32

14. 绘制梁

梁设置在楼板的下面,或者设置在门窗的顶部、楼梯的下面。本章所绘的建筑剖面图中,共有如图 10-33 所示的四种形状的梁。其中外墙上的"C"形梁、"工"形梁和"L"形梁尺寸是固定的,而矩形梁的尺寸有多种。因此最好是用块操作并结合复制和阵列命令完成梁的绘制任务。

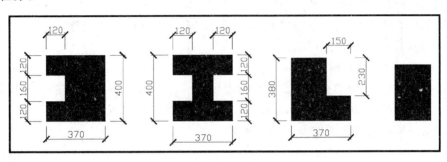

图　10-33

(1) 创建梁的图块。

第 1 步:设 0 层为当前层,打开"端点"、"中点"和"交点"捕捉方式。

第 2 步:利用"矩形"命令、"修剪"命令和"填充"命令画出图 10-33 所示梁的四个截面图形。其中矩形的梁尺寸为 100×100。

第 3 步:利用"创建块"命令,将四个图形创建为块,名称分别为"LC"("C"形梁)、"LG"("工"形梁)、"LL"("L"形梁)和"LJ"(矩形梁),"LC"、"LG"、"LL"三种块的插入点均设置为图形自身的左上角。矩形梁块"LJ"的插入点设置为图形自身的左下角。

(2) 插入梁块。

利用"插入块"命令,分别画出尺寸和形状各异的梁。

第 1 步:打开"辅助线"层,设置"梁"层为当前层。设置对象捕捉方式为"端点"和"交点"捕捉方式。

第 2 步:单击"绘图"工具栏中的"插入块"按钮，弹出"插入"对话框,选择块名为"LC",单击"确定"按钮,捕捉到二层楼板与左外墙交接处的左上角 B(见图 10-34),画出一个"C"形的梁。

第 3 步:按 Space 键重复"插入块"命令,弹出"插入"对话框,选择块名为"LJ",设置 x 方向比例为 2.4,y 方向比例为 1.5,单击"确定"按钮,捕捉到底层 240 墙上窗的左上角 C(见图 10-34),画出一个矩形梁。

第 4 步:多次重复第 3 步,绘制出二层楼板下和底层门上所有的矩形梁,以及楼梯梁、右侧外墙和阁楼侧墙上的所有矩形梁。

对矩形梁,有如下几种尺寸:门上过梁高度均为 150,宽为墙宽;楼板与墙体相交部位,梁高均为 400,宽为墙宽;楼梯间外门上的过梁尺寸为 370×300;楼梯梁的尺寸均为 200×330;四层楼梯休息平台与外墙的交点处及其上下的两个窗附近的梁尺寸均为 370×200。在绘制这些梁时,"插入"对话框中 x 方向和 y 方向的比例必须按实际情况输入相应的比例。

第 5 步:按 Space 键重复"插入块"命令,弹出"插入"对话框,选择块名为"LG",单击"确定"按钮,捕捉到二层楼面的辅助线与右侧外墙交接处的左上角 D(见图 10-34),画出一个"工"形梁。

(3)阵列形状和尺寸相同的梁。

第 1 步:单击"修改"工具栏中的阵列按钮 ,弹出"阵列"对话框。

第 2 步:在"阵列"对话框中选择"矩形阵列"单选项,单击"选择对象"按钮,退出"阵列"对话框,选择前五步中所画的 B、C、D、E、F、G、H 各点(见图 10-34)处的梁,右击,又弹出"插入"对话框,输入阵列"行"为 4,"列"为 1,"行偏移"距离为 3000,"列偏移"距离为 0,单击"确定"按钮,绘制完成大部分梁。

(4)修改并补画其他的梁。

删除右侧外墙上多阵列出的"工"形梁,然后利用直线、移动和填充等命令画出阁楼坡屋面与墙交点部位的梁,再利用复制、直线、填充、修剪等命令补画或修改梁。

绘制梁完成后的剖面图如图 10-34 所示。

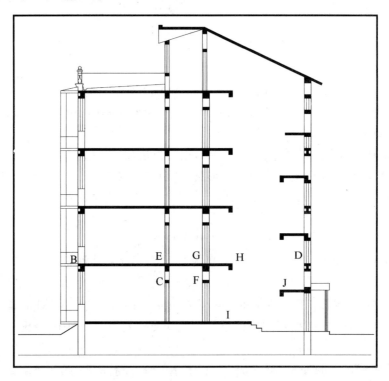

图 10-34

15. 绘制底层楼梯

剖面图中,楼梯剖面是最常见的,也是绘制时最复杂的。在本章绘制的剖面图中,楼梯共有三种样式:底层楼梯;二三层楼梯;四层楼梯。对于二三层的楼梯,可只画出二层的,然后利用复制命令将绘制好的二层楼梯复制到第三层。一般情况下,如果很多相邻层楼梯的样式完全相同,则只需画其中一层的,然后用阵列命令复制出其他层的楼梯。

根据建筑模数,标准的楼梯踏步尺寸为 300×150,但本例中,不同样式楼梯的踏步尺寸均不相同。在画图时必须注意尺寸。

（1）打开"辅助线"层，将"楼梯"层设置为当前层，设置对象捕捉方式为"端点"和"中点"捕捉方式，打开正交方式。

（2）绘制踏步。

第 1 步：依次绘制第一梯段的所有踏步。单击"绘图"工具栏中的直线按钮／，捕捉到辅助线的交点 I（见图 10-34）作为起点，向上画 165，向右画 280，再向上画 165，向右画 280，依次类推，一直画到 J 点（见图 10-34）。

注意：也可只画出一个踏步，然后用 AutoCAD 2007 默认的复制结合端点捕捉完成第一跑的所有踏步。

第 2 步：依次绘制第二梯段的所有踏步。按 Space 键重复"直线"命令，捕捉到底层休息平台左上位置 J（见图 10-34）作为起点，向上画 168.75，向左画 315，向上画 168.75，向左画 315，依次类推，一直画到 H 点（见图 10-34）。

此时的效果如图 10-35 所示。

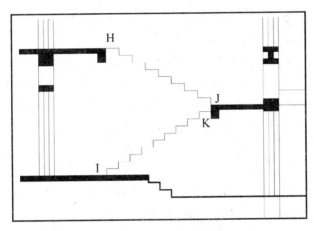

图　　10-35

（3）绘制梯段板。

第 1 步：按 Space 键重复"直线"命令，分别捕捉第一梯段的左下角 I（见图 10-35）和右上角 K（见图 10-35）画一直线。

第 2 步：单击"修改"工具栏中的偏移按钮，将所绘直线 IK 向右下方偏移 120。

第 3 步：单击"修改"工具栏中的删除按钮，将第一条直线 IK 删除。

第 4 步：利用"延伸"命令和"修剪"命令修改偏移出的直线，绘制完成第一梯段的梯段板 LM，如图 10-36 所示。

第 5 步：重复第 1 步至第 4 步，绘制第二梯段的梯段板。

第 6 步：单击"绘图"工具栏中的填充按钮，弹出"图案填充和渐变色"对话框，选择图案为"SOLID"，单击"添加：拾取点"按钮，退出"图案填充和渐变色"对话框，返回到绘图窗口，在第一梯段 IKLM（见图 10-36）内单击，确定后又弹出"图案填充和渐变色"对话框，单击"确定"按钮，完成第一梯段剖切截面的绘制。

此时，底层的楼梯如图 10-37 所示。

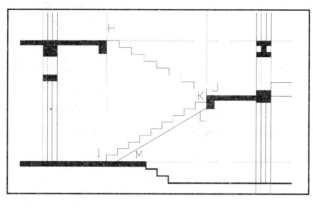

图 10-36

（4）绘制护栏。

第 1 步：绘制护栏的栏杆。护栏的栏杆可使用"多线"命令绘制，然后分解，再使用"复制"命令将其余的栏杆绘制出来。

输入"ml"，按 Enter 键，执行"多线"命令，将当前多线样式修改为 STANDARD，将多线比例改为 15 当前设置：对正 = 无，比例 = 15.00，样式 = STANDARD，捕捉第一梯段第一踏步的中点 N（见图 10-37），向上画 900 到 Q 点，如图 10-38 所示，按 Enter 键结束命令。

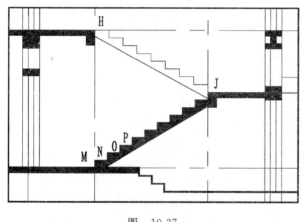

图 10-37

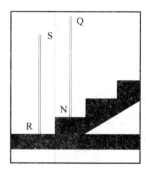

图 10-38

单击"修改"工具栏中的分解按钮 ，将多线 NQ（见图 10-38）分解。

单击"修改"工具栏中的复制按钮 ，选择由多线 NQ 分解出来的两条直线，作为源对象，捕捉第一梯段第一踏步的中点 N 作为基点，将两线段向左下方复制到地坪上，移动 @−280，−165，完成后为 RS（见图 10-38），然后，捕捉第二踏步中点 O（见图 10-37），捕捉第三踏步中点 P（见图 10-37），依次类推，直至绘制完成底层楼梯所有踏步上的栏杆。

以相对坐标 @2540，1485 在底层楼梯休息平台上复制一栏杆，以相对坐标 @−300，2835 在二层地面上复制一栏杆，按 Enter 键结束复制命令。

第 2 步：绘制护栏扶手。护栏扶手也可使用"多线"命令绘制，然后分解。

输入"ml"，按 Enter 键，执行"多线"命令，将多线比例改为 30，捕捉点 S（见图 10-39），捕捉点 T(见图 10-39),向右画 150,按 Enter 键结束命令。

按 Space 键重复"多线"命令,捕捉点 T(见图 10-39),捕捉点 U(见图 10-39),向左画 450。按 Enter 键结束命令。

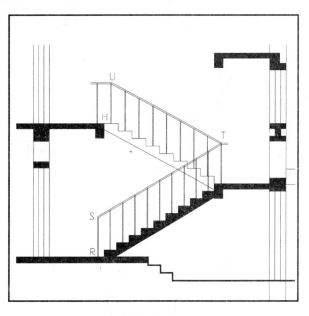

图　10-39

单击"修改"工具栏中的"分解"按钮,将前面绘制的护栏扶手分解,此时的底层楼梯如图 10-40 所示。

第 3 步:删除掉多余的栏杆 RS(见图 10-39),然后利用"修剪"命令、"直线"命令对护栏的栏杆和扶手进行修改,完成护栏的绘制。

绘制完成的底层楼梯如图 10-40 所示。

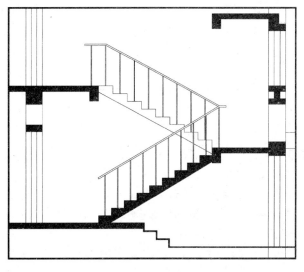

图　10-40

16. 绘制二、三层楼梯

（1）绘制二层楼梯。

二层楼梯的绘制方法与底层楼梯的绘制方法完全相同，在此不再赘述。

但必须注意，二层第一梯段的踏步宽为 280、高为 158；第二梯段的踏步宽为 280、高为 157.78，第二梯段最后一个踏步高为 157.76。绘制完成二层楼梯后的楼梯剖面图如图 10-41 所示。

（2）绘制三层楼梯。

如果相邻几层的楼梯完全相同，可只画出其中的一层，然后利用阵列命令将已画出的楼梯进行阵列，绘制完成其他楼层与此相同的楼梯。但本例中，只有第三层的楼梯与第二层的楼梯完全相同，因此可用复制命令将第二层楼梯整体复制到第三层。然后再综合利用修剪、删除和延伸等命令对复制出的楼梯进行修改。绘制完成三层楼梯后的楼梯剖面图如图 10-42 所示。

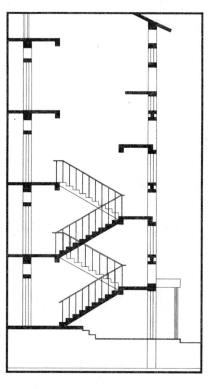

图 10-41

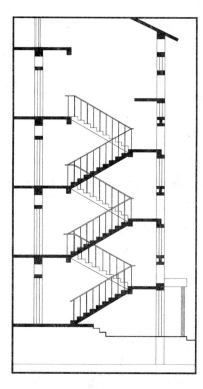

图 10-42

17. 绘制四层楼梯

绘制完楼梯后的剖面图如图 10-43 所示。

在本章所绘的剖面图中，楼梯休息平台下面设有配电箱。配电箱的画法非常简单，先在四层休息平台下的相应位置画一个矩形，表示配电箱，再利用阵列命令，阵列出其他各层的配电箱。可将配电箱绘制在"其他"图层中。

（1）将"辅助线"层保持关闭状态，将"其他"层设置为当前层，设置对象捕捉方式为"端点"、"交点"捕捉方式。

（2）画四层楼梯休息平台下的配电箱。

单击"绘图"工具栏中的矩形按钮 ▭，捕捉四层楼梯休息平台左下角点 V（见图 10-43）作为参照点，输入相对坐标"@200，－100"确定矩形的第一个角点，利用相对直角坐标 @500，－400 确定矩形的另一个角点。

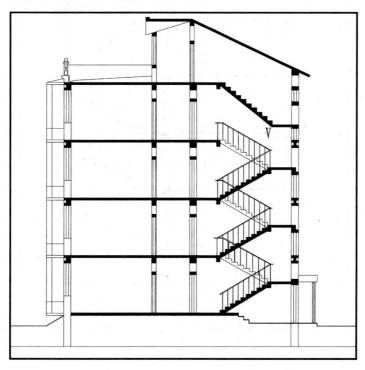

图　10-43

（3）单击"修改"工具栏中的阵列按钮 ▦，弹出"阵列"对话框。单击"选择对象"按钮，退出"阵列"对话框，返回到绘图界面，选择上一步所画的矩形，右击，又弹出"阵列"对话框，选择"矩形阵列"单选按钮，阵列"行"为 4，"列"为 1，"行偏移"为"－3000"，"列偏移"为 0，单击"确定"按钮，完成配电箱的绘制。

到此为止，剖面图的图形绘制任务已全部完成，如图 10-44 所示。

18. 尺寸标注

在剖面图中，应该标注出剖切部分的必要尺寸，包括竖直方向剖切部位的尺寸和标高。外墙需要标注门窗、洞口的高度尺寸以及相应位置的标高。

在建筑剖面图中，还需要标注出轴线符号，以表明剖面图所在的范围，本章的剖面图需要标注出四条轴线的编号，分别是 A 轴、B 轴、C 轴和 E 轴。

剖面图标高的标注方法与立面图相同，先绘制出标高符号，再以三角形的顶点作为插入基点，保存成图块。然后依次在相应的位置插入图块即可。

剖面图细部尺寸和轴号的标注方法与平面图完全相同，可参照执行。

19. 文字注释

在建筑剖面图中，除了图名外，还需要对一些特殊的结构进行说明，比如详图索引、坡度等。文字注释的基本步骤与平面图和剖面图的文字标注基本相同。完成尺寸标注和文字标注后的剖面图如图 10-45 所示。

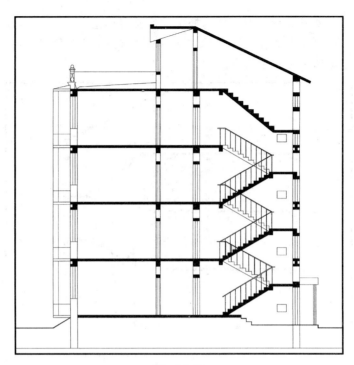

图　10-44

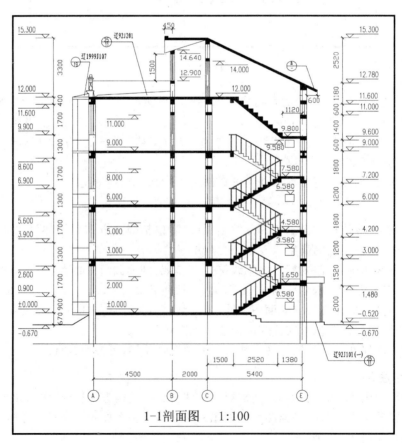

1-1剖面图　1:100

图　10-45

习　题

绘图题

绘制某建筑的 A—A 剖面图，如图 10-46 所示。

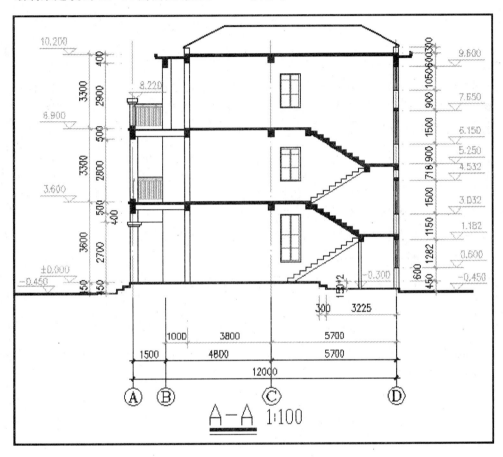

图　10-46

建筑详图的绘制

本章主要介绍绘制建筑详图的基本知识,利用 AutoCAD 2007 绘制一幅完整的檐口节点详图。建筑详图是建筑设计过程为表示建筑结构或材料层次细节的一种建筑图样,具体绘制方法因图的繁简程度而异。

本章主要内容

- 绘制建筑详图的基本知识。
- 建筑详图的绘制步骤。

11.1　任务导入与问题的提出

任务导入

本章以图 11-1 所示的檐口节点详图为例,介绍建筑详图的绘制方法。本章涉及的命令主要有偏移、复制、填充等。

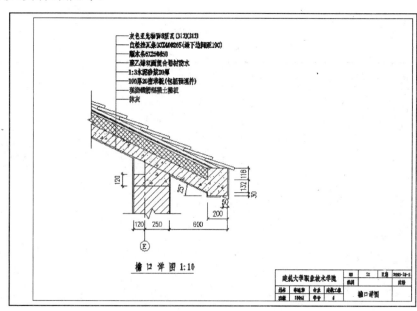

图　11-1

问题与思考

- 绘制建筑详图的基本知识有哪些？
- 建筑详图的绘制步骤是怎样的？

11.2　知　识　点

11.2.1　建筑详图的设计原则

建筑详图要求图示的内容详尽清楚，尺寸标准齐全，文字说明详尽。一般应表达出构配件的详细构造；所用的各种材料及其规格；各部分的构造连接方法及相对位置关系；各部位、各细部的详细尺寸；有关施工要求、构造层次及制作方法说明等。同时，建筑详图必须加注图名(或详图符号)，详图符号应与被索引的图样上的索引符号相对应，在详图符号的右下侧注写比例。对于套用标准图或通用图的建筑构配件和节点，只需注明所套用图集的名称、型号、页次，可不必另画详图。

11.2.2　建筑详图设计内容

墙身详图实质上是建筑剖面图中外墙身部分的局部放大图。它主要反映墙身各部位的详细构造、材料作法及详细尺寸，如檐口、圈梁、过梁、墙厚、雨篷、阳台、防潮层、室内外地面、散水等，同时要注明各部位的标高和详图索引符号。墙身详图与平面图配合，是砌墙、室内外装修、门窗安装、编制施工预算以及材料估算的重要依据。

墙身详图一般采用 1∶20 的比例绘制，如果多层房屋中楼层各节点相同，可只画出底层。中间层及顶层来表示。为节省图幅，画墙身详图可从门窗洞中间折断，成为几个节点详图的组合。

墙身详图的线型与剖面图一样，但由于比例较大，所有内外墙应用细实线画出粉刷线以及标注材料图例。墙身详图上所标注的尺寸和标高，与建筑剖面图相同，但应标出构造作法的详细尺寸。

(1) 墙体的厚度及所属定位轴线。

(2) 屋面、楼面、地面的构造层次和作法。

(3) 各部位的标高、高度方向的尺寸和墙身细部尺寸。

(4) 了解各层梁(过梁或因梁)、板、窗台的位置及其与墙身的关系。

(5) 了解檐口的构造作法。

11.3　任务实施：绘制建筑详图

1. 设置绘图环境

(1) 使用样板创建新图形文件。

单击"标准"工具栏中的新建按钮 ▢，弹出"创建新图形"对话框。单击"使用样板"按钮，从"选择对象"列表框中选择文件"A3 建筑图模板.dwt"，单击"确定"按钮，进入

AutoCAD 2007 绘图界面。

（2）设置绘图区域。

选择"格式/图形界限"命令,设置左下角坐标为"0,0",指定右上角坐标为"4200,2970"。

（3）放大图框线和标题栏。

单击"修改"工具栏中的缩放按钮 ⬚,选择图框线和标题栏,指定 0,0 点为基点,指定比例因子为 10。

注意:本例中采用 1:1 的比例作图,而按 1:10 的比例出图,所以设置的绘图范围宽 4200,长 2970。对应的图框线和标题栏需放大 10 倍。

（4）显示全部作图区域。

单击"标准"工具栏中的"窗口缩放"按钮,单击下拉菜单中的"全部缩放"按钮,显示全部作图区域。

（5）修改标题栏中的文本。

第 1 步:在标题栏上双击,弹出"增强属性编辑器"对话框。

第 2 步:在"增强属性编辑器"的"属性"选项卡下的列表框中顺序单击各属性,在下面的"值"文本框中依次输入相应的文本,图名文本为"檐口详图",图纸编号为 12。其他同图 9-2。

第 3 步:单击"确定"按钮,完成标题栏文本的编辑。

（6）修改图层。

第 1 步:单击"图层"工具栏中的图层管理器按钮 ⬚,弹出"图层特性管理器"对话框。

第 2 步:将"轴线"层删除;将"墙体"层重命名为"结构层次",并将其线宽改为默认线宽;将"尺寸标注"层颜色改为蓝色;将"门窗"层重命名为"屋面瓦",并将颜色改为红色;将"其他"层重命名为"填充"。设置好的"图层特性管理器"对话框如图 11-2 所示。

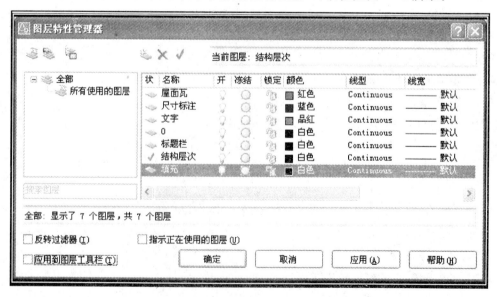

图 11-2

第 3 步：单击"确定"按钮，返回到 AutoCAD 2007 绘图窗口。

（7）设置线型比例。

在命令行输入"线型比例"命令 LTS 并按 Enter 键，将全局比例因子设置为 10。

注意：在扩大了图形界限的情况下，为使点画线能正常显示，须将全局比例因子按比例放大。

（8）设置文字样式和标注样式。

第 1 步：本例使用"A3 建筑图模板.dwt"中的文字样式。"汉字"样式采用"仿宋_GB2312"字体，"宽度比例"设为 0.8；"数字"样式采用"Simplex.shx"字体，宽度比例设为 0.8，用于书写数字及特殊字符。

第 2 步：选择"格式/标注样式"命令，弹出"标注样式管理器"对话框，选择"建筑"标注样式，然后单击"修改"按钮，弹出"修改标注样式：建筑"对话框，将"调整"标签中"标注特征比例"中的"使用全局比例"修改为 10，然后单击"确定"按钮，返回"标注样式管理器"对话框，单击"关闭"按钮，完成标注样式的设置。

2. 绘制屋面的结构层次

（1）打开文件"檐口详图.dwg"，将"结构层次"层设置为当前层，关闭对象捕捉方式。

（2）画出如图 11-3 所示的直线 AB。

单击"绘图"工具栏中的直线按钮 ╱，在绘图区的适当位置单击指定第一点，以相对坐标@1500<335 确定直线的终点。

（3）单击"修改"工具栏中的偏移按钮 ，设置"偏移距离"为 10，直线 AB 向上偏移 10。

（4）按 Space 键重复"偏移"命令，设置"偏移距离"为 120，将上一步中偏移出的直线向上偏移。

（5）重复"偏移"命令，分别设置偏移距离为 100、20、5、5、30，依次将上一步中偏移出的直线向上偏移，得到如图 11-4 所示的屋面结构层次。

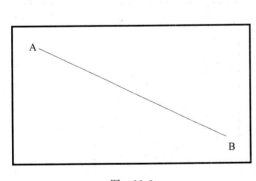

图　11-3

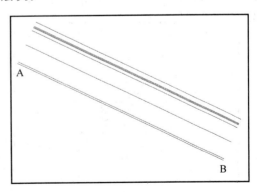

图　11-4

3. 绘制檐口结构层

（1）绘制一个矩形表示檐口边缘。

设置对象捕捉方式为"端点"捕捉方式，单击"绘图"工具栏中的矩形按钮 ▢，捕捉屋面结构层次最下方直线的右端点 B（见图 11-4）并重新命名为点 F，以相对坐标@200,28 确定矩形的另一个角点，绘制完成的矩形 BCDE 如图 11-5 所示。

（2）将矩形 BCDE（见图 11-5）向下移动 20。

关闭对象捕捉方式，打开正交方式，单击"修改"工具栏中的移动按钮 ✛，选择矩形 BCDE（见图 11-5），单击任意位置作为基点，向下移动 20。矩形移动后如图 11-6 所示。

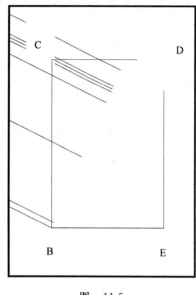

图 11-5

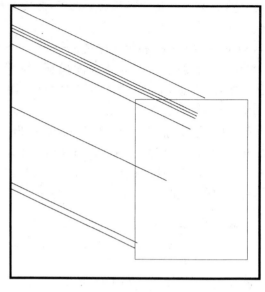

图 11-6

（3）单击"修改"工具栏中的偏移按钮 ◲，将矩形 BCDE 向外偏移 10，复制出檐口抹灰的轮廓线，如图 11-7 所示。

（4）单击"修改"工具栏中的分解按钮 ◰，选择图 11-7 所示的两个矩形，将两个矩形分解。

（5）利用"延伸"、"修剪"和"删除"等命令对檐口部位进行修改，修改后如图 11-8 所示。

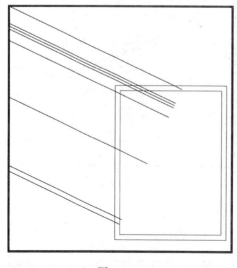

图 11-7

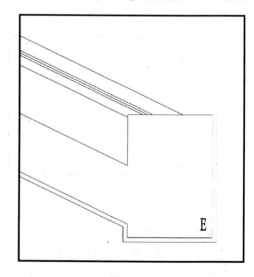

图 11-8

4. 绘制滴水

(1) 打开正交方式,设置对象捕捉方式为"端点"和"交点"捕捉方式。单击"绘图"工具栏中的矩形按钮 □,按住键,右击,在快捷菜单中选择"捕捉自"命令,捕捉到檐口内矩形的右下角 E(见图 11-8),输入相对坐标"@－50,0",确定矩形的一个角点,以相对坐标"@－20,－40"确定矩形的第二个角点,绘制一个如图 11-9 左图所示 20×40 的小矩形。

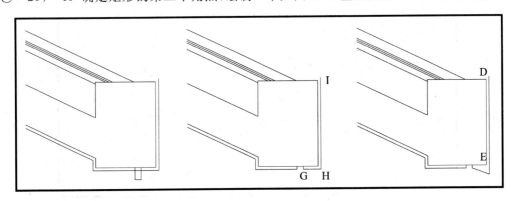

图　11-9

(2) 将小矩形修剪至图 11-9 中图所示的形状。

(3) 用夹点操作将 GH 和 HI 两线段的交点 H(见图 11-9 中图)向正下方移动 20,完成后如图 11-9 右图所示。

5. 绘制墙体

(1) 利用"复制"命令依次复制出表示墙体结构层的直线。

打开正交方式,单击"修改"工具栏中的复制按钮 ⁰₃,选择檐口内矩形的右边 DE(见图 11-9 右图),在绘图区任意位置单击作为基点,在左侧 590 处复制一条直线,在左侧 600 处复制一条直线,在左侧 850 处复制一条直线,在左侧 970 处复制一条直线,在左侧 980 处复制一条直线,按 Enter 键结束命令,效果如图 11-10 所示。

(2) 单击"绘图"工具栏中的直线按钮 ∕,在墙体下适当位置画一直线,如图 11-11 左图所示。

(3) 综合利用"延伸"、"修剪"命令,对墙体部位进行修改,完成后如图 11-11 右图所示。

(4) 单击"绘图"工具栏中的直线按钮 ∕,捕捉到墙体与屋面结构层的右侧交点 J(见图 11-11 右图),向左侧画一水平线 JK,如图 11-12 左图所示。

(5) 单击"修改"工具栏中的复制按钮 ⁰₃,将上步所画直线垂直向下复制一条,距离为120,如图 11-12 左图所示。

(6) 单击"修改"工具栏中的修剪按钮 ─/─,对墙体部位进行修剪,完成后如图 11-12 右图所示。

6. 绘制单个瓦片

(1) 将"屋面瓦"层设置为当前层。

(2) 单击"绘图"工具栏中的矩形按钮 □,在绘图区任意位置画一个 312×30 的矩形,如图 11-13 左图所示。

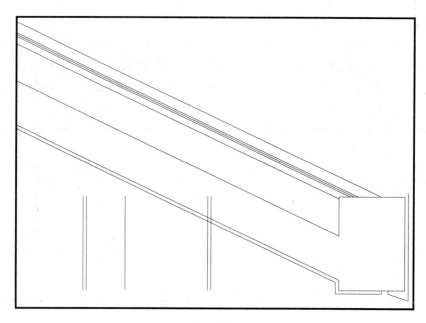

图　11-10

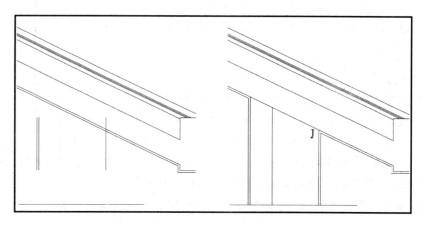

图　11-11

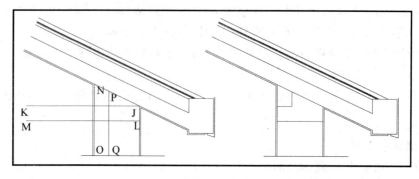

图　11-12

（3）单击"修改"工具栏中的旋转按钮 ⟳，以瓦片的左下角 R（见图 11-13）为基点，将其旋转－18°。

（4）单击"修改"工具栏中的移动按钮 ✛，选择旋转后矩形的右下角 V（见图 11-13）为基点，移动到檐口矩形的右上角点 W，如图 11-13 右图所示。

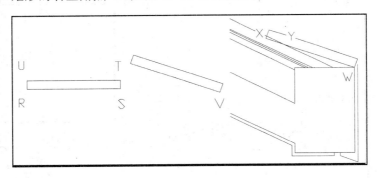

图　11-13

（5）按 Space 键重复"移动"命令，选择矩形的左下角 X（见图 11-13 右图）为基点，移动到该矩形与挂瓦条的交点 Y（见图 11-13 右图）上，完成后如图 11-14 左图所示。

（6）单击"修改"工具栏中的修剪按钮 ⟿，选择矩形瓦片为边界，将抹灰与瓦片相交处的多余部分修剪掉，完成后如图 11-14 右图所示。

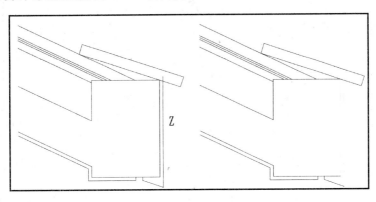

图　11-14

7. 利用阵列命令绘制其他瓦片

（1）选择图 11-14 右图中的矩形瓦片，单击"修改"工具栏中的阵列按钮 ▦，弹出"阵列"对话框。

（2）选中"矩形阵列"，设置阵列"行"为 1，阵列"列"为 7，"行偏移"为 0，"列偏移"为 246，"阵列角度"为 155°。设置完成的"阵列"对话框如图 11-15 所示。

（3）单击"确定"按钮，完成瓦片的阵列，画完屋面瓦后的节点详图如图 11-16 所示。

8. 对图形作进一步修改

（1）将"结构层次"层设置为当前层。

（2）单击"绘图"工具栏中的直线按钮 ╱，在左侧画一条竖直的直线 AB，直线 AB 的位

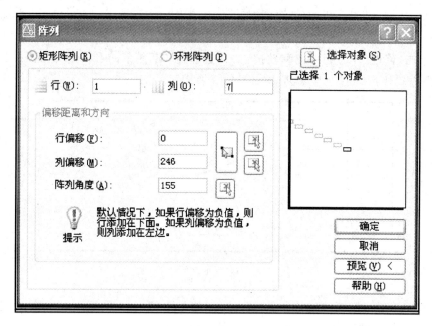

图　11-15

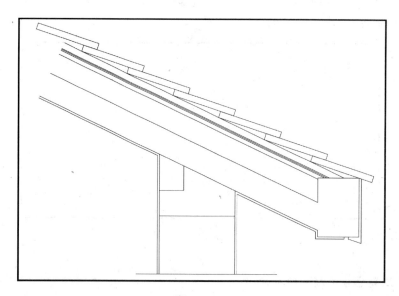

图　11-16

置如图 11-17 左图所示。

　　（3）单击"修改"工具栏中的修剪按钮 ，对图形做进一步修改，将图形中的多余部分修剪掉，如图 11-17 右图所示。

　　（4）综合利用"直线"命令和"修剪"命令绘制出屋面左侧和墙体下侧的折断线，完成后如图 11-18 所示。

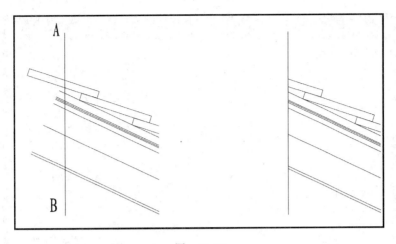

图　11-17

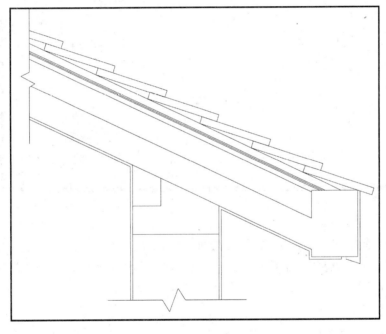

图　11-18

9. 填充砖墙及混凝土结构层

（1）将"填充"层设置为当前层。

（2）单击"绘图"工具栏中的图案填充按钮 ，弹出"图案填充和渐变色"对话框。

（3）单击"添加：拾取点"按钮，退出"图案填充和渐变色"对话框，返回到绘图界面，单击填充边界的内部，选中所有需填充斜线的区域，按 Space 键又弹出"图案填充和渐变色"对话框。

（4）选择"图案"为"LINE"，设置"角度"为 45°，"比例"为 15，如图 11-19 所示。

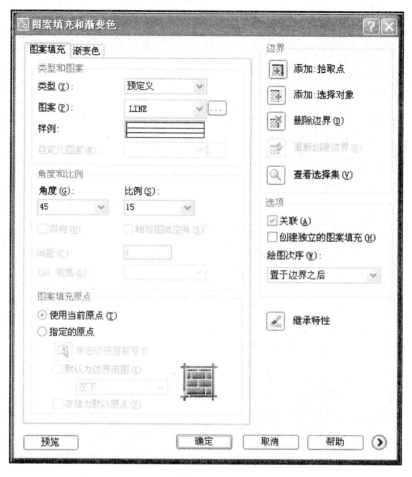

图　11-19

（5）单击"确定"按钮，完成斜线的填充，如图 11-20 所示。

（6）按 Space 键重复"图案填充"命令，选择"图案"为"AR-CONC"，设置"角度"为 0°，"比例"为 1，完成砖墙和混凝土结构层的填充，如图 11-21 所示。

10. 填充保温层

保温层的填充方法与砖墙及混凝土结构层的填充方法相同，填充"图案"为"NET"，"角度"为 45°，"比例"为 10，完成后的檐口节点详图如图 11-22 所示。

11. 绘制并标注出轴线位置

（1）设置"标注"层为当前层，打开正交方式。

（2）单击"绘图"工具栏中的直线按钮　／，捕捉到屋面下梁的转角位置，向下画一直线，然后将其线型改为"CENTER2"，如图 11-23 左图所示。

（3）画一个半径为 50 的圆，在里面输入单行文本——轴号"E"，然后利用捕捉象限点和端点方式将其移动到直线的下端，如图 11-23 右图所示。

12. 尺寸标注

（1）设置"尺寸标注"层为当前层。

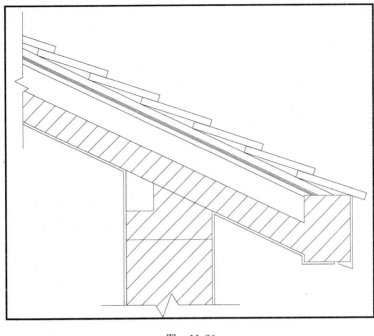

图　11-20

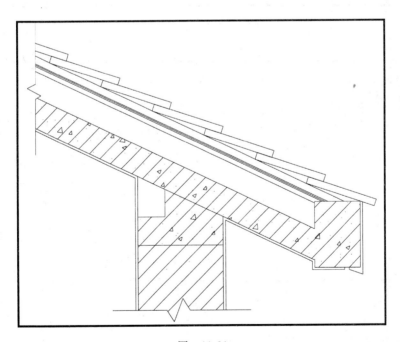

图　11-21

（2）在工具栏中的任意位置右击，选择"标注"，显示"标注"工具栏。

（3）利用"标注"工具栏中的"线性标注"和"连续标注"为图形进行尺寸标注，并适当进行修改，结果如图 11-24 左图所示。

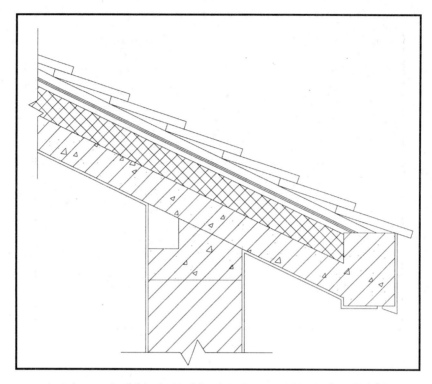

图　11-22

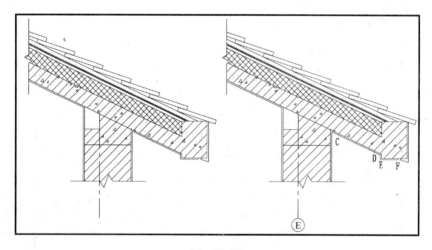

图　11-23

13. 角度标注

（1）设置"角度"标注样式。选择"格式/标注样式"命令，新建一个标注样式，基于"建筑"，名称为"角度"，将尺寸线的箭头改为"实心闭合"箭头，选择"调整"标签"文字位置"选项区域中的"尺寸线旁边"单选项，将该样式设置为当前样式。

（2）单击"标注"工具栏中的"角度标注"命令按钮，选择檐口处屋面下内侧斜线 CD（见图 11-23），再选择檐口矩形的下边线 EF（见图 11-23），在适当位置单击。完成角度标注后的详图如图 11-24 右图所示。

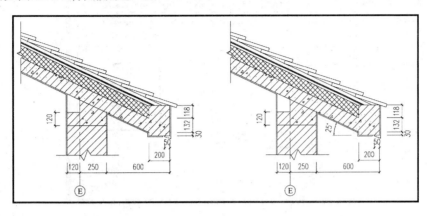

图　11-24

14. 标注文字

（1）设置"文字"层为当前层。

（2）单击"绘图"工具栏中的多行文字按钮 A，设置多行文字区域后，在"文字格式"对话框中输入说明文字，文字样式为"汉字"，大小为 50，输入表示屋面材料层次的文字。

（3）单击"修改"工具栏中的移动按钮 ✛，将多行文本移动到如图 11-25 所示的位置。

（4）打开正交功能，单击"绘图"工具栏中的直线按钮 ╱，在如图 11-26 所示的位置绘制折线。

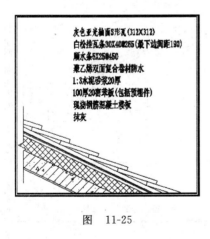

图　11-25　　　　　　　　　　　图　11-26

（5）选择水平线段 GH（见图 11-26），单击"修改"工具栏中的"阵列"按钮，弹出"阵列"对话框，选择"矩形阵列"单选项，设置"行"为 8，"列"为 1，"行偏移"为"-92"，"列偏移"为 0，"阵列角度"为 0，如图 11-27 所示。

（6）单击"确定"按钮，阵列结果如图 11-28 所示。

（7）在命令行中输入 TEXT 并按 Enter 键，执行单行文字命令，设置文字样式为"汉字"，在详图下适当位置单击，作为文字的起点，设置"高度"为 70，"旋转角度"为 0，输入图名"檐口详图 1∶10"，然后在文本区外单击。

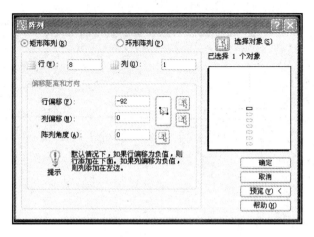

图　11-27

（8）将图名文本移动到适当位置。

（9）单击"绘图"工具栏中的直线按钮 ／ ，在图名的下面画一条直线，完成文本标注，如图 11-29 所示。

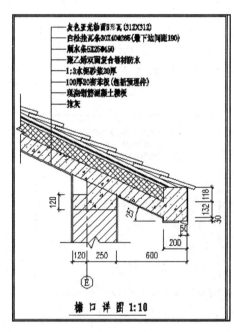

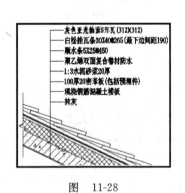

图　11-28   图　11-29

至此，檐口详图已绘制完成。

习　　题

绘图题

绘制某建筑的台阶作法详图，如图 11-30 所示。

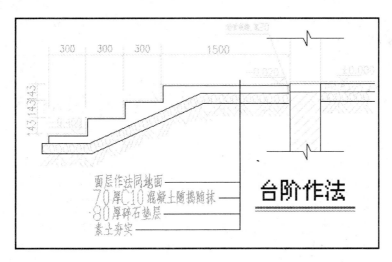

图   11-30

AutoCAD 2007 命令详解

命 令 名 称	功 能 简 介
3D	创建三维多边形网格对象
3DARRAY	创建三维阵列
3DCLIP	启用交互式三维视图并打开"调整剪裁平面"窗口
3DCORBIT	启用交互式三维视图并允许用户设置对象在三维视图中连续运动
3DDISTANCE	启用交互式三维视图并使对象显示得更近或更远
3DFACE	创建三维面
3DMESH	创建自由格式的多边形网格
3DORBIT	控制在三维空间中交互式查看对象
3DPAN	启用交互式三维视图并允许用户水平或垂直拖动视图
3DSIN	输入 3D Studio(3DS)文件
3DPOLY	在三维空间中使用"连续"线型创建由直线段组成的多段线
3DSOUT	输出 3D Studio(3DS)文件
3DSWIVEL	启用交互式三维视图模拟旋转相机的效果
3DZOOM	启用交互式三维视图缩放视图
A	
ABOUT	显示关于 AutoCAD 的信息
ACISIN	输入 ACIS 文件
ACISOUT	将 AutoCAD 实体对象输出到 ACIS 文件中
ADCCLOSE	关闭
AutoCAD	设计中心
ADCENTER	管理内容
ADCNAVIGATE	将 AutoCAD 设计中心的桌面引至用户指定的文件名、目录名或网络路径
ALIGN	在二维和三维空间中将某对象与其他对象对齐
AMECONVERT	将 AME 实体模型转换为 AutoCAD 实体对象
APERTURE	控制对象捕捉靶框大小
APPLOAD	加载或卸载应用程序并指定启动时要加载的应用程序
ARC	创建圆弧
AREA	计算对象或指定区域的面积和周长

命 令 名 称	功 能 简 介
ARRAY	创建按指定方式排列的多重对象副本
ARX	加载、卸载和提供关于 ObjectARX 应用程序的信息
ATTDEF	创建属性定义
ATTDISP	全局控制属性的可见性
ATTEDIT	改变属性信息
ATTEXT	提取属性数据
ATTREDEF	重定义块并更新关联属性
AUDIT	检查图形的完整性
B	
BACKGROUND	设置场景的背景效果
BASE	设置当前图形的插入基点
BHATCH	使用图案填充封闭区域或选定对象
BLIPMODE	控制点标记的显示
BLOCK	根据选定对象创建块定义
BLOCKICON	为 R14 或更早版本创建的块生成预览图像
BMPOUT	按与设备无关的位图格式将选定对象保存到文件中
BOUNDARY	从封闭区域创建面域或多段线
BOX	创建三维的长方体
BREAK	部分删除对象或把对象分解为两部分
BROWSER	启动系统注册表中设置的默认 Web 浏览器
C	
CAL	计算算术和几何表达式的值
CAMERA	设置相机和目标的不同位置
CHAMFER	给对象的边加倒角
CHANGE	修改现有对象的特性
CHPROP	修改对象的颜色、图层、线型、线型比例因子、线宽、厚度和打印样式
CIRCLE	创建圆
CLOSE	关闭当前图形
COLOR	定义新对象的颜色
COMPILE	编译形文件和 PostScript 字体文件
CONE	创建三维实体圆锥
CONVERT	优化 AutoCAD R13 或更早版本创建的二维多段线和关联填充
COPY	复制对象
COPYBASE	带指定基点复制对象
COPYCLIP	将对象复制到剪贴板
COPYHIST	将命令行历史记录文字复制到剪贴板

命 令 名 称	功 能 简 介
COPYLINK	将当前视图复制到剪贴板中，以使其可被链接到其他 OLE 应用程序
CUTCLIP	将对象复制到剪贴板并从图形中删除对象
CYLINDER	创建三维实体圆柱
D	
DBCCLOSE	关闭"数据库连接"管理器
DBCONNECT	为外部数据库表提供 AutoCAD 接口
DBLIST	列出图形中每个对象的数据库信息
DDEDIT	编辑文字和属性定义
DDPTYPE	指定点对象的显示模式及大小
DDVPOINT	设置三维观察方向
DELAY	在脚本文件中提供指定时间的暂停
DIM 和 DIM1	进入标注模式
DIMALIGNED	创建对齐线性标注
DIMANGULAR	创建角度标注
DIMBASELINE	从上一个或选定标注的基线处创建线性、角度或坐标标注
DIMCENTER	创建圆和圆弧的圆心标记或中心线
DIMCONTINUE	从上一个或选定标注的第二尺寸界线处创建线性、角度或坐标标注
DIMDIAMETER	创建圆和圆弧的直径标注
DIMEDIT	编辑标注
DIMLINEAR	创建线性尺寸标注
DIMORDINATE	创建坐标点标注
DIMOVERRIDE	替换标注系统变量
DIMRADIUS	创建圆和圆弧的半径标注
DIMSTYLE	创建或修改标注样式
DIMTEDIT	移动和旋转标注文字
DIST	测量两点之间的距离和角度
DIVIDE	将点对象或块沿对象的长度或周长等间隔排列
DONUT	绘制填充的圆环
DRAGMODE	控制 AutoCAD 显示拖动对象的方式
DRAWORDER	修改图像和其他对象的显示顺序
DSETTINGS	指定捕捉模式、栅格、极坐标和对象捕捉追踪的设置
DSVIEWER	打开"鸟瞰视图"窗口
DVIEW	定义平行投影或透视视图
DWGPROPS	设置和显示当前图形的特性
DXBIN	输入特殊编码的二进制文件

续表

命 令 名 称	功 能 简 介
	E
EDGE	修改三维面的边缘可见性
EDGESURF	创建三维多边形网格
ELEV	设置新对象的拉伸厚度和标高特性
ELLIPSE	创建椭圆或椭圆弧
ERASE	从图形中删除对象
EXPLODE	将组合对象分解为对象组件
EXPORT	以其他文件格式保存对象
EXPRESSTOOLS	如果已安装 AutoCAD 快捷工具但没有运行，则运行该工具
EXTEND	延伸对象到另一对象
EXTRUDE	通过拉伸现有二维对象来创建三维原型
	F
FILL	控制多线、宽线、二维填充、所有图案填充和宽多段线的填充
FILLET	给对象的边加圆角
FILTER	创建可重复使用的过滤器以便根据特性选择对象
FIND	查找、替换、选择或缩放指定的文字
FOG	控制渲染雾化
	G
GRAPHSCR	从文本窗口切换到图形窗口
GRID	在当前视口中显示点栅格
GROUP	创建对象的命名选择集
	H
HATCH	用图案填充一块指定边界的区域
HATCHEDIT	修改现有的图案填充对象
HELP(F1)	显示联机帮助
HIDE	重生成三维模型时不显示隐藏线
HYPERLINK	附着超级链接到图形对象或修改已有的超级链接
HYPERLINKOPTIONS	控制超级链接光标的可见性及超级链接工具栏提示的显示
	I
ID	显示位置的坐标
IMAGE	管理图像
IMAGEADJUST	控制选定图像的亮度、对比度和褪色度
IMAGEATTACH	向当前图形中附着新的图像对象
IMAGECLIP	为图像对象创建新剪裁边界
IMAGEFRAME	控制图像边框是显示在屏幕上还是在视图中隐藏

续表

命 令 名 称	功 能 简 介
IMAGEQUALITY	控制图像显示质量
IMPORT	向 AutoCAD 输入多种文件格式
INSERT	将命名块或图形插入到当前图形中
INSERTOBJ	插入链接或嵌入对象
INTERFERE	用两个或多个三维实体的公用部分创建三维组合实体
INTERSECT	用两个或多个实体或面域的交集创建组合实体或面域并删除交集以外的部分
ISOPLANE	指定当前等轴测平面
L	
LAYER	管理图层
LAYOUT	创建新布局和重命名、复制、保存或删除现有布局
LAYOUTWIZARD	启动"布局"向导,通过它可以指定布局的页面和打印设置
LEADER	创建一条引线将注释与一个几何特征相连
LENGTHEN	拉长对象
LIGHT	处理光源和光照效果
LIMITS	设置并控制图形边界和栅格显示
LINE	创建直线段
LINETYPE	创建、加载和设置线型
LIST	显示选定对象的数据库信息
LOAD	加载形文件,为 SHAPE 命令加载可调用的形
LOGFILEOFF	关闭 LOGFILEON 命令打开的日志文件
LOGFILEON	将文本窗口中的内容写入文件
LSEDIT	编辑配景对象
LSLIB	管理配景对象库
LSNEW	在图形上添加具有真实感的配景对象,例如树和灌木丛
LTSCALE	设置线型比例因子
LWEIGHT	设置当前线宽、线宽显示选项和线宽单位
M	
MASSPROP	计算并显示面域或实体的质量特性
MATCHPROP	把某一对象的特性复制给其他若干对象
MATLIB	材质库输入输出
MEASURE	将点对象或块按指定的间距放置
MENU	加载菜单文件
MENULOAD	加载部分菜单文件
MENUUNLOAD	卸载部分菜单文件
MINSERT	在矩形阵列中插入一个块的多个引用

续表

命 令 名 称	功 能 简 介
MIRROR	创建对象的镜像副本
MIRROR3D	创建相对于某一平面的镜像对象
MLEDIT	编辑多重平行线
MLINE	创建多重平行线
MLSTYLE	定义多重平行线的样式
MODEL	从布局选项卡切换到模型选项卡并把它置为当前
MOVE	在指定方向上按指定距离移动对象
MSLIDE	为模型空间的当前视口或图纸空间的所有视口创建幻灯片文件
MSPACE	从图纸空间切换到模型空间视口
MTEXT	创建多行文字
MULTIPLE	重复下一条命令直到被取消
MVIEW	创建浮动视口和打开现有的浮动视口
MVSETUP	设置图形规格
	N
NEW	创建新的图形文件
	O
OFFSET	创建同心圆、平行线和平行曲线
OLELINKS	更新、修改和取消现有的 OLE 链接
OLESCALE	显示"OLE 特性"对话框
OOPS	恢复已被删除的对象
OPEN	打开现有的图形文件
OPTIONS	自定义 AutoCAD 设置
ORTHO	约束光标的移动
OSNAP	设置对象捕捉模式
	P
PAGESETUP	指定页面布局、打印设备、图纸尺寸,以及为每个新布局指定设置
PAN	移动当前视口中显示的图形
PARTIALOAD	将附加的几何图形加载到局部打开的图形中
PARTIALOPEN	将选定视图或图层中的几何图形加载到图形中
PASTEBLOCK	将复制的块粘贴到新图形中
PASTECLIP	插入剪贴板数据
PASTEORIG	使用原图形的坐标将复制的对象粘贴到新图形中
PASTESPEC	插入剪贴板数据并控制数据格式
PCINWIZARD	显示向导,将 PCP 和 PC2 配置文件中的打印设置输入到"模型"选项卡或当前布局
PEDIT	编辑多段线和三维多边形网格

命 令 名 称	功 能 简 介
PFACE	逐点创建三维多面网格
PLAN	显示用户坐标系平面视图
PLINE	创建二维多段线
PLOT	将图形打印到打印设备或文件
PLOTSTYLE	设置新对象的当前打印样式,或者选定对象中已指定的打印样式
PLOTTERMANAGER	显示打印机管理器,从中可以启动"添加打印机"向导和"打印机配置编辑器"
POINT	创建点对象
POLYGON	创建闭合的等边多段线
PREVIEW	显示打印图形的效果
PROPERTIES	控制现有对象的特性
PROPERTIESCLOSE	关闭"特性"窗口
PSDRAG	在使用 PSIN 输入 PostScript 图像并拖动到适当位置时控制图像的显示
PSETUPIN	将用户定义的页面设置输入到新的图形布局
PSFILL	用 PostScript 图案填充二维多段线的轮廓
PSIN	输入 PostScript 文件
PSOUT	创建封装 PostScript 文件
PSPACE	从模型空间视口切换到图纸空间
PURGE	删除图形数据库中没有使用的命名对象,例如块或图层
Q	
QDIM	快速创建标注
QLEADER	快速创建引线和引线注释
QSAVE	快速保存当前图形
QSELECT	基于过滤条件快速创建选择集
QTEXT	控制文字和属性对象的显示和打印
QUIT	退出 AutoCAD
R	
RAY	创建单向无限长的直线
RECOVER	修复损坏的图形
RECTANG	绘制矩形多段线
REDEFINE	恢复被 UNDEFINE 替代的 AutoCAD 内部命令
REDO	恢复前一个 UNDO 或 U 命令放弃执行的效果
REDRAW	刷新显示当前视口
REDRAWALL	刷新显示所有视口
REFCLOSE	存回或放弃在位编辑参照(外部参照或块)时所作的修改
REFEDIT	选择要编辑的参照
REFSET	在位编辑参照(外部参照或块)时,从工作集中添加或删除对象

续表

命 令 名 称	功 能 简 介
REGEN	重生成图形并刷新显示当前视口
REGENALL	重新生成图形并刷新所有视口
REGENAUTO	控制自动重新生成图形
REGION	从现有对象的选择集中创建面域对象
REINIT	重新初始化数字化仪、数字化仪的输入/输出端口和程序参数文件
RENAME	修改对象名
RENDER	创建三维线框或实体模型的具有真实感的着色图像
RENDSCR	重新显示由 RENDER 命令执行的最后一次渲染
REPLAY	显示 BMP、TGA 或 TIFF 图像
RESUME	继续执行一个被中断的脚本文件
REVOLVE	绕轴旋转二维对象以创建实体
REVSURF	创建围绕选定轴旋转而成的旋转曲面
RMAT	管理渲染材质
ROTATE	绕基点移动对象
ROTATE3D	绕三维轴移动对象
RPREF	设置渲染系统配置
RSCRIPT	创建不断重复的脚本
RULESURF	在两条曲线间创建直纹曲面
S	
SAVE	用当前或指定文件名保存图形
SAVEAS	指定名称保存未命名的图形或重命名当前图形
SAVEIMG	用文件保存渲染图像
SCALE	在 X、Y 和 Z 方向等比例放大或缩小对象
SCENE	管理模型空间的场景
SCRIPT	用脚本文件执行一系列命令
SECTION	用剖切平面和实体截交创建面域
SELECT	将选定对象置于"上一个"选择集中
SETUV	将材质贴图到对象表面
SETVAR	列出系统变量或修改变量值
SHADEMODE	在当前视口中着色对象
SHAPE	插入形
SHELL	访问操作系统命令
SHOWMAT	列出选定对象的材质类型和附着方法
SKETCH	创建一系列徒手画线段
SLICE	用平面剖切一组实体
SNAP	规定光标按指定的间距移动

续表

命令名称	功能简介
SOLDRAW	在用 SOLVIEW 命令创建的视口中生成轮廓图和剖视图
SOLID	创建二维填充多边形
SOLIDEDIT	编辑三维实体对象的面和边
SOLPROF	创建三维实体图像的剖视图
SOLVIEW	在布局中使用正投影法创建浮动视口来生成三维实体及体对象的多面视图与剖视图
SPELL	检查图形中文字的拼写
SPHERE	创建三维实体球体
SPLINE	创建二次或三次(NURBS)样条曲线
SPLINEDIT	编辑样条曲线对象
STATS	显示渲染统计信息
STATUS	显示图形统计信息、模式及范围
STLOUT	将实体保存到 ASCII 或二进制文件中
STRETCH	拉伸对象
STYLE	创建或修改已命名的文字样式以及设置图形中文字的当前样式
STYLESMANAGER	显示"打印样式管理器"
SUBTRACT	用差集创建组合面域或实体
SYSWINDOWS	排列窗口
T	
TABLET	校准、配置、打开和关闭已安装的数字化仪
TABSURF	沿方向矢量和路径曲线创建平移曲面
TEXT	创建单行文字
TEXTSCR	打开 AutoCAD 文本窗口
TIME	显示图形的日期及时间统计信息
TOLERANCE	创建形位公差标注
TOOLBAR	显示、隐藏和自定义工具栏
TORUS	创建圆环形实体
TRACE	创建实线
TRANSPARENCY	控制图像的背景像素是否透明
TREESTAT	显示关于图形当前空间索引的信息
TRIM	用其他对象定义的剪切边修剪对象
U	
U	放弃上一次操作
UCS	管理用户坐标系
UCSICON	控制视口 UCS 图标的可见性和位置
UCSMAN	管理已定义的用户坐标系

续表

命 令 名 称	功 能 简 介
UNDEFINE	允许应用程序定义的命令替代 AutoCAD 内部命令
UNDO	放弃命令的效果
UNION	通过并运算创建组合面域或实体
UNITS	设置坐标和角度的显示格式和精度
V	
VBAIDE	显示 Visual Basic 编辑器
VBALOAD	将全局 VBA 工程加载到当前 AutoCAD 任务中
VBAMAN	加载、卸载、保存、创建、内嵌和提取 VBA 工程
VBARUN	运行 VBA 宏
VBASTMT	在 AutoCAD 命令行中执行 VBA 语句
VBAUNLOAD	卸载全局 VBA 工程
VIEW	保存和恢复已命名的视图
VIEWRES	设置在当前视口中生成的对象的分辨率
VLISP	显示 Visual LISP 交互式开发环境(IDE)
VPCLIP	剪裁视口对象
VPLAYER	设置视口中图层的可见性
VPOINT	设置图形的三维直观图的查看方向
VPORTS	将绘图区域拆分为多个平铺的视口
VSLIDE	在当前视口中显示图像幻灯片文件
W	
WBLOCK	将块对象写入新图形文件
WEDGE	创建三维实体使其倾斜面尖端沿 X 轴正向
WHOHAS	显示打开的图形文件的内部信息
WMFIN	输入 Windows 图元文件
WMFOPTS	设置 WMFIN 选项
WMFOUT	以 Windows 图元文件格式保存对象
X	
XATTACH	将外部参照附着到当前图形中
XBIND	将外部参照依赖符号绑定到图形中
XCLIP	定义外部参照或块剪裁边界,并且设置前剪裁面和后剪裁面
XLINE	创建无限长的直线(即参照线)
XPLODE	将组合对象分解为组建对象
XREF	控制图形中的外部参照
Z	
ZOOM	放大或缩小当前视口对象的外观尺寸

常用快捷键表

绘 图		修 改		其 他	
快捷键	执行命令	快捷键	执行命令	快捷键	执行命令
L	直线	E	删除	LA	图层特性管理器
ML	多线	CO	复制	Z	窗口缩放
PL	多段线	MI	镜像	D	标注样式
REC	矩形	O	偏移	ST	文字样式
POL	多边形	AR	阵列	DLI	线性标注
C	圆	M	移动	DCO	连续标注
ARC	圆弧	RO	旋转	DRA	标注半径
EL	椭圆	SC	缩放	DDI	标注直径
SPL	样条曲线	S	拉伸	DIV	定数等分
PO	点	TR	修剪	ME	定距等分
T	文字	EX	延伸	AA	求面积
H	图案填充	BR	打断于点	DI	求距离
B	创建块	CHA	倒直角	%%C	直径符号
I	插入块	F	倒圆角	%%P	正负号
XL	构造线	X	分解	%%D	角度符号
RAY	射线	FROM	捕捉自	DAN	标角度
ELA	椭圆弧			Ctrl＋Z	撤销
				Ctrl＋Y	恢复

英文缩略词汇

命 令 名 称	功 能 简 介
2D	创建二维多对象
3D	创建三维对象
CAL	计算算术和几何表达式的值
CAD(Computer Aided Design)	计算机辅助设计
CPU(Central Processing Unit)	中央处理单元
DWG AutoCAD	图形文件
DWF Web	图形格式文件
DXF Drawing Exchange	图形交换文件
DIM	进入标注模式
EDO(Extended Data Output)	扩充数据输出
E-mail(Electronic Mail)	电子邮件
FOG	控制渲染雾化
FTP(File Transfer Protocol)	文件传输协议
PC(Personal Computer)	个人计算机
RAM(Random Access Memory)	随机存储器
ROM(Read-Only Memory)	只读存储器
ID	显示位置的坐标
IP(Internet Protocol)	因特网协议
JPEG(Joint Photographic Experts Group)	图像专家联合小组
UCS(User Coordinate System)	用户坐标系统
WCS(World Coordinate System)	世界坐标系统
WWW(World Wide Web)	万维网

参 考 文 献

[1] 刘力.AutoCAD 2002 工程绘图训练.北京：高等教育出版社,2004

[2] 于萍.AutoCAD 2008 建筑制图实用教程.上海：上海科学普及出版社,2008

[3] 陆叔华.建筑制图与识图.北京：高等教育出版社,2007

[4] 中华人民共和国建设部.房屋建筑制图统一标准(GB/T 50001—2001).北京,2001

[5] 方晨.AutoCAD 2007 建筑制图实例教程.上海：上海科学普及出版社,2007

[6] 国家质量技术监督局.房屋建筑 CAD 制图统一规则(GB/T 18112—2000).北京,2000

[7] 孙明.AutoCAD 建筑制图基础教程.北京：清华大学出版社,2011

[8] 李俊杰.AutoCAD 建筑制图教程.北京：人民邮电出版社,2010

[9] 张霁芬.AutoCAD 建筑制图基础教程.北京：清华大学出版社,2011

[10] 姜勇.AutoCAD 建筑制图教程.北京：人民邮电出版社,2008

[11] 高景斌.AutoCAD 建筑制图教程.北京：清华大学出版社,2008

[12] 栾蓉.AutoCAD 建筑制图教程.北京：高等教育出版社,2012

[13] 李善峰.AutoCAD 建筑制图教程.北京：人民邮电出版社,2009

[14] 郝相林.AutoCAD 中文版建筑制图标准教程.北京：清华大学出版社,2010

[15] 郭慧.AutoCAD 建筑制图教程.北京：北京大学出版社,2009

[16] 曹志民.AutoCAD 建筑制图实用教程.北京：清华大学出版社,2010

[17] 中华人民共和国住建部.建筑制图标准(GB/T 50104—2010).北京,2010